UTB

W0222097

Eine Arbeitsgemeinschaft der Verlage

Böhlau Verlag · Wien · Köln · Weimar
Verlag Barbara Budrich · Opladen · Farmington Hills
facultas.wuv · Wien
Wilhelm Fink Verlag · München
A. Francke Verlag · Tübingen und Basel
Haupt Verlag Bern · Stuttgart · Wien
Julius Klinkhardt Verlagsbuchhandlung · Bad Heilbrunn
Mohr Siebeck · Tübingen
Nomos Verlagsgesellschaft · Baden-Baden
Orell Füssli Verlag · Zürich
Ernst Reinhardt Verlag · München · Basel
Ferdinand Schöningh Verlag · Paderborn · München · Wien · Zürich
Eugen Ulmer Verlag · Stuttgart
UVK Verlagsgesellschaft · Konstanz, mit UVK/Lucius · München
Vandenhoeck & Ruprecht · Göttingen · Oakville
vdf Hochschulverlag AG an der ETH · Zürich

Veith Tiemann

Statistik

für Studienanfänger

UVK Verlagsgesellschaft mbH · Konstanz
mit UVK/Lucius · München

Prof. Dr. Veith Tiemann lehrt an der EBC-Hochschule Hamburg.

Online-Angebote oder elektronische Ausgaben sind erhältlich unter
www.utb-shop.de.

Bibliografische Information der Deutschen Bibliothek
Die Deutsche Bibliothek verzeichnet diese Publikation in der
Deutschen Nationalbibliografie; detaillierte bibliografische Daten
sind im Internet über <http://dnb.ddb.de> abrufbar.

Einbandgestaltung: Atelier Reichert, Stuttgart
Einbandmotiv: istockphoto.com, Zentilia
Printed in Germany

UVK Verlagsgesellschaft mbH
Schützenstr. 24 · 78462 Konstanz
Tel. 07531-9053-0 · Fax 07531-9053-98
www.uvk.de

UTB-Band Nr. 3574
ISBN 978-3-8252-3574-1

Vorwort

Das vorliegende Buch richtet sich an Studierende, die ohne große Vorkenntnisse eine erste Statistikvorlesung im Rahmen eines Bachelor Studiums besuchen. Selbstverständlich eignet sich diese Einführung auch zum Selbststudium.
Ich möchte Ihnen noch einige Sätze zum Aufbau, zur Gestaltung und zu einigen Besonderheiten dieses Buches mit auf den Weg geben:

- Die Kapitel werden neben dem eigentlichen zu vermittelnden Stoff mit den Elementen **Aufgaben, Motivation und Zusammenfassungen** ausgestattet sein.
- Am Anfang eines Kapitels werden kurz die **Inhalte und Lernziele** aufgelistet.
- Kurzzusammenfassungen eines Kapitels bzw. Unterkapitels finden Sie immer unter dem Titel **Kurz gefasst!**
- Das umfangreiche **Quellenverzeichnis** liefert Ihnen weiteren Lesestoff. Dort sind vertiefende Literatur, interessante Artikel oder Web-Links verzeichnet (vgl. Kapitel 6.4.2).
- Literaturverweise geschehen in der üblichen Kurzweise zum Beispiel so [Polya90]. Sie sollten dann im Kapitel 6.4.2 nachschauen, um die Quellen ausfindig zu machen. In diesem Fall ist es das Buch von Polya aus dem Jahr 1990.
- Auf der Webseite `http://www.uvk-lucius.de/tiemann` finden Sie ergänzende Materialien wie zum Beispiel Lösungen zu den Aufgaben, eine Abhandlung zu statistischer Software oder auch statistische Open Source Programme zur eigenen Verwendung.

Beim Lesen des Buches wünsche ich Ihnen viel Freude und auch den ein oder anderen interessanten Erkenntnisgewinn.

Hamburg, November 2011,
Veith Tiemann

Vorwort

Inhaltsverzeichnis

Kapitel 1

Einführung und Motivation

1.1 Warum Statistik – Begegnungen

Interessanterweise kommt man ja (leider) nicht umhin, am Anfang eines Statistiklehrbuches zu erklären, was die Statistik ist und warum es diese überhaupt gibt. Es ist gewissermaßen zwingend notwendig, jedesmal aufs Neue die Daseinsberechtigung der Disziplin zu argumentieren.
Das verrät Ihnen bereits eine Menge über den Status quo der Disziplin — ohne dies geprüft zu haben, muss man vermutlich eine Weile suchen, um eine Art Schwesterdisziplin zu finden, was das Ausmaß an ständigen Rechtfertigungsbemühungen betrifft.
Das hat seine Gründe. Die Statistik wird immer noch als ein mehr oder weniger notwendiges Übel wahrgenommen, das man nicht verstehen muss und schon gar nicht durchdringen sollte. Es ist lediglich notwendig, den aufgebürdeten Schein zu erwerben. Davon abgesehen wird einem die Statistik nicht mehr begegnen. Sie scheint irgendwie um ihrer selbst willen zu existieren, und dabei sollte man nicht zu sehr stören.

Das ist natürlich überspitzt formuliert. Aber, liebe Leserin, lieber Leser, überprüfen Sie doch einmal bitte Ihre persönliche Motivation für die Lektüre dieses Buches bzw. den Besuch Ihrer Lehrveranstaltung. Ich möchte Sie davon überzeugen, dass diese eben genannten Vorurteile einer heftigen Korrektur bedürfen. Schaut man einmal genauer hin, dann stellt man fest, dass Statistik tatsächlich und im Gegenteil eine äußerst prominente Rolle einnimmt.

Statistik findet da draußen statt!

Die wichtigste Aufgabe, die man als Statistikdozent hat, ist diese Prominenz nicht gemeinplatzartig qua Hoheitswissens stehen zu lassen, sondern aufzuzeigen, dass diese Disziplin in unser aller täglichem Leben eine nicht zu unterschätzende Rolle spielt. Sie persönlich haben täglich mehrfache Begegnungen mit ihr.

Anders formuliert: Sollte es mir gelingen, Sie davon zu überzeugen, dass die Statistik Sie ganz persönlich betrifft und dass das Wissen darüber Ihnen einen ganz persönlichen Mehrwert liefert, dann bin ich sicher, sind Sie gewillt, sich dem Thema zu widmen. Darüber hinaus werde ich Ihnen zeigen, dass für das von Ihnen ausgewählte wirtschaftswissenschaftliche Studium und damit für die anvisierte Berufswahl statistisches Wissen und Denken eine große Arbeitserleichterung bedeuten.

Die Statistik hat aber auch ihre Tücken. Besonders wenn sie in Form der Wahrscheinlichkeitsrechnung daherkommt. Das Problem ist, dass Menschen nicht unbedingt gut darin sind, **Entscheidungen unter Unsicherheit** intuitiv richtig zu fällen. Stellen Sie sich einmal das Folgende vor:

Exkurs zur Motivation: Kein Glück an der Glücksspielbude
... Sie sind auf dem Jahrmarkt und kommen zu einer Glücksspielbude. Folgendes Spiel wird Ihnen angeboten:

Drei identisch aussehende Holzkisten enthalten jeweils zwei Münzen.
In einer sind zwei Goldmünzen, in der nächsten zwei Silbermünzen und in der letzten eine Gold- und eine Silbermünze.
Sie wählen zufällig eine Kiste – die beiden anderen Kisten werden weggeräumt –, greifen ohne zu schauen hinein und haben eine Goldmünze in der Hand.
Der Budenbesitzer wettet nun:

Holen Sie noch die zweite Münze raus. Ich wette, die ist auch aus Gold!

Und gehen Sie auf die Wette ein?
Wie wahrscheinlich ist es denn, dass die zweite Münze in der von Ihnen gewählten Kiste auch noch aus Gold ist?

Ich vermute, dass Sie die Situation intuitiv *falsch* eingeschätzt haben. Der Budenbesitzer wird mit großer Wahrscheinlichkeit (66 %) gewinnen. Die Wette ist nämlich nicht fair.

Entscheidung unter Unsicherheit ist die Übersetzung eines Buchtitels, des Klassikers **Judgment under Uncertainty** von DANIEL KAHNEMAN und AMOS TVERSKY.[1] 2002 hat KAHNEMAN den Nobelpreis für Wirtschaftswissenschaften für die Entwicklung der **Prospect Theory** bekommen, einer Alternative zur klassischen Theorie des Homo Oeconomicus, die er zusammen mit TVERSKY[2] entwickelt hat.
Da Menschen eben gerade nicht sehr gut darin sind, jene Entscheidungen unter Unsicherheit zu treffen, ist es eben auch nicht realistisch, ausschließlich eine Entscheidungstheorie zu bemühen, die von einem vollkommen rational handelnden,

[1] Vgl. [KaSlTv82]. In diesem Zusammenhang ist auch das Buch von Plous empfehlenswert [Plous93].
[2] AMOS TVERSKY ist 1996 verstorben.

also nutzenmaximierenden Menschen ausgeht — zugegebenermaßen macht diese das Rechnen und das Generieren von Aussagen leichter.
Die beiden Autoren haben als Ausgangspunkt für ihre Theorie Heuristiken entwickelt, wie sich Menschen *tatsächlich* entscheiden, wenn Wahrscheinlichkeiten eine Rolle spielen. Im Kapitel *6.4.2 Merkwürdiges* ist ein Fragebogen abgedruckt, der aufzeigt, wo die Tücken liegen und was die Gründe sind.

Es gilt nunmehr die folgende Gleichung:

Statistik ist wichtig + Statistik ist nicht immer leicht

= Statistikausbildung ist sehr wichtig!

Diese Formel ist Motivation und Antrieb für das vor Ihnen liegende Statistikbuch. Lassen Sie uns beginnen, die Unbekannten in der Gleichung kennenzulernen.

Im Folgenden finden Sie eine unsortierte und natürlich unvollständige Liste mit statistischen Begegnungen — zum Zwecke der Referenzierung ist diese aber durchnummeriert. Sie werden vermutlich überrascht sein, hinter welchen Fassaden und Labels überall Statistik steckt. Sie werden bereits die ersten statistischen Einordnungen und Begrifflichkeiten antreffen:

- Sie möchten bei einer Bank einen Kredit bekommen. Die Bank verlangt einige Auskünfte über Sie, denn die Bank möchte vor der Kreditvergabe wissen, ob Sie den Kredit zurückbezahlen werden oder nicht (das sogenannte Scoring). Die Daten, die die Bank vor einer Kreditvergabe erhebt, ist ein multivariater Datensatz, das heißt viele Objekte und viele Merkmale:
  Multivariate Statistik.
  Diskriminanzanalyse zur Überprüfung der Kreditwürdigkeit von Neukunden.
- Die Arbeitslosenquote ist eine Zeitreihe. Ein Merkmal ist über viele Zeitpunkte hinweg beobachtet worden:
  Zeitreihenanalyse. Vgl. Kapitel *2.4 Beschreibung von Zeitreihen*
  Wie lässt sich der Trend bei der Arbeitslosenquote fortschreiben? Wie sieht der Saisoneffekt aus?
- Laut aktuellem Armutsbericht (2009) leben in Mecklenburg-Vorpommern die meisten armen Menschen in Bezug auf die Bevölkerung — oder in Hamburg:
  Datenanalyse, Maßzahlen, Graphische Darstellung von Daten.
  Wie misst man Armut, und wie wertet man die Daten aus?
- Herr K. hat bereits 29 Überraschungseier gekauft. Er möchte unbedingt die vollständige Starwars-Kollektion besitzen, von der in jedem 7. Ei eine solche Figur zu finden ist:
  Simulation, Wahrscheinlichkeitsrechnung.
  Wie viele Eier muss Herr K. wahrscheinlich noch kaufen?

- Wie unwahrscheinlich ist es eigentlich, den Jackpot im Lotto zu knacken? 1:140 Millionen, dieses Zahl wird zumindest in der Werbung verkündet. Aber was heißt das? Und was hat das mit einer Autofahrt von Hamburg nach Rom zu tun?
  Simulation, Wahrscheinlichkeitsrechnung.
  Wie viele Reihen muss man denn im Schnitt tippen, um mal etwas zu gewinnen?
- Hätte man das Challengerunglück vom 20. Januar 1986 vielleicht doch vorhersehen können?
  Explorative Datenanalyse, Modellierung, Regression.
  Was wurde dort gemacht? Wie sieht eine angemessene Modellierung aus?
- Eine Firma produziert Glühbirnen. Es sollen Aussagen über die gesamte Produktion in Bezug auf die Lebensdauer einer Glühbirne gemacht werden:
  Total Quality Management.
  Wie lange brennt eine zufällig ausgewählte Glühbirne?
- Die Deutsche Telekom hält riesige Datenbestände, die sie nutzbar machen möchte:
  Data Mining.
  Ist es möglich, bei einer Kundin festzustellen, ob sich Auffälligkeiten in ihrem Telefonierverhalten eingestellt haben? Hintergrund: Jemand telefoniert unberechtigterweise auf ihre Kosten.
- Warum gibt es eigentlich Pay-back-Karten?
  Data Mining.
  Es können individuell zugeschnittene Angebote erstellt werden und Adressen-Broker verdienen damit viel Geld.
- Eine Lebensmittelkette möchte wissen, ob beim Kauf gewisser Produkte Abhängigkeiten bestehen:
  Inferenzstatistik.
  Werden Bier und Windeln oft zusammengekauft und sollte man diese Produkte deswegen zusammen platzieren?
- Jemand erbt einen Fischteich und möchte wissen, wie viele Fische sich in dem Teich befinden. Er hat eine Stichprobe gezogen:
  Schätztheorie.
- Eine Umweltschutzorganisation möchte wissen, ob sich der Zustand des Waldes im Vergleich zu vor 10 Jahren verbessert hat:
  Testtheorie.
- 18:00 am Wahlabend. Es gibt bereits die ersten Prognosen, obwohl noch keine einzige Stimme ausgezählt wurde. Und so schlecht sind diese Vorhersagen gar nicht.
  Schätztheorie.
- Ein Chiphersteller für Handys möchte wissen, ob die Gespräche ausreichend gut verschlüsselt werden:

Kryptographie, Zufallszahlen.
Wie aufwändig ist es, ein Gespräch, das von einem Handy aus geführt wird, abzuhören? Wie sicher ist meine EC-Karte?

Bei all diesen Themen handelt es sich um statistische Fragestellungen bzw. um Fragen oder Probleme, die mit der Statistik beantwortet werden können. Sie müssen zugeben, diese machen sich ziemlich breit.
Die Beispiele und die damit möglicherweise verbundenen offenen Fragen werden Sie übrigens im Verlaufe des Buches wieder antreffen.

1.2 Arbeitsweise in der Statistik

Statistik zu definieren, ist nicht einfach bzw. auch nicht sinnvoll. Oder halten Sie den folgenden Versuch aus einem Statistik-Lexikon für gelungen?[3]

„Gesamtheit der Verfahren und Methoden zur Gewinnung, Erfassung, Aufbereitung, Analyse, Abbildung, Nachbildung und Vorhersage von zähl-, meß- und systematisch beobachtbaren (möglichst massenhaften) Informationen (Daten) über theoretisch fundierte Sachverhalte (reale Objekte und Vorgänge) zum Zwecke der Erkenntnisgewinnung und Entscheidungsfindung (meist unter Ungewissheit).“

Man muss sich der Statistik über ein paar Umwege annähern. Davon, wo die Statistik überall mitmischt, haben Sie bereits einen kleinen Eindruck bekommen. Was macht nun ein Statistiker? Und warum macht er das, was er tut?

„We are drowning in information but starving for knowledge.“

Dieser markante Satz stammt von John Naisbitt.[4] Er beschreibt recht anschaulich, was Sinn und Zweck der Arbeit eines Statistikers ist. Gerade im heutigen sogenannten Informationszeitalter gibt es **Daten** in Hülle und Fülle. Daten zu sammeln, ist verführerisch einfach und nicht einmal besonders teuer. Unternehmungen sammeln besonders gerne und besonders fleißig Daten. Diese Daten oder Informationen liegen dann in der Regel massenhaft und unzusammenhängend vor. Wie gewinnt man aus diesen Daten relevante Erkenntnisse? Die Statistik ermöglicht diesen **Transformationsprozess: Daten → Erkenntnisse**. Sie liefert die notwendigen Arbeitsmittel sowie die angemessene Vorgehensweise.
Statistisches Vorgehen ist immer ein **induktives Vorgehen**. Einfach formuliert bedeutet das, aufgrund von speziellen Beobachtungen, zum Beispiel auf Basis einer Stichprobe, wird versucht, auf eine allgemeine Regel zu schließen. Das ist der erwähnte Transformationsprozess: Es liegen Daten vor (die Stichprobe), mit deren Hilfe allgemeingültige Erkenntnisse bzw. Zusammenhänge generiert werden sollen. Sie möchten etwas über eine große und unbekannte **Grundgesamtheit** wissen. Das können ganz konkret alle potenziellen Kunden sein, oder die Bevölkerung eines Landes oder auch, abstrakter, ein Produktionsprozess. In jedem Fall etwas,

[3]Vgl. [RönzStrohe94].
[4]Bekannter Zukunftsforscher und Strategieberater, u.a. Autor des Buches **Megatrends**. Vgl. [Naisbitt84].

was in seiner Gesamtheit niemals erfasst werden kann — wenn Sie vielleicht an der Lebensdauer einer produzierten Glühbirne interessiert sind, dann können Sie schließlich nicht alle ausprobieren, denn dann haben Sie nichts mehr zum Verkaufen.

Sie müssen zielführend Daten über diese Grundgesamtheit sammeln, vielleicht eine Stichprobe ziehen.
Die Statistik bietet erfolgversprechende Mittel und Wege, um aufgrund der erhobenen Daten allgemeine Erkenntnisse über die Grundgesamtheit insgesamt zu gewinnen. Der folgende Ablaufplan skizziert die **Arbeitsweise eines Statistikers**:

1. Warum gibt es die Daten, welcher Zweck wird mit der Erhebung verfolgt? Welche allgemeinen Erkenntnisse sind angestrebt? Habe ich dafür die **richtigen Daten** gesammelt bzw. vorliegen?
2. Die Stichprobe muss verstanden, also analysiert werden. Dafür stehen die folgenden Werkzeuge zur Verfügung:
   - Explorative Datenanalyse: Graphiken, Maßzahlen
   - Wahrscheinlichkeitsrechnung
   - Modellierung, theoretische Verteilungsmodelle
3. Wenn man die Daten *verstanden* hat, sie also modellieren konnte, dann erlaubt die Inferenzstatistik (= schließende bzw. induktive Statistik) die ersehnte allgemeine Schlussfolgerung, also zum Beispiel Zusammenhänge, Erwartungen, Prognosen usw.

   Dazu stehen prinzipiell zwei Vorgehensweisen zur Verfügung:
   - Schätztheorie
   - Testtheorie
4. Die Erkenntnisse werden **nachvollziehbar** und **reproduzierbar** in einem statistischen Report aufgeschrieben.[5]

Man kann ganz gut erkennen, wie der Erkenntnisschritt abläuft: vom Speziellen zum Allgemeinen. Oder um es mit zwei bekannten Statistikern zu sagen:

"Statistics is the science of gaining knowledge from data.
Data are numbers with a context." DAVID MOORE, 1991.

"Inductive inference is the only process known to us by which essentially new knowledge comes into the world." SIR RONALD A. FISHER, 1935.

[5] Sollten Sie einmal gefragt werden, was wissenschaftliches Arbeiten ist, dann müssen in jedem Fall die beiden kursiv gedruckten Eigenschaften Erwähnung finden. Sie bilden das Fundament, auf dem die Wissenschaft ruht. Für mehr zu dem Thema vgl. [Seiffert73] bzw. [Seiffert96].

1.3 Wer ist Statistiker/in?

Der erwähnte Transformationsprozess sei einmal an einem historischen Beispiel beschrieben. Man braucht nicht unbedingt einen Computer und Millionen von Daten in einer modernen Datenbank. Es ist vor allem das konsequente Vorgehen nach dem eben aufgezeigten Ablaufplan, das statistisches Handeln, also das Streben nach allgemeiner Erkenntnis, ausmacht.

Exkurs zur Motivation: Die Cholera in London
1854 herrschte in London eine verheerende Cholera-Epidemie mit vielen Toten. Damals wurde angenommen, dass Cholera durch Dünste (Miasmen) verbreitet wird. In dieser Zeit war John Snow (1813–1858) Arzt in London. Er war der Überzeugung, dass Cholera gerade nicht durch die Luft übertragen wird. Schließlich hatte er sich bei Behandlungen seiner Patienten nie angesteckt.
Er hatte die Nahrungskette in Verdacht, hier vor allem die Trinkwasserversorgung durch zentrale Brunnen. Er konnte die Stadt von seinen Ideen aber nicht überzeugen. Also ging er statistisch vor, um sein Anliegen zu beweisen:

1. Er sammelte Daten. Akribisch trugen er und seine Mitarbeiter die Cholera-Todesfälle zusammen.
2. Um die Daten zu verstehen, hat er sie graphisch mit Hilfe einer Karte von London dargestellt (Vgl. Abbildung 1.1).
   In der Karte sind die Todesfälle durch Cholera mit einem • dargestellt, die Trinkwasserbrunnen (=*pump*) durch ein ×. In der Karte, ein sogenanntes **Streudiagramm**, konnte er nun ein klares **Muster** erkennen. Es liegen deutlich mehr Punkte um den Brunnen auf der Broad Street als irgendwo sonst.
3. Damit hat er ein Erklärungsmodell gefunden — dies könnte auch als **Hypothese** bezeichnet werden:
   „Der Brunnen auf der Broad Street ist die Ursache für die Ausbreitung der Cholera zur Epidemie.“

   Das Problem sind die vielen sogenannten **Ausreißer**, hier also Fälle, die nicht zum Modell passen und im Gegenteil dem Modell widersprechen. Diese dürfen auf keinen Fall außer Acht gelassen werden. Die Ausreißer müssen **erklärt** werden, da sonst die Modellierung falsch ist und die Hypothese abzulehnen ist.

   Für jede an Cholera verstorbene Person, die im Einzugsgebietes eines anderen Brunnens lebte, ist zu überprüfen, ob diese Wasser aus dem fraglichen Brunnen bezogen hat.

... Die Cholera in London

Das ist JOHN SNOW gelungen — und zwar für jeden einzelnen Punkt in der Karte. Der Punkt links oben in der Karte repräsentiert bspw. eine alte Dame, die sich das Wasser vom Brunnen in der Broad Street hat bringen lassen.

4. Seine Erkenntnisse konnte er vortragen. Der Brunnen in der Broad Street wurde außer Betrieb gesetzt und es kam in der Tat recht schnell zum Stillstand der Epidemie.
   Die Ursache für die Ausbreitung der Krankheit lag in dem Versuch begründet, die offenen (und wohl ziemlich übel riechenden) Abwasserkanäle in die Themse zu spülen. Dadurch wurde der Brunnen kontaminiert.

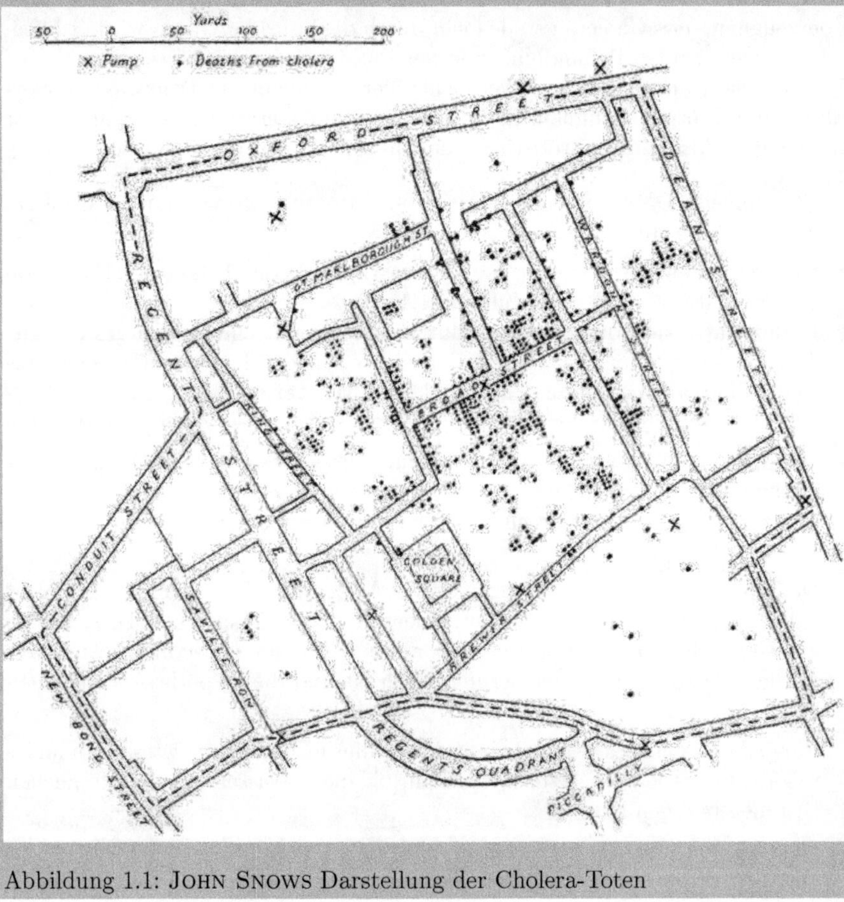

Abbildung 1.1: JOHN SNOWS Darstellung der Cholera-Toten

John Snows Vorgehen ist ein zeitlos schönes Beispiel für einen angemessenen Weg nicht nur zur statistischen Erkenntnis. Zu Lebzeiten wurde seine Theorie allerdings durch die damaligen Wissenschaftler und Ärzte nicht anerkannt und erst einige Jahre nach seinem Tod bestätigt.
Dieses historische Beispiel zeigt eindrucksvoll, dass die Statistik Hilfsmittel, Konzepte und Methoden zum **Lösen von Problemen** liefert. Wie man sie angeht, wie man sie formuliert, wie man sie strukturiert und wie man zu Ergebnissen kommt. Schauen Sie unbedingt auch einmal diese (nicht Statistik) Quellen an: [Polya90], [Popper96].

Kurz gefasst!

- Ihr privates und berufliches Leben wird Sie mit der Statistik konfrontieren. **Statistik findet statt:**

  "Statistical thinking will one day be as necessary for efficient citizenship as the ability to read and write." H.G. Wells, (1866–1946).

- Statistik wandelt Daten in Erkenntnisse um (Transformation).
- Für diese Transformation gibt es unterschiedliche Mittel und Wege. Diese lernen Sie im Folgenden kennen.

1.4 Zwei Wetten

Zum Abschluss der Einführung und Motivation möchte ich Ihnen zwei Wetten anbieten, die recht verblüffende und, ja genau Sie ahnen es, nicht sehr intuitive Lösungen mit sich bringen. Die beiden Geschichten werden später aufgegriffen und ausführlich besprochen.

1.4.1 Drei Türen, zwei Ziegen und ein Auto

Sie haben es in die letzte Runde der Spielshow *Geh aufs Ganze!* geschafft.[6] Vor Ihnen befinden sich drei verschlossene Türen. Hinter zwei Türen ist jeweils eine Ziege, hinter einer ein Auto versteckt. Sie dürfen sich vor eine Tür stellen, zum Beispiel Tür 3.
Der Moderator, der natürlich weiß, was hinter welcher Tür versteckt ist, öffnet eine Tür. Natürlich nicht die, hinter der das Auto versteckt ist, und auch nicht die, welche Sie sich ausgesucht haben. Er öffnet zum Beispiel Tür 1. Sie sehen eine Ziege.
Nun bietet der Moderator Ihnen Folgendes an — Sie möchten natürlich das Auto gewinnen: Sie bleiben bei Ihrer Ursprungswahl (Tür 3), oder Sie wechseln zur

[6] Deutsche Version der amerikanischen Originalshow *Let's make a deal!*. Das hier beschriebene Spiel hält sich an das Original.

anderen noch verschlossenen Tür (Tür 2). Sie bekommen anschließend das, was hinter der Tür ist.

Wie sollten Sie sich verhalten?
Soeben ist Ihnen das sogenannte **Ziegenproblem** vorgestellt worden (vgl. Seiten 140, 148, 196ff).[7]

1.4.2 Die Ziffern $1, \ldots, 9$

Man nehme eine beliebige Zeitschrift, schlage diese an einer beliebigen Stelle auf und betrachte die erste (oder auch die zweite, zwölfte oder letzte) von Null verschiedene Zahl, die Ihnen begegnet (Seitenzahlen sollen erst mal nicht berücksichtigt werden).
Ich wette, dass die erste Ziffer dieser Zahl entweder eine 1, 2 oder 3 ist. Sollte dort zum Beispiel zu lesen sein, *Frau bekommt 3 Kinder* oder *66 % der Amerikaner stehen hinter ihrem Präsidenten* oder *Geschäftsführer veruntreut 750.000 €*, dann ergibt sich als erste Ziffer die 3, die 6 bzw. die 7.
Sie dürfen nun auf die Ziffern $4, 5, 6, 7, 8, 9$ setzen. Wie sollten Sie sich verhalten?

Dieses Phänomen ist unter der Bezeichnung **Benfords Gesetz** bekannt. Schauen Sie sich diesbezüglich auch einmal die Aufgabe 15 auf der Seite 194 an.[8]

[7] Bei Google werden Sie mit *Ziegenproblem* oder *Monty Hall problem* fündig. MONTY HALL war einer der Moderatoren der amerikanischen Show. Das Buch von Gero von Randow ist sehr empfehlenswert. Vgl. [vonRandow04] oder [Tiemann2003], S. 187ff.
[8] Vgl. [Benford38] bzw. [Newcomb1881] oder [Tiemann2003], S. 194ff.

Kapitel 2

Deskriptive Statistik

Der Name ist hier eindeutig Programm. Die **beschreibende** Statistik beschreibt Daten. Sie versucht, Ihnen etwas über die Daten zu erzählen, so dass Sie sich anschließend gestärkt und gut gerüstet mit einer höheren Art von Datenverständnis befassen können.
Daten existieren, wie geschildert, nicht um ihrer selbst willen. Es wird ein Zweck mit ihrer Erhebung verfolgt. Im Allgemeinen dienen die Daten dazu, Licht auf ein Problem zu werfen bzw. ganz konkret Antworten auf Fragen zu finden.
Für das explorative Untersuchen und das anschließende Beschreiben bzw. Darstellen der Daten stehen, wie auf der Seite 14 bereits kurz beschrieben, vor allem Maßzahlen und Graphiken zur Verfügung. Diese Arbeitsmittel verhelfen der Beschreibung derart auf die Sprünge, dass Verdichtungen und Aggregationen sowie Abstraktionen einen gewinnbringenden Blick auf die Daten erlauben.
Es können mit Hilfe der beschreibenden Statistik bereits erste Erkenntnisse gewonnen werden. Diese sind dann für mögliche Hypothesenformulierungen im Rahmen der induktiven Statistik sehr bedeutsam.
Selbstverständlich bedeuten Verdichtungen auch immer einen Verlust an Informationen, welcher aber kalkuliert und damit bekannt ist, um durch die Beschreibung klarer sehen zu können.
Bevor Sie sich gleich diesem wichtigen Themenblock systematisch und wohlsortiert widmen, soll zunächst ganz unvermittelt ein erster Blick auf das Ergebnis einer **beschreibenden Statistik** geworfen werden – bedenken Sie dabei, dass auf Basis solcher und ähnlicher Statistiken des Statistischen Bundesamtes Hartz-IV-Satze, Subventions- und sonstige Unterstützungsmaßnahmen oder gleich ganze Konjunkturprogramme entschieden werden:

Exkurs zur Motivation: Armut in Deutschland

In der statistischen Begegnungsliste beginnend auf der Seite 11 wurde im Punkt 1.1 eine Aussage zur **Armutssituation** in Deutschland getroffen: Mecklenburg-Vorpommern oder Hamburg? Wo leben denn nun relativ gesehen die meisten armen Menschen?
Die beiden Graphiken in der Abbildung 2.1 helfen weiter. In der linken Graphik ist der Anteil armer Menschen am mittleren *Bundeseinkommen* bestimmt worden, rechts am mittleren Einkommen des *jeweiligen Landes.*
Arm in diesem Sinne bedeutet übrigens, weniger als 60 % des Durchschnittseinkommens zu haben. Was ist der Durchschnitt? Was ist ein Median? Was passiert, wenn alle immer reicher werden?

Sie sehen, eine Statistik vermittelt nicht eine objektive Wahrheit, sondern immer nur das, was der (seriöse) Verfasser einer Statistik aussagen möchte. Das ist wohl das statistikfreundliche Pendant zu dem bekannten Spruch: **„Traue keiner Statistik, die du nicht selbst gefälscht hast.“**

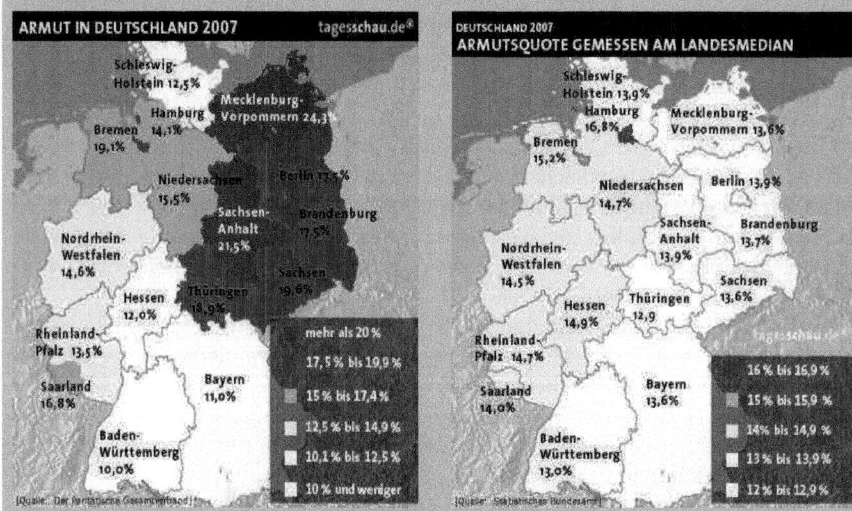

Abbildung 2.1: Graphische Darstellung der Armut in Deutschland 2007

2.1 Eine kleine Datenkunde

In diesem Kapitel lernen Sie

- wie Daten beschaffen sind.
- die verschiedenen Eigenschaften von Daten kennen.

Wie Sie bereits gesehen haben, ist **Statistik** mehr als eine Graphik zu erstellen, den Mittelwert zu berechnen und vielleicht ein komplexes Rechenverfahren anzuwenden. Alles beginnt mit einem Problem, einer Fragestellung. An dieser Stelle sei auf das Buch von Polya [Polya90] hingewiesen. Dort finden Sie eine wunderbare Einführung in die Kunst, Problemen strategisch und damit erfolgreich zu begegnen.
In der Statistik werden Probleme, wie bereits erwähnt, (ausschließlich) induktiv behandelt. Dazu sind in der Regel Daten notwendig. Diese fallen nicht vom Himmel. Im Gegenteil: Sie müssen erhoben, beobachtet oder sogar erzeugt werden und zwar so, dass sie im Rahmen der Fragestellung weiterhelfen. Das ist nicht unbedingt trivial. Sehr viele Gedanken und Arbeit müssen in die angemessene Datengenerierung investiert werden. **Garbage in, garbage out** fasst die Bedeutung dieser Investition gut zusammen. Im Rahmen dieses Buches wird davon ausgegangen, dass Daten vorliegen und diese den Anforderungen genügen.
Deskriptive Statistik beschreibt den ersten Schritt im Rahmen der statistischen Vorgehensweise. Wie sehen die Daten aus? Welche Geschichte erzählen sie? Was sind die Besonderheiten und welche Morphologie bringen die Daten mit?
Den Daten soll durch genaues Hinsehen, durch geschicktes Zusammenfassen und durch geeignetes Darstellen möglichst viel an Informationen entlockt werden, in der Regel natürlich in Bezug auf die eigentliche Fragestellung. Im Folgenden sollen dazu verschiedene Methoden und Konzepte vorgestellt werden.
Je nachdem welche Art von Daten vorliegen, können unterschiedliche Verfahren zum Einsatz kommen. Wenn bei einer Einkommenserhebung von 100 Personen bspw. lediglich notiert wurde, wer mehr bzw. weniger als €1000 verdient, dann sind die Auswertungsmöglichkeiten offensichtlich sehr begrenzt. Liegen alle 100 Einkommensdaten vor, dann lässt sich wesentlich mehr damit anfangen.
Diese Eigenschaften können systematisch beschrieben werden über das **Skalenniveau** und die **Mächtigkeit der Ausprägungsmenge**.
Die folgende Tabelle stellt die drei wichtigsten Niveaus vor. Die verschiedenen Skalen, also die Zeilen der Tabelle, sind aufsteigend sortiert, da der Informationsgehalt zunimmt. Das jeweils nachfolgende Niveau weist zusätzliche, den Informationsgehalt erweiternde, Eigenschaften zum vorherigen auf:

Skalenniveau	Eigenschaften / Rechenoperationen	Beispiel
Nominalskala	Lediglich die **Unterschiedlichkeit** aller Beobachtungen wird zum Ausdruck gebracht. **Kategoriale** Daten. $\rightarrow = \ / \neq$	Geschlecht, Parteienvorlieben
Ordinalskala	Die Beobachtungen können in eine **natürliche Reihenfolge** gebracht werden, Ränge können gebildet werden. **Kategoriale** Daten. $\rightarrow < \ / \ >$	Steuerklassen, $***$-Hotel
Kardinalskala	Setzt sich zusammen aus **Intervallskala** – die **absoluten Unterschiede** zwischen Beobachtungen sind sinnvoll – und **Verhälnisskala** – die **relativen Unterschiede** sind sinnvoll. **Metrische** Daten. $\rightarrow + \ / \ - \quad \times \ / \div$	Größe in cm, Alter in Jahren

Tabelle 2.1: Verschiedene Skalenniveaus

Je nachdem welches Niveau die Daten aufweisen, können unterschiedliche Methoden angewandt werden. Das Skalenniveau bestimmt den **Informationsgehalt**. Je mehr Informationen in den Daten stecken, desto größer ist das Spektrum der Möglichkeiten, statistische Methoden anzuwenden.
Bei den Daten wird zusätzlich zwischen **diskret** und **stetig** unterschieden. Diese Unterscheidung macht im Grunde nur Sinn bei den metrischen Daten, wie gleich deutlich werden wird.

Mächtigkeit	Eigenschaften	Beispiel
Diskret	Die Menge der Ausprägungen ist endlich oder abzählbar unendlich. Auf der Merkmalsachse sind Lücken. Metrische Daten können diskret sein, kategoriale Daten sind immer diskret.	Geschlecht, Schulnoten
Stetig	Auf der Merkmalsachse sind keine Lücken, die Menge der Ausprägungen ist überabzählbar groß. Nur metrische Daten können stetig sein.	Größe, Dauer

Tabelle 2.2: Mächtigkeit der Ausprägungsmenge

Auch diese Unterscheidung hat einen großen Einfluss auf die Analysemethode. Sie werden sehen, dass ein Merkmal in der Theorie zwar stetiger Natur sein kann (Alter) aber in der konkreten Datensituation (Alter in Jahren) durchaus wie ein diskretes Merkmal behandelt werden kann. Und das umgekehrt ein eindeutig diskretes Merkmal (Anzahl Bücher) wie ein stetiges behandelt werden muss, um sinnvolle Ergebnisse zu bekommen.
Bevor es mit der statistischen Arbeit losgehen kann, sollen noch ein paar Begrifflichkeiten eingeführt werden. Es ist dann einfacher und präziser, über die kommenden Konzepte zu sprechen:

Grundgesamtheit	Gesamtheit aller für eine Fragestellung relevanten Subjekte. *Alle Einwohner der BRD, alle Teilnehmer der Vorlesung.*
Totalerhebung / Teilerhebung	Alle Einheiten der Grundgesamtheit werden berücksichtigt./ Eine Teilmenge der Grundgesamtheit wird berücksichtigt, die aufgrund gewisser Merkmale ausgewählt wurde. *Volkszählung, EBC Fragebogen/Microcensus*
Stichprobe	Teilmenge aus einer Grundgesamtheit, die nach bestimmten Verfahren ausgewählt wurde. *10 Studierende, die befragt werden.*
Experiment	Erfassung von Daten, die erst erzeugt werden müssen. *Klinische Studien, physikalischer Versuch.*
Erhebung	Erfassung von im Prinzip vorhandenen Daten. *Befragung, Beobachtung.*
Merkmal, Variable	Gegenstand der Untersuchung. *Geburtsjahr, Größe, Gewicht, Geschlecht, Lieblingspartei.*
Merkmalsausprägung	Konkrete Realisationen einer Variable, Beobachtung. *1972, 180 cm, 75 kg, weiblich, Die Grünen.*
Merkmalsträger	Untersuchungseinheiten, an denen die Merkmale erhoben werden. *Haushalt A, Fragebogen Person 1.*

Tabelle 2.3: Statistische Grundbegriffe

2.2 Das Einstichprobenproblem

In diesem Kapitel lernen Sie

- wie Sie ein Merkmal angemessen analysieren.
- wie Sie Erkenntnisse aus Tabellen, Maßzahlen und Graphiken ziehen.

Ein Merkmal allein soll im Fokus der Betrachtung stehen. Daher könnte dieses Kapitel auch **univariate Datenanalyse** heißen.
Bei jeder Datenanalyse will man den Datensatz übersichtlich darstellen. Ist die Anzahl der Beobachtungen gering, so reicht es aus, diese aufzuzählen. Bei vielen oder sehr vielen Beobachtungen liefert die Aufzählung keinen Überblick über die Struktur des Datensatzes. Hier sollten Sie eine Tabelle oder eine Grafik erstellen. Sie werden auf den folgenden Seiten lernen, wie man dabei vorzugehen hat.
Es hat sich bewährt, bei der Vorstellung von Datenanalysekonzepten Daten zu verwenden, die für das Publikum eine gewisse Bedeutung haben. Am besten kann dies erreicht werden, wenn Sie vorher per Fragebogen ein paar Daten erheben. Beispielhaft ist ein solcher Fragebogen im Kapitel 6.4 abgedruckt.

2.2.1 Häufigkeitsanalyse diskreter Daten

Die folgende Tabelle zeigt in aufgelisteter Form die 49 verschiedenen Ergebnisse der Befragung von Studierenden im 2. Semester zum Merkmal *Alter*.

```
Urliste der Länge 49:

20 19 21 21 20 23 23 20 20 19 22 20 19 20 23 31 22 24 21 21 21 23 20
21 21 21 20 21 21 21 19 22 20 22 23 19 20 22 22 21 25 20 20 21 20 24
21 21 21

Rangwertreihe:

19 19 19 19 19 20 20 20 20 20 20 20 20 20 20 20 20 20 21 21 21 21 21
21 21 21 21 21 21 21 21 21 21 21 22 22 22 22 22 22 23 23 23 23 23 24
24 25 31
```

Tabelle 2.4: Auflistung des Merkmals *Alter*

Und was erkennen Sie? In der oberen Auflistung sicherlich relativ wenig, in dieser Reihenfolge sind die Daten angefallen. Unter Umständen kann man hier Rückschlüsse auf die Struktur der Erhebung ziehen, wenn es also bestimmte Häufungen von Antworten in der Urliste gibt.
Durch Sortieren und geschicktes Teilen, wie in der unteren Auflistung dargestellt, kann man bereits deutlich mehr erkennen. Die jüngere Hälfte ist mindestens 19, höchstens 21 Jahre alt. Der älteste Student ist 31 Jahre. Eine erste **Maßzahl** kann

abgeleitet werden. Die Zahl 21 teilt den Datensatz in gleich große Hälften, links und rechts davon liegen 50 % der Beobachtungen. Diese Zahl nennt man auch **Median**, sie sagt uns, wo das Zentrum der Daten liegt. Der Median wird später genauer definiert.
Viel mehr lässt sich allerdings nicht sagen. Es soll deshalb eine sogenannte **Häufigkeitstabelle** erstellt werden, die diskrete Variante:

i	x.i	n.i	h.i	F.i
1	19	5	0.102	0.102
2	20	13	0.265	0.367
3	21	16	0.327	0.694
4	22	6	0.122	0.816
5	23	5	0.102	0.918
6	24	2	0.041	0.959
7	25	1	0.020	0.980
8	31	1	0.020	1.000
		49	1	

Tabelle 2.5: Diskrete Häufigkeitstabelle des Merkmals *Alter*

Offensichtlich lässt sich mit Hilfe einer solchen Tabelle ein Datensatz gut zusammenfassen. Hier die wichtigsten Interpretationspunkte:

- Spalte `i` ist der Index, die verschiedenen **Merkmalsausprägungen** werden durchgezählt, diese stehen in der Spalte `x.i`. Bei mindestens ordinalem Messniveau sind diese von klein nach groß zu sortieren, da ansonsten die Spalte `F.i` keinen Sinn macht.
- In der Spalte `n.i` sind die **absoluten Häufigkeiten** notiert, also wie oft die Merkmalsausprägung `i` beobachtet wurde.
- Die Spalte `h.i` gibt die korrespondierende **relative Häufigkeit** an, also `n.i/n`, wobei `n` die Anzahl aller Beobachtungen ist, das ist gerade die Summe aller `n.i`. Die Summe aller `h.i` muss entsprechend 1 ergeben.
- Die Spalte `F.i` sind die **kumulierten relativen Häufigkeiten**. Wie viel Prozent der Beobachtungen haben höchstens einen bestimmten Wert angenommen. Dies wird auch als **empirische Verteilungsfunktion** $\hat{F}(\cdot)$ bezeichnet.

Eine solche einfache Darstellung erfüllt bereits die Aufgabe der übersichtlichen Darstellung eines Datensatzes. Die Häufigkeitstabelle sammelt alle verschiedenen Merkmalsausprägungen, zählt, wie oft jede vorkommt, und stellt das Ergebnis tabellarisch dar. Der Vollständigkeit halber sei hier noch einmal der formale Aufbau einer diskreten Häufigkeitstabelle dargelegt:

Index i	Merkmalsausprägung X_i	abs. Häufigkeit n_i	rel. Häufigkeit $h_i = \frac{n_i}{n}$	kum.rel. Häufigkeit $F_i = \sum_{j=1}^{i} h_j$
1	X_1	n_1	$h_1 = \frac{n_1}{n}$	$F_1 = h_1$
2	X_2	n_2	$h_2 = \frac{n_2}{n}$	$F_2 = h_1 + h_2$
$\vdots$	$\vdots$	$\vdots$	$\vdots$	$\vdots$
k	X_k	n_k	$h_k = \frac{n_k}{n}$	$F_k = 1$

Tabelle 2.6: Der Aufbau einer diskreten Häufigkeitstabelle

Mit Hilfe der Häufigkeitstabelle können **Anteilsfragen** gestellt werden – und mit Hilfe der passenden Spalte schnell beantwortet werden:

- Wie viel Prozent der Befragten sind genau 20 Jahre alt?
$$13/49 \longleftrightarrow h_2 = 26.5\%$$
- Wie viel Prozent der Befragten sind höchstens 20 Jahre alt?
$$(5 + 13)/49 \longleftrightarrow F_2 = 36.7\%$$
- Wie viel Prozent der Befragten sind älter als 20 Jahre?
$$(16 + 6 + 5 + 2 + 1 + 1)/49 \longleftrightarrow 1 - F_2 = 100\% - 36.7\% = 63.3\%$$

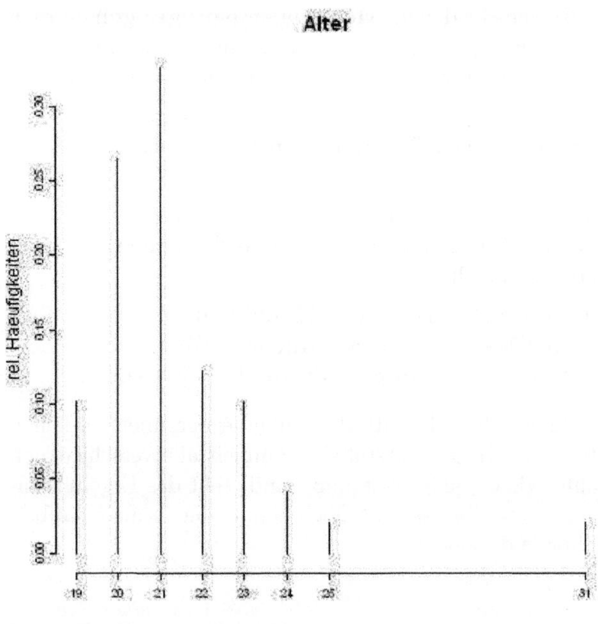

Abbildung 2.2: Stabdiagramm des Merkmals `Alter`

Die passende Graphik zur angemessenen Darstellung einer diskreten Häufigkeitstabelle ist das sogenannte **Stabdiagramm**. Über der Merkmalsachse, in der Regel die horizontale Achse, werden Stäbe proportional zur relativen Häufigkeit abgetragen.
Werden die Stäbe etwas dicker gezeichnet, kann man das Ganze auch allgemein als **Säulendiagramm** bezeichnen, dreht man es um 90° im Uhrzeigersinn, ist es ein **Balkendiagramm**. Die Konstruktion eines Stabdiagramms ist sehr einfach, wie Sie in der Abbildung 2.2 gut sehen können.
Dort kann man auch gut per Augenmaß eine weitere Maßzahl zur (zentralen) Lage erkennen, den sogenannten **Modus**: Welches ist die häufigste Beobachtung. Das ist natürlich gerade die Merkmalsausprägung, über der der höchste Stab abgetragen wurde. Im Beispiel ist das die 21. Maßzahlen verdichten die Daten zu einer prägnanten Aussage, zum Beispiel zur Lage. Wie alt sind denn typischerweise Studierende im 2. Semester!
Natürlich kann diese Erkenntnis auch direkt aus der Tabelle gewonnen werden, aber nicht so unmittelbar: Ein Bild sagt mehr als 1000 Worte!
Auch die letzte Spalte, die `F.i`, können graphisch dargestellt werden (vgl. Abbildung 2.3). Dabei handelt es sich um einen einfachen **Linienzug**, wobei die horizontale Achse die Merkmalsachse ist und die vertikale Achse die Anteile abbildet.

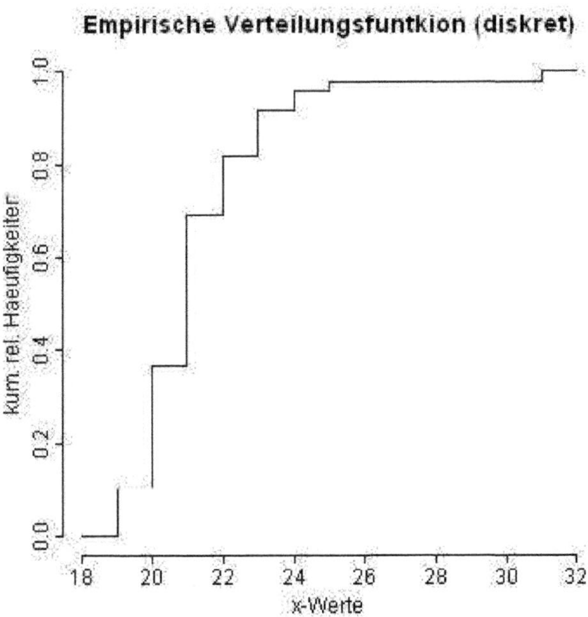

Abbildung 2.3: Empirische Verteilungsfunktion (diskret) des Merkmals `Alter`

Im diskreten Fall ist die empirische Verteilungsfunktion allerdings nicht sehr aussagekräftig, sie soll hier der Vollständigkeit halber mitgeliefert werden. Im stetigen Fall ist sie sehr wichtig, im diskreten Fall bedeutet sie im Grunde keinen Mehrwert, keine Erleichterung.
Aus der Definition ergibt sich folgende formale Definition für die empirische Verteilungsfunktion:

Definition 2.1: Empirische Verteilungsfunktion

$$\hat{F}(x) = \frac{\text{Anzahl der Beobachtungen} \leq \text{x}}{\text{Anzahl der Beobachtungen}}$$

Selbstverständlich gibt es weitere Möglichkeiten, Ergebnisse einer diskreten Häufigkeitstabelle darzustellen. Was halten Sie zum Beispiel vom **Tortendiagramm** in Abbildung 2.4? Dazu ein Hinweis: Sobald Sie es mit mindestens ordinalem Messniveau zu tun haben, ist das Tortendiagramm eher ungeeignet.
Eine sehr geeignete Variante des Stabdiagramms zur Darstellung der Altersverteilung in einer Bevölkerung ist die sogenannte **Alterspyramide**. Die Alterspyramide ist ein spezielles Balkendiagramm (= gedrehtes Stabdiagramm), das den geschlechtsspezifischen Altersaufbau der Bevölkerung eines Landes zu einem bestimmten Zeitpunkt graphisch darstellt. Für ausgewählte Zeitpunkte sind die Alterspyramiden für die Bundesrepublik Deutschland in Abbildung 2.5 dargestellt.

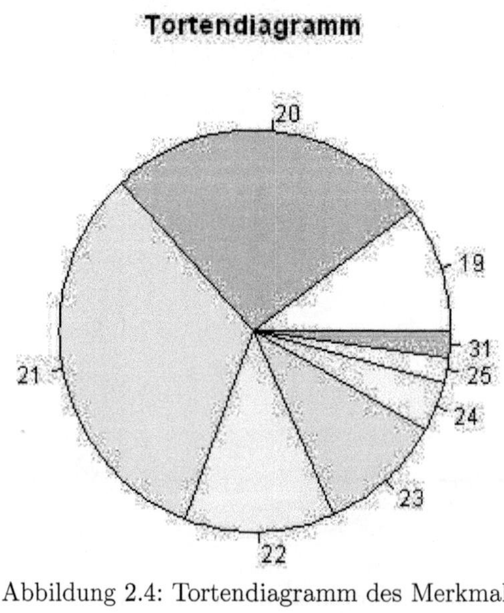

Abbildung 2.4: Tortendiagramm des Merkmals `Alter`

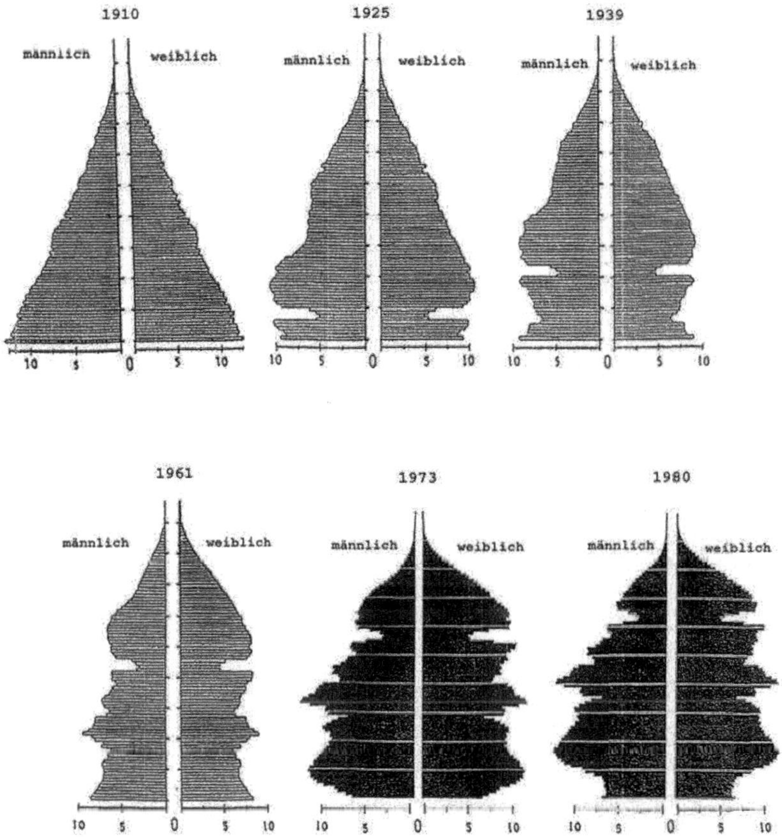

Abbildung 2.5: Alterspyramide der Bundesrepublik Deutschland

Auf der horizontalen Achse ist jeweils die **absolute Anzahl** an Männern (nach links abgetragen) bzw. an Frauen (nach rechts) abzulesen. Die Altersklassen werden durch die vertikale Achse dargestellt. Je länger ein Balken, desto mehr Frauen bzw. Männer sind in einer Altersklasse vertreten.
Verfolgen Sie einmal genau die Verwandlung von einer (perfekten) Pyramide zu einer etwas unförmigen Urne. Das Aussehen verrät nämlich etwas über den Zustand der Bevölkerung:

- **Wachsende** Bevölkerung: pyramidenförmig
- **Stationäre** Bevölkerung: glockenförmig
- **Schrumpfende** Bevölkerung: spindel- / urnenförmig

Ein paar Stichworte zur Kontextinterpretation: Die Alterspyramiden verraten viel über die deutsche Bevölkerung. Die im Ersten Weltkrieg gefallenen Soldaten sowie die Geburtenausfälle und die Weltwirtschaftskrise sind klar zu erkennen. Gleiches gilt für den Zweiten Weltkrieg und seine Folgen.

Kurz gefasst!

- Wenn Daten diskret sind, dann können Sie durch einfaches Zählen der Beobachtungen erste Erkenntnisse gewinnen.
- Dabei helfen Ihnen Häufigkeitstabellen, Stabdiagramme, Verteilungsfunktionen, Tortendiagramme und der Modus.
- Häufigkeiten können Sie bei nahezu jeder Datenlage bilden, ggf. gehen Ihnen dabei allerdings wichtige Erkenntnisse verloren (vgl. Kapitel 2.1 *Eine kleine Datenkunde*).

2.2.2 Häufigkeitsanalyse stetiger Daten

In diesem Kapitel lernen Sie

- wie Sie ein stetiges Merkmal durch Häufigkeitsanalyse auswerten können.
- welche Hilfsmittel Ihnen dafür zur Verfügung stehen.

Der Übergang von einer diskreten zu einer stetigen Datenlage ist fließend. Man kann hier nicht ausschließlich eine formale Definition heranziehen, welche natürlich eine eindeutige Unterscheidung dieser beiden Mächtigkeiten vornimmt.
Wie Sie bereits sehen konnten, war die diskrete Betrachtung des (eigentlich) stetigen Merkmals *Alter* durchaus angemessen, denn Zeit verläuft kontinuierlich. *Alter in Jahren* kommt da doch eher wie eine diskretisierte Version daher. Umgekehrt funktioniert das allerdings auch. Verdächtig sind diskrete Merkmale, die viele verschiedene Merkmalsausprägungen aufweisen, welche dünn besetzt sind.
Schauen Sie sich das Merkmal `Anzahl Bücher` an, das offensichtlich diskret ist, denn zwischen ein und zwei Büchern liegt nichts. Die Studierenden wurden gebeten abzuschätzen, wie viele Bücher sie besitzen. Zunächst einmal sei nur die diskrete Häufigkeitstabelle abgebildet. Hilft diese **Transformation** des Datensatzes weiter? Wissen Sie, was **prominente Zahlen** sind? Was würden Sie schätzen, wie viele Bücher Sie besitzen, 53?

i	x.i	n.i	h.i	F.i
1	0	1	0.020	0.020
2	4	1	0.020	0.041
3	6	1	0.020	0.061
4	10	2	0.041	0.102
5	15	4	0.082	0.184
6	20	6	0.122	0.306
7	25	1	0.020	0.327
8	30	7	0.143	0.469
9	50	5	0.102	0.571
10	60	2	0.041	0.612
11	70	3	0.061	0.673
12	80	2	0.041	0.714
13	90	1	0.020	0.735
14	100	6	0.122	0.857
15	150	1	0.020	0.878
16	200	3	0.061	0.939
17	300	3	0.061	1.000

Tabelle 2.7: Diskrete Häufigkeitstabelle Merkmal *Anzahl Bücher*

Diese zusammenfassende Darstellung scheint nicht der Weisheit letzter Schluss zu sein. Man bekommt keine Übersicht über die Daten, es fällt sogar schwer, auf Anhieb zu sagen, wie viele Bücher im Schnitt die Studierenden denn meinen zu besitzen.

Die Lösung: Bilden Sie **Klassen**, in die Sie die Merkmalsausprägungen einsortieren. Die folgende Tabelle ist eine **klassierte** oder **stetige Häufigkeitstabelle** des Merkmals *Anzahl Bücher*.

i	ug	og	n.i	h.i	F.i
1	0	50	28	0.571	0.571
2	50	100	14	0.286	0.857
3	100	150	1	0.020	0.878
4	150	200	3	0.061	0.939
5	200	250	0	0.000	0.939
6	250	300	3	0.061	1.000
			49	1	

Tabelle 2.8: Klassierte Häufigkeitstabelle Merkmal *Anzahl Bücher*

Diese Darstellung ist angemessen. Der Datensatz wird gewinnbringend zusammengefasst. Welche **Klassengrenzen** Sie wählen, ist übrigens vollkommen kontextabhängig. Sie sollten allerdings bemüht sein, die Klassen **äquidistant**, das heißt gleichbreit, zu gestalten, das macht die Darstellung und Interpretation einfacher. Das macht allerdings nicht immer Sinn, wie Sie später sehen werden.

In der Regel zählt die Untergrenze einer Klasse nicht zur Klasse mit dazu. Ein Student mit 50 Büchern fällt also in die 1. Klasse – gäbe es jemanden mit 50.00001 Büchern, dann wäre das die 2. Klasse. Das gibt es natürlich nicht. Das liegt aber nur daran, dass ein eigentlich diskretes Merkmal als stetiges behandelt wird. Bei **echten stetigen** Merkmalen ist das denkbar. Daher zählt die Untergrenze nicht mit dazu.
Hier gleich die Ausnahme von der Regel: In der 1. Klasse selber ist das meist anders. Ein Student mit 0 Büchern fällt ebenfalls in die 1. Klasse. Das hat ästhetische Gründe. Im Beispiel müsste die (neue) 1. Klasse sonst von -50 bis zur 0 reichen. Das macht keinen Sinn, daher lässt man es.
Finden Sie eigentlich $F_1 = 0.571$ aus der klassierten Tabelle 2.8 auch in der diskreten Version in Tabelle 2.7 wieder? Falls ja, dann sehen Sie schön die verdichtende Wirkung einer Klassierung.
Der Vollständigkeit halber ist im Folgenden noch der **allgemeine Aufbau** einer stetigen Häufigkeitstabelle dargelegt. Die Spalte ΔX_i ist in der Beispieltabelle 2.8 nicht aufgeführt. Das ist die Klassenbreite, definiert als Obergrenze minus Untergrenze, da müsste immer eine 50 stehen.

i	$UG_i < X \leq OG_i$	n_i	h_i	ΔX_i	F_i
1	$UG_1 \leq X \leq OG_1$	n_1	h_1	ΔX_1	$F_1 = h_1$
2	$UG_2 < X \leq OG_2$	n_2	h_2	ΔX_2	$F_2 = h_1 + h_2$
3	$UG_3 < X \leq OG_3$	n_3	h_3	ΔX_3	$F_3 = h_1 + h_2 + h_3$
$\vdots$	$\vdots$	$\vdots$	$\vdots$	$\vdots$	$\vdots$
k	$UG_k < X \leq OG_k$	n_k	h_k	ΔX_k	$F_k = 1$

Tabelle 2.9: Der Aufbau einer stetigen Häufigkeitstabelle

Im Folgenden ist für Sie die grundsätzliche **Nomenklatur** einer klassierten Häufigkeitstabelle aufgeschrieben, so dass Sie eine genaue Vorstellung von allen Begrifflichkeiten haben.

i	Der Index zählt die verschiedenen Klassen durch.
X	steht für das Merkmal
UG_i	Untergrenze der i-ten Klasse. Es gilt: $UG_i < UG_{i+1}$
OG_i	Obergrenze der i-ten Klasse. Es gilt: $OG_i < OG_{i+1}$
n_i	absolute Häufigkeit in der i-ten Klasse — Wie viele Beobachtungen fallen in die i-te Klasse?
h_i	relative Häufigkeit in der i-ten Klasse — Wie viel Prozent der Beobachtungen liegen in der i-ten Klasse?
ΔX_i	Klassenbreite der i-ten Klasse: $\Delta X_i = OG_i - UG_i$
F_i	kumulierte relative Häufigkeit (empirische Verteilungsfunktion)
k	Anzahl der verschiedenen Klassen
$\sum_{i=1}^{k} n_i = n$	Die Summe aller Einzelhäufigkeiten ergibt die Gesamthäufigkeit.
$\sum_{i=1}^{k} h_i = 1$	Wenn man alle Beobachtungen berücksichtigt, kommt man auf 100 %.

Tabelle 2.10: Nomenklatur einer stetigen Häufigkeitstabelle

Natürlich kann auch `Alter` als stetiges Merkmal aufgefasst und so behandelt werden, schließlich ist es ja streng genommen eines. Sehen Sie sich einmal die folgenden Tabellen an – und was ist besser **stetig vs. diskret** und **7 Klassen vs. 4 Klassen**:

```
i  ug og    n.i   h.i        F.i
--------------------------------
1  18 20     18  0.367     0.367
2  20 22     22  0.449     0.816
3  22 24      7  0.143     0.959
4  24 26      1  0.020     0.980
5  26 28      0  0.000     0.980
6  28 30      0  0.000     0.980
7  30 32      1  0.020     1.000
```

```
i  ug og   n.i    h.i        F.i
--------------------------------
1  19 22    40  0.816      0.816
2  22 25     8  0.163      0.980
3  25 28     0  0.000      0.980
4  28 31     1  0.020      1.000
```

Tabelle 2.11: Klassierte Häufigkeitstabellen des Merkmals *Alter*

Das stetige Pendant zum Stabdiagramm ist das **Histogramm**. Die relativen Häufigkeiten werden hier per Balken über jeder Klasse graphisch dargestellt. Entscheidend ist, ob alle Klassen die gleiche Breite aufweisen oder nicht. Ist dem so, dann ist die Graphik im Prinzip wie das Stabdiagramm zu interpretieren.
In Abbildung 2.6 ist das Histogramm von **Anzahl Bücher** im äquidistanten Fall dargestellt (Tabelle 2.8). Auf der vertikalen Achse ist zunächst einmal die absolute Häufigkeit (= frequency) abgetragen, die Verwendung der relativen Häufigkeit hätte lediglich eine Umskalierung der y-Achse zur Folge.

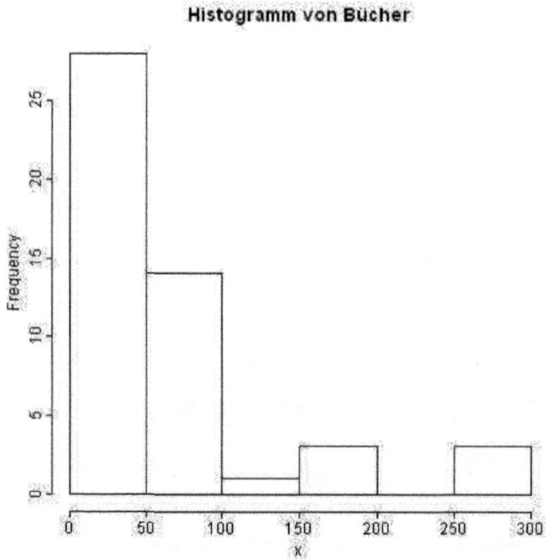

Abbildung 2.6: Histogramm `Anzahl Bücher`

Im nicht-äquidistanten Fall ist es ein klein wenig komplizierter, wie das folgende Beispiel illustriert. In Abbildung 2.7 sei die Punkteverteilung von 0 - 100, die Studierende in einer bestimmten Klausur erreicht haben, als Histogramm dargestellt. Die horizontale Achse ist die Punkteachse, jeder kleine Stern ist ein konkretes Ergebnis. Die Noten werden durch Klassenbildung über den Punkten ermittelt Dabei sind alle Klassen genau 5 Punkte breit, bis auf die erste. Zwischen 0 und 49 Punkten gibt es die Note 5. Über jeder Klasse ist die relative Häufigkeit in Prozent notiert.
Die am häufigsten besetzte Klasse ist die 1. mit der Note 5. Diese hat den mit Abstand niedrigsten Balken. Ist das korrekt? Stellen Sie sich einmal vor, die Bal-

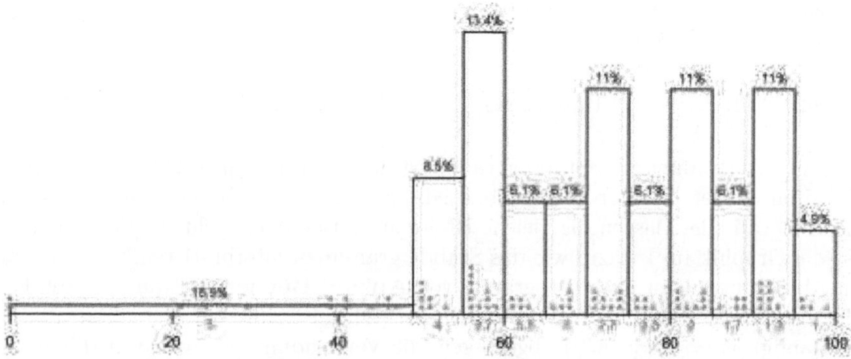

Abbildung 2.7: Histogramm Beispiel unterschiedliche Klassengrößen

kenhöhe würde der relativen Häufigkeit entsprechen. Ein riesiges Rechteck würde das Bild beherrschen, und Sie würden einen ziemlich falschen Eindruck von der Datenlage, also dem Ergebnis der Klausur bekommen.
Es stimmt, die meisten Ergebnisse liegen zwischen 0 und 49 Punkten, aber diese Klasse ist 10 Mal so breit wie alle anderen Klassen. Die Punkte liegen weit auseinander in der 1. Klasse. Man kann nicht davon sprechen, dass in dieser Klasse *mehr los ist* als in den anderen. Schauen Sie sich nur die Lage der Punkte an.
Das Histogramm stellt graphisch dar, wie **dicht** die Punkte in einem bestimmten Intervall beieinanderliegen. Auf der vertikalen Achse wird daher die sogenannte **Häufigkeitsdichte** abgetragen. Diese ist das **Verhältnis von relativer Häufigkeit zur Klassenbreite**. Damit ist auch klar, warum bei äquidistanten Klassen einfach die relative Häufigkeit abgetragen werden kann: Alle diese werden durch dieselbe Zahl geteilt. Die Verwendung der absoluten Häufigkeit im Histogramm oder auch im Stabdiagramm ist nur dann sinnvoll, wenn nicht verschiedene Datensätze bezüglich ihrer Verteilung miteinander verglichen werden sollen. Denn das ist die Aufgabe relativer Zahlen.

Definition 2.2: Histogramm

- Äquidistante Klassen – identische Klassenbreiten:
  Über jeder Klasse wird ein Rechteck abgetragen, dessen Höhe entweder der absoluten oder der relativen Häufigkeit entspricht, je nachdem was man auf der vertikalen Achse abtragen möchte.
- Nicht-äquidistante Klassen:
  Wenn nicht alle Klassen die gleiche Breite haben, dann kann man nicht einfach die relative Häufigkeit nach oben abtragen. Dies würde zu einer verzerrten Darstellung führen. Über jeder Klasse wird ein Rechteck mit folgender Höhe abgetragen — es wird für jede Klasse die sogenannte **Häufigkeitsdichte** $\hat{f}_i$ berechnet:

$$\hat{f}_i = \frac{h_i}{\Delta X_i}$$

Auf diese Weise entspricht die Fläche jedes Rechtecks genau der relativen Häufigkeit in der Klasse. So wird eine sehr breite Klasse, in der genau so viele Beobachtungen liegen wie in einer sehr schmalen Klasse, entsprechend ein Rechteck mit geringer Höhe bekommen, dagegen die sehr schmale Klasse ein hohes Rechteck. Somit ist auch die Bezeichnung Häufigkeitsdichte gut zu interpretieren.
Zu $\hat{f}$ (sprich „f Dach“): Durch das Dach-Symbol werden sehr oft empirische Befunde charakterisiert.
Der Vollständigkeit halber sei an dieser Stelle erwähnt, dass es natürlich auch einen **klassierten Modus** gibt. Er ist definiert als Klassenmitte – $(OG + UG)/2$ – der am häufigsten besetzten Klasse. Es gibt kompliziertere Definitionen, die sollen Sie an dieser Stelle aber nicht kennenlernen.

Im stetigen Fall hat die **empirische Verteilungsfunktion** eine große Bedeutung. Die folgende Definition zeigt zunächst einmal, wie aus einer klassierten Tabelle jene ermittelt werden kann. Die anschließende Abbildung 2.8 stellt die diskrete der stetigen Variante für das Beispiel *Alter* einmal gegenüber.

Definition 2.3: Empirische Verteilungsfunktion klassierte Daten

$$\hat{F}(x) = \begin{cases} 0 & \text{für } x < UG_1 \\ \hat{F}(UG_i) + (x - UG_i) \cdot \hat{f}_i & UG_i < x \leq OG_i \\ 1 & \text{für } x > UG_k \end{cases}$$

Dabei ist $\hat{f}_i$ die Häufigkeitsdichte in der i-ten Klasse, in welcher gerade x liegt.

Die Ähnlichkeit ist deutlich, einmal als **Treppenfunktion** einmal als Linienzug. Anhand der Graphik wird aber auch deutlich, dass diese stetige Version der empirischen Verteilungsfunktion eine Annahme trifft bzw. treffen muss. Es wird **Gleichverteilung** innerhalb einer Klasse unterstellt, was dazu führt, dass zwei aufeinanderfolgende Werte von `F.i` mit einer Gerade verbunden werden können, da sich laut Annahme die Beobachtungen gleichmäßig innerhalb der Klasse verteilen.

Im Folgenden soll anhand des Merkmals *Größe in cm* beispielhaft aufgezeigt werden, wie mit der empirischen Verteilungsfunktion gerechnet werden kann. Tabelle 2.12 zeigt zunächst die Häufigkeitstabelle.

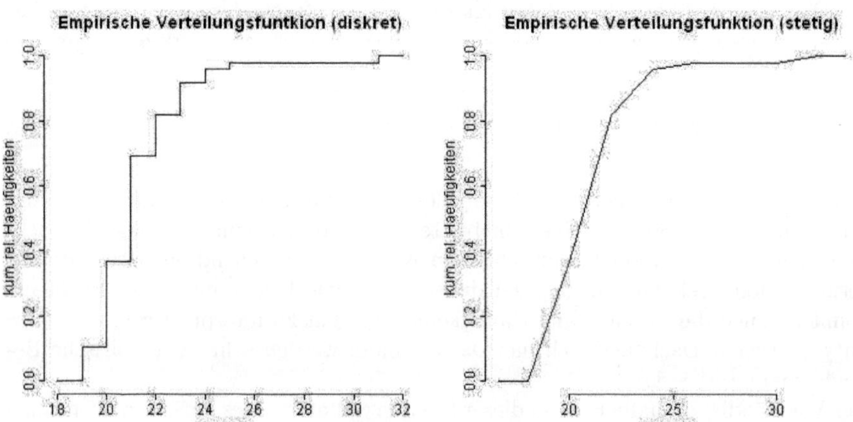

Abbildung 2.8: Empirische Verteilungsfunktion `Alter` – diskret vs. stetig

i	ug	og	n.i	h.i	F.i	f.i
1	155	160	1	0.020	0.020	0.004
2	160	165	8	0.163	0.184	0.033
3	165	170	6	0.122	0.306	0.024
4	170	175	8	0.163	0.469	0.033
5	175	180	11	0.224	0.694	0.045
6	180	185	9	0.184	0.878	0.037
7	185	190	5	0.102	0.980	0.020
8	190	195	1	0.020	1.000	0.004

Tabelle 2.12: Klassierte Häufigkeitstabelle des Merkmals *Größe in cm*

Wie groß ist der Anteil der Studierenden, die höchstens 178 cm groß sind? Was ist also der Wert für $\hat{F}(178)$ berechnet auf Basis von Tabelle 2.12? Natürlich kann man an dieser Stelle darauf hinweisen, doch bitte in die Daten zu schauen und durchzuzählen. Aber es ist durchaus nicht unrealistisch, dass nur transformierte Daten zum Beispiel in Form einer Häufigkeitstabelle zur Verfügung stehen. Denken Sie an veröffentlichte Daten des Statistischen Bundesamtes oder des Bundeswirtschaftsministeriums.

Graphisch lässt sich die Antwort sowohl mit Hilfe des Histogramms als auch mit der empirischen Verteilungsfunktion leicht finden. Im Fall des Histogramms müssen *nur* die Flächenstücke bis zur Stelle 178 cm aufaddiert werden, im Fall der Verteilungsfunktion ist der Funktionswert an der vertikalen Achse abzulesen. In der Abbildung 2.9 ist dies einmal dargestellt. Nun ist auch klar, warum die Buchstaben **f** bzw. **F** verwandt wurden. Letztere ist natürlich die **Flächenfunktion**, also im Prinzip die Stammfunktion – hier natürlich noch nicht im Sinne der Analysis.

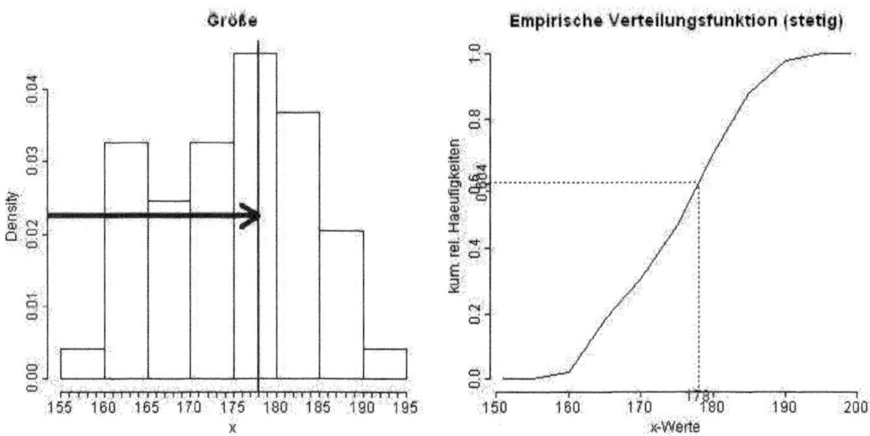

Abbildung 2.9: Verteilungsfunktion und Histogramm `Größe`

Mit Hilfe der Tabelle 2.12 können Sie den Wert auch ausrechnen. Dazu soll die Formel aus Definition 2.3 verwandt werden. Die gesuchte Größe, 178 cm, liegt in der 5. Klasse – die Wirkungsweise der Formel können Sie genau am Histogramm nachvollziehen:

$$\begin{aligned}\hat{F}(178) &= \hat{F}(175) + (178 - 175) \cdot \hat{f}_5 \\ &= 0.469 + 3 \cdot 0.045 \\ \hat{F}(178) &= 0.604\end{aligned}$$

Aufgrund der Konstellation in der klassierten Häufigkeitstabelle und natürlich unter der erwähnten Annahme der Gleichverteilung in jeder Klasse ergibt sich, dass 60.4 % der befragten Studierenden höchstens 178 cm groß sind.

Kurz gefasst!

- Wenn Daten stetig sind, können Sie auch – wie bei diskreten Daten – erste Erkenntnisse durch das einfache Zählen der Beobachtungen ziehen.
- Dabei helfen Ihnen stetige Häufigkeitstabellen, Histogramme, Empirische Verteilungsfunktionen und der klassierte Modus.
- Klassen können Sie bei nahezu jeder Datenlage bilden. Achten Sie aber darauf, dass Sie durch die Klassenbildung keine Erkenntnisse verlieren.

2.2.3 Analyse der Urliste

In diesem Kapitel lernen Sie

- wie Sie über die einfache Häufigkeitsanalyse hinaus Erkenntnisse aus Daten gewinnen können.
- wie Sie die konkreten Realisationen der Daten analysieren können.
- welche Hilfsmittel Ihnen dafür zur Verfügung stehen.

Die Urliste beinhaltet die Daten in der Form, in der sie angefallen sind, und nicht transformiert. Bei einer Transformation gehen notwendigerweise Informationen verloren. Sie können in der Regel mehr Erkenntnisse aus den Daten ziehen, wenn ein entsprechendes Skalenniveau vorliegt. Tabelle 2.13 definiert dafür ein paar grundsätzliche Begrifflichkeiten.

Das Vorgehen soll im Geiste der **EDA**, der **explorativen Datenanalyse** verstanden werden, die John Tukey bereits in den 1970er Jahren auf den Weg gebracht hat. Er hat sich stets die Fragen gestellt: Welche Geschichte erzählen die Daten und was kann mit ihnen herausgefunden werden?

Bevor Sie sich auf die Suche nach mehr oder minder komplizierten Modellen und Methoden machen, sollten Sie eine gründliche Datenexploration mit Hilfe von Gra-

X	Allgemeine Bezeichnung für das Merkmal.
n	Stichprobenumfang — bei n Personen wurde das Merkmal erhoben.
x_i	i-te Beobachtung vom Merkmal X. Die i-te Person hat gerade x_i angegeben.
$i = 1, 2, \ldots, n$	Der Index i durchläuft alle Nummern von 1 bis n, da n Daten erhoben wurden.
$x_{(1)}$	Dies ist die kleinste Beobachtung.
$x_{(n)}$	Dies ist die größte Beobachtung.
$x_{(i)}$, $i = 1 \ldots n$	Dies bezeichnet die **Rangwertreihe**, also den geordneten Datensatz.

Tabelle 2.13: Nomenklatur für Daten aus der Urliste

phiken und Maßzahlen durchführen. Nur wenn Sie die **Daten verstanden** haben, können Sie daraus Erkenntnisse im induktiven Sinne gewinnen.
Die erste und einfachste Möglichkeit, sich ein Bild von den Daten zu machen, ist der sogenannte **Dotplot**. Abbildung 2.10 zeigt zwei Dotplots des Merkmals *Alter*. Die Merkmalsachse ist die horizontale Achse. Auf der vertikalen Achse wird in diesem Fall lediglich der Index abgetragen.
Was meinen Sie, ist der Unterschied in den beiden Graphiken? Hinweis: In der Tabelle 2.13 finden Sie zwei verschiedene Möglichkeiten, die Merkmalsausprägungen zu notieren.

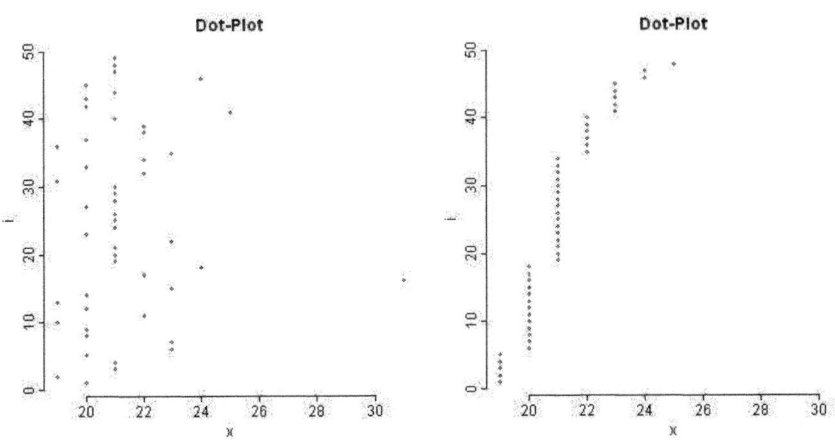

Abbildung 2.10: Dotplot des Merkmals `Alter`

Anhand des Dotplots können Sie bereits gut die Struktur, die Verteilung der Daten auf der Merkmalsachse erkennen. Existieren **Häufungen**, gibt es **Ausreißer**, wo liegen die **meisten Beobachtungen**, wo ist das Zentrum? Mit Hilfe des Dotplots bekommen Sie erste Antworten auf diese Fragen.

Lagemaßzahlen

Diese Antworten sollen quantifiziert werden, also im Sinne *XY Jahre sind der Durchschnitt.* Die ersten **Maßzahlen** sollen definiert werden, zunächst folgende **Zentrale Maßzahlen zur Lage**:

- Mittelwert
- Median
- Modus
- Midrange.

Diese verraten Ihnen, wo auf der Werteachse der Datensatz liegt. **Maßzahlen aggregieren**, sie fassen zusammen und verdichten. Das macht es einfacher, eine schnelle Aussage in Bezug auf die Daten zu erhalten. Aber Sie müssen auch aufpassen, denn wo verdichtet wird, da verlieren Sie Erkenntnisse.
Bevor Sie allerdings anfangen, zum Beispiel einen Mittelwert zu berechnen, ist es immer geboten, einmal über die Sinnhaftigkeit des Unterfangens nachzudenken:

Mittelwert aus -5 und 45?

Hier sollten Sie nicht einfach die 20 als Antwort geben. Es empfiehlt sich dringend, zunächst einmal nach dem Kontext der Daten zu fragen. Erinnern Sie sich noch an die Statistik-Definition von Moore auf der Seite 14?

Wenn das getan ist, dann können Sie rechnen. Die Definitionen und Eigenschaften der vier genannten Maßzahlen sollen vorgestellt und vorgerechnet werden. Die Maßzahlen sind gemäß ihrer Bedeutung sortiert.
Es liegen Daten vom Umfang n vor; die einzelnen Merkmalsausprägungen sind x_i, das heißt x_1 wurde zuerst beobachtet, x_n als letztes; die Rangwertfolge ist $x_{(i)}$, das heißt $x_{(1)}$ ist stets die kleinste, $x_{(n)}$ die größte Beobachtung.

Exkurs zur Motivation: Das Summenzeichen
Das klingt zunächst einmal nicht sehr spaßig. Mal sehen. Dem kleinen Gauß (1777–1855) wurde in der Schule, als neunjährigem Schüler die Aufgabe gegeben, die Zahlen $1, \ldots, 100$ aufzuaddieren, wenig spaßig. (So ganz genau ist die Geschichte nicht überliefert, aber prinzipiell kann es so gewesen sein, vgl. [Satorius1856] S. 12f.)

Als Summenformel – Summe der ersten 100 natürlichen Zahlen:

$$\sum_{i=1}^{100} i = 1 + 2 + 3 + \ldots + 98 + 99 + 100 = S$$

Gauß hat es wohl so hingeschrieben, als Neunjähriger wohlgemerkt:

1	+2	+3	+...	+98	+99	+100	=	S
100	+99	+98	+ ...	+3	+2	+1	=	S
101	+101	+101	+ ...	+101	+101	+101	=	2S

Die allgemeingültige Struktur ist gut zu erkennen, wenn man 100-mal die 101 aufaddiert – bzw. n-mal $(n + 1)$ –, dann kommt gerade das Doppelte der eigentlichen Summe heraus, daher gilt allgemein die **Gaußsche Summenformel** (auch **kleiner Gauß** genannt):

$$\sum_{i=1}^{n} i = \frac{n \cdot (n+1)}{2}$$

Ferner gelten unter anderem diese Eigenschaften, die Sie noch brauchen werden:

$$\sum_{i=1}^{10} 1 = \underbrace{1 + 1 + \ldots + 1}_{10 \text{ mal}} = 10$$

$$\sum_{i=1}^{k} n_i = n_1 + n_2 + \ldots + n_k$$

$$\sum_{i=1}^{10} i^2 = 1^2 + 2^2 + 3^2 + 4^2 + 5^2 + 6^2 + 7^2 + 8^2 + 9^2 + 10^2 = \text{Formel?}$$

$$\sum_{i=1}^{10} n \cdot i = n \cdot \sum_{i=1}^{10} i$$

$$\sum_{i=1}^{10} (10 + n \cdot i) = n \cdot 10 + n \cdot \sum_{i=1}^{10} i$$

Arithmetisches Mittel: Vermutlich haben Sie schon einmal den **Durchschnitt** von verschiedenen Zahlen errechnet. Umgangssprachlich ist damit das arithmetische Mittel gemeint, welches eine Maßzahl für die zentrale Lage ist. Üblicherweise wird $\bar{x}$ als Symbol verwandt und es ist folgendermaßen definiert:

Definition 2.4: Arithmetisches Mittel

$$\bar{x} = \frac{1}{n}\sum_{i=1}^{n} x_i = \frac{x_1 + x_2 + \ldots + x_n}{n} \quad \text{(sprich: „x quer“)}$$

Es werden also alle Beobachtungen aufaddiert, die Summe wird durch die Anzahl der Beobachtungen geteilt. In der folgenden Auflistung sind die wichtigsten Eigenschaften und Interpretationen notiert:

- Es wird ein **kardinales Messniveau** benötigt (die Summe muss Sinn machen, vgl. Aufgaben 10 bzw. 11: harmonisches und geometrisches Mittel).
- Der Mittelwert ist derjenige Wert, den jede Beobachtung annehmen würde, wenn die Summe der Beobachtungen gleichmäßig verteilt wäre (Beispiel: Einkommen!).
- Der Mittelwert kann als **Gleichgewichtspunkt bei einer Waage** aufgefasst werden, links und rechts von ihm befinden sich identische Summen von Abständen zum Zentrum – nur mit unterschiedlichem Vorzeichen:

$$\sum_{i=1}^{n}(x_i - \bar{x}) = 0$$

→ **Arithmetische Interpretation**: Das arithmetische Mittel zweier Zahlen x und y ist diejenige Zahl m, für die gilt $m - x = y - m$

- Der Mittelwert hat die Eigenschaft der **Linearität**:

$$z_i = a + b \cdot x_i \Rightarrow \bar{z} = a + b \cdot \bar{x}$$

Beispiel: Durchschnittstemperatur. Wenn Sie Temperaturen in Grad Celsius vorliegen haben (C_i) und die Durchschnittstemperatur in Grad Fahrenheit wissen möchten (F_i), dann können Sie $\bar{C}$ ausrechnen und in die Beziehungsformel einsetzen:

$$F_i = C_i \cdot 9/5 + 32 \;\rightarrow\; \bar{F} = \bar{C} \cdot 9/5 + 32$$

- Der Mittelwert ist **ausreißerempfindlich**. Der Mittelwert lässt sich von extremen Werten an den Rändern stark beeinflussen. Da diese Maßzahl vor allem von der Größe der Summe abhängt, ist es klar, dass bereits einzelne sehr große Werte die Summe stark beeinflussen können. Die Summe wird in Richtung des Ausreißers gezogen (vgl. dazu die Abbildung 2.12).
- Die Differenz ist der entscheidende Unterschied zwischen zwei Merkmalsausprägungen.

- An der folgenden Darstellung 2.11 können Sie sehr schön erkennen, wie der Mittelwert durch das gleichmäßige Verteilen der Summen alles *glättet*.
  Der Mittelwert ist ein **Gleichmacher**. Besonderheiten, Ecken und Kanten – durch jede Verdichtung gehen Informationen verloren – gehen dabei verloren — es wurden die durchschnittlichen Grauwerte der 16 Gesichter gebildet:

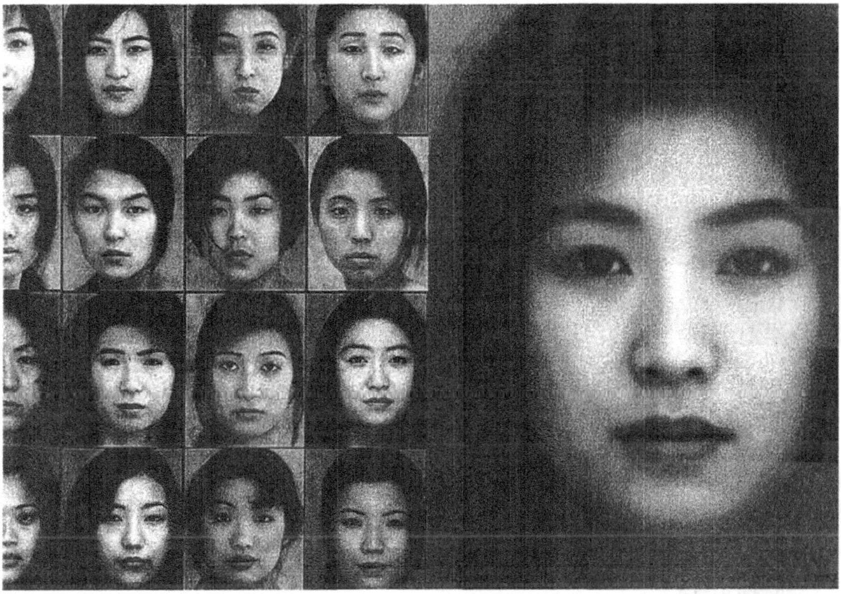

Abbildung 2.11: Durchschnittsgesicht – Mittelwert

Neben dem arithmetischen Mittel gibt es zwei Formen.
1. Das sogenannte **gewichtete arithmetische Mittel** sieht unterschiedliche Gewichtungen der einzelnen aufzuaddierenden Merkmalsausprägungen vor.
Im Grunde ist das ganz normale arithmetische Mittel auch ein gewichtetes, allerdings mit dem immer gleichen Gewicht für alle x_i, nämlich $1/n$, denn es gilt (vgl. Exkurs Seite 41):

$$\frac{1}{n}\sum_{i=1}^{n} x_i = \sum_{i=1}^{n}(\frac{1}{n} \cdot x_i)$$

Jedes x_i gibt es genau 1-mal in der Stichprobe. Wenn aber zum Beispiel bei n verschiedenen Datensätzen der gleichen Grundgesamtheit mit verschiedenen Stichprobenumfängen w_i der Mittelwert $\bar{x}_i$ jeweils bekannt ist, dann kann mit Hilfe des gewichteten arithmetischen Mittels das Gesamtmittel $\bar{x}_g$ berechnet werden – die Gewichte für zum Beispiel jede Stichprobe i sind somit jeweils $w_i/\sum_{i=1}^{n} w_i$:

Definition 2.5: gewichtetes arithmetisches Mittel

$$\bar{x}_g = \sum_{i=1}^{n} \frac{w_i \cdot \bar{x}_i}{\sum_{i=1}^{n} w_i}$$

Vergleichen Sie dazu die Aufgabe 12 in der Aufgabensammlung.

Als 2. sei das **getrimmte arithmetische Mittel** erwähnt – ohne es allerdings exakt zu definieren. Es ist ausreichend, wenn Sie die Idee verstehen. Wie Sie bereits wissen, ist das arithmetische Mittel sehr ausreißerempfindlich. Eine Möglichkeit, die Problematik zu eliminieren und dennoch diesen Mittelwert zu benutzen (das arithmetische Mittel hat theoretische Eigenschaften, die es zum Teil unverzichtbar machen), ist es, einen bestimmten Prozentsatz, zum Beispiel $\alpha = 0.05 = 5\ \%$ (sprich Alpha), an den Rändern des geordneten Datensatzes bei der Berechnung des arithmetischen Mittels einfach wegzulassen.
Die 5 % größten und die 5 % kleinsten Beobachtungen werden gestrichen, anschließend wird das arithmetische Mittel berechnet. Dieses heißt dann **5 % getrimmtes arithmetisches Mittel**.

Median (Zentralwert): Der Median ist als Maßzahl zu Beginn des Kapitels bereits intuitiv eingeführt worden (vgl. S. 25). Der sortierte Datensatz wird durch ihn in zwei gleichgroße Hälften geteilt.

Definition 2.6: Median

$$x_{0.5} = \begin{cases} x_{(\frac{n+1}{2})} & \text{für } n \text{ ungerade} \\ \frac{1}{2} \cdot \left(x_{(\frac{n}{2})} + x_{(\frac{n}{2}+1)}\right) & \text{für } n \text{ gerade} \end{cases}$$

Es wird **mindestens ein ordinales Messniveau** benötigt, da die Beobachtungen sortiert werden müssen. Links und rechts vom Median liegen 50 % der Daten, also gleich viele Beobachtungen. Der Median wird daher auch **50 %-Punkt** genannt. Der Median teilt den Datensatz in zwei gleich große Hälften. Daran lässt sich auch ganz gut eine Vergleichbarkeit zum arithmetischen Mittel herstellen. Links und rechts von diesem liegt absolut gesehen jeweils die gleiche Summe an Entfernungen zum Mittelwert in Einheiten gemessen. Im arithmetischen Mittel stecken allerdings weit mehr Informationen.
Der Median ist ein **robustes Maß**, er ist eben nicht ausreißerempfindlich. Der Median lässt sich durch Veränderungen an den Rändern überhaupt nicht beeinflussen (vgl. dazu auch die Abbildung 2.12).

Modus: Auch der Modus ist bereits bekannt (vgl. S. 27). Er wird hier der Vollständigkeit halber und mit ein paar Eigenschaften versehen erwähnt.

Definition 2.7: Modus
diskret: der häufigste Wert
stetig: Klassenmitte der am häufigsten besetzten Klasse

Dieser Mittelwert kann für **alle Messniveaus** berechnet werden. Der Modus muss nicht immer existieren. Wenn bspw. die beiden am häufigsten beobachteten Merkmalsausprägungen gleich oft vorkommen, dann kann der Modus nicht bestimmt werden. Die gleiche Aussage gilt entsprechend für klassierte Daten.

Midrange: Diese Maßzahl wird eher selten als Maßzahl zur Lage eingesetzt. Ihre Berechnung ist sehr einfach, es ist das arithmetische Mittel aus **Minimum** und **Maximum**.

```
Ein kleiner Beispieldatensatz - so geht die Berechnung per Hand:
1, 3, 10, 20, 1000
```

- Mittelwert
  $\bar{x} = (1 + 3 + 10 + 20 + 1000)/5 = 206.8$
- Median
  $x_{0,5} = x_{(5+1)/2} = x_{(3)} = 10$
- Modus
  Dieser existier nicht, da es keinen häufigsten Wert gibt.
- Midrange $= (1 + 1000)/2 = 500.5$

Die folgende Abbildung 2.12 verdeutlicht die Ausreißerempfindlichkeit der Lagemaße. In beiden Graphiken sei auf der Merkmalsachse das Einkommen von sechs Personen in Euro abgetragen (*). Median und arithmetisches Mittel sind als vertikale Linien eingezeichnet. In der linken Graphik stellt sich bereits die Frage, ob das arithmetische Mittel der Wirklichkeit gerecht wird.
Die Person mit dem höchsten Einkommen (6000 Euro) erhält deutlich mehr Geld. Werfen Sie einen Blick auf das arithmetische Mittel. Es ist um über 30 % angestiegen, nur weil eine Person mehr verdient. Der Median ist gleichgeblieben. Bei Einkommensdaten empfiehlt es sich, den Median zu verwenden. Schauen Sie dazu noch einmal in den Exkurs auf der Seite 20.
Mit dem kennengelernten Lagekonzept sind Sie in der Lage, die grundsätzliche Position einer Stichprobe zu benennen: Wie groß sind Studierende im Schnitt? Was ist das Durchschnittseinkommen? Usw.

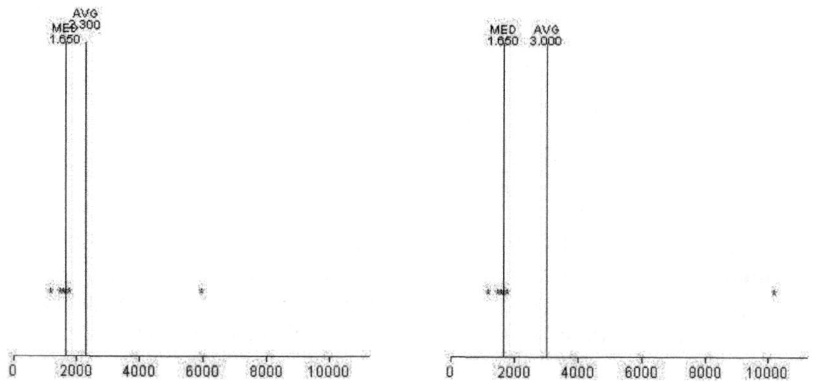

Abbildung 2.12: Ausreißerempfindlichkeit – arithmetisches Mittel vs. Median

Nicht selten ist es so, dass eine Auskunft über die Mitte der Daten Ihnen nur bedingt weiterhilft. An den **Rändern** der (sortierten) Daten sind oftmals die wesentlichen Informationen zu finden. Denken Sie an Diskussionen über die Reichensteuer oder die Hartz-IV-Debatte. In beiden Fällen hilft das Durchschnittseinkommen nicht weiter, um festzustellen, wie viel mehr Steuereinnahmen bei einer sogenannten Reichensteuer herausspringen.

Nicht-zentrale Lagemaße können diese Lücke schließen. Diese machen Aussagen zur Beschaffenheit der Daten weg vom Zentrum. Im Beispiel könnte eine Zahl weiterhelfen, die angibt, wie viel Geld die oberen 5 % denn mindestens verdienen. Dieses Zahl könnte dann als Einkommensgrenze für die zu Besteuernden dienen.

Im Folgenden seien listenhaft die wichtigsten Konzepte zu den nicht-zentralen Lagemaßen kurz vorgestellt.

- **Extremwerte:**
  Minimum und Maximum, $x_{(1)}$ und $x_{(n)}$
- **Unteres Quartil:**
  $\rightarrow x_{0.25}$: Median der unteren Hälfte (siehe Median). Links davon liegen 25 % der Daten, rechts davon 75 %.
- **Oberes Quartil**
  $\rightarrow x_{0.75}$: Median der oberen Hälfte (siehe Median). Links davon liegen 75 % der Daten, rechts davon 25 %.
- **Verallgemeinerung p-Quantil**: x_p.
  $p = 0.25$ bzw. $p = 0.75$ und $p = 0.50$ sind spezielle Quantile, nämlich gerade die Quartile sowie der Median.

Die Quantile sind definiert über die **empirische Verteilungsfunktion**, die wir bereits kennengelernt haben: $F(x_p) = p$. Diesen Zusammenhang können Sie sehr gut in der Abbildung 2.9 auf der Seite 37 nachvollziehen.

All diese Maßzahlen brauchen mindestens ordinales Messniveau, damit sind sie sehr breit einsetzbar und leisten gute Dienste.
Noch kurz das Beispiel zur Berechnung – fortgesetzt von Seite 45:

- Unteres Quartil (= Median der unteren Hälfte, inkl. Median): 1, 3, 10
  $x_{0,25} = 3$
- Oberes Quartil (= Median der oberen Hälfte, inkl. Median): 10, 20, 1000
  $x_{0,75} = 20$

Es gibt viele Definitionen zur Berechnung von Quantilen. In diesem Rahmen soll diese sehr einfache und intuitive Herangehensweise ausreichen.

Kurz gefasst!

- Sie haben verschiedene grafische und rechnerische Hilfsmittel kennengelernt, mit denen Sie den Erkenntniswert von Daten steigern können.
- Als Ausgangspunkt dient die Urliste, aus der Sie ggf. einen Dotplot erstellen können.
- Als sinnvolle zentrale Lagemaße gelten das arithmetische Mittel, der Median, der Modus und die Midrange.
- Als nicht-zentrale Lagemaße können Sie Extremwerte, Quartile bzw. Quantile heranziehen.
- Achten Sie stets darauf, dass die unterschiedlichen Lagemaße Vor- und Nachteile haben.

Graphiken

In diesem Kapitel lernen Sie

- dass Graphiken Ihren Blick auf Daten schärfen können.
- Graphiken zur Darstellung der Daten kennen.

In der Regel wird es nicht so sein, dass alle Beobachtungen, alle Merkmalsausprägungen einen einzigen Wert annehmen, in einem Punkt zusammenfallen. Wäre dem so, dann würden alle bisher kennengelernten Maßzahlen denselben Wert annehmen – und die Statistik wäre eine ziemlich überflüssige Disziplin.

In Abbildung 2.12 konnten Sie bereits deutlich sehen, wie sich Median und arithmetisches Mittel zueinander verhalten. Die **Streuung** und auch die Ungleichheit, in diesem Fall die **Asymmetrie**, in den Daten nahm zu. Mittelwert und Median liegen dadurch weiter voneinander entfernt. Sind die Daten dagegen hübsch **symmetrisch**, dann rücken die beiden Lagemaße ganz dicht aneinander.
Streuung und Symmetrie sind Phänomene, denen man sich am besten zunächst graphisch nähert. In Abbildung 2.10 haben Sie die erste Graphik, den Dotplot kennengelernt. Es werden drei Graphiken vorgestellt werden, die Ihnen helfen sollen, die Daten besser einzuschätzen in Bezug auf ihre **Verteilung** besser einzuschätzen. Die Graphiken stellen sowohl die tatsächlichen Beobachtungen als auch die daraus errechneten Maßzahlen dar.

Boxplot: Der sogenannte Boxplot ist eine wichtige und häufig eingesetzte und dabei sehr einfach (auch per Hand) zu konstruierende Zeichnung. John Tukey hat ihn in seiner EDA vorgestellt.

Definition 2.8: Boxplot

Es werden die fünf Maßzahlen **Minimum, unteres Quartil, Median, oberes Quartil, Maximum** abgetragen. Die Merkmalsachse kann sowohl die horizontale als auch die vertikale Achse sein.
Es wird eine **Box**, ein Rechteck, vom unteren bis zum oberen Quartil über der Merkmalsachse abgetragen, wobei die Höhe keine Rolle spielt. An der Stelle des Medians wird eine Senkrechte durch die Box gezeichnet. Die beiden sogenannten *whiskers* werden bis zum Minimum bzw. Maximum abgetragen.

In der Box liegen die zentralen 50 % der Daten. Lage, Streuung, Ausreißer sowie Symmetrieeigenschaften eines Datensatzes kann man auf einen Blick erkennen. Bei einem perfekt symmetrischen Datensatz sind alle vier Bereiche gleich lang in Bezug auf die Skala.
Abbildung 2.13 zeigt den Boxplot des Merkmals *Alter*. Man kann sehr gut die grundsätzliche Symmetrie um das Zentrum der Box, den Median, erkennen. Zwischen jedem senkrechten Strich liegen 25 % der Beobachtungen. Die ersten drei dieser 25 %-Bereiche machen sich auf der Merkmalsachse ungefähr **gleich breit**. Nur der letzte Bereich benötigt deutlich mehr Platz. Der Ausreißer ist wohl Schuld.

Dichteschätzer: Mit dem Histogramm haben Sie bereits eine Variante eines Dichteschätzers kennengelernt, abgetragen über den klassierten Daten. Das Ergebnis war das **Histogramm**, eine Treppenfunktion (vgl. Abbildungen 2.6 und 2.7). Vor allem in der zweitgenannten Abbildung wurde deutlich, dass das Histogramm darstellt, wie dicht die Daten in den einzelnen Bereichen der Merkmalsachse liegen. Dies allerdings in Bezug auf die Klassengrenzen.

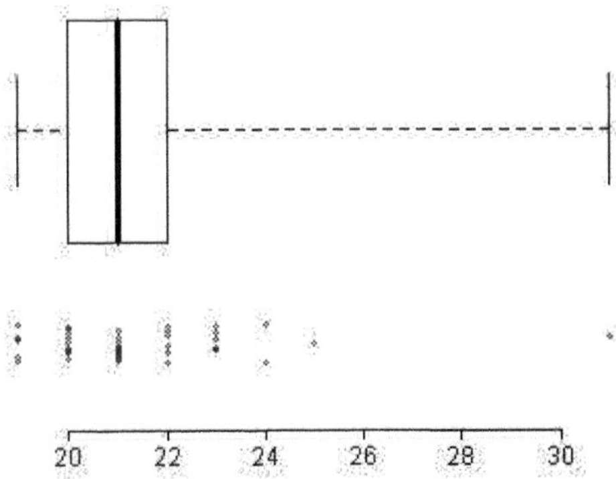

Abbildung 2.13: Boxplot des Merkmals `Alter`

Der sogenannte **Dichteschätzer** geht nun einen Schritt weiter. Es wird von den Klassengrenzen abstrahiert. Es werden allgemein **dichte** Bereiche dargestellt und zwar in Bezug auf jede einzelne Beobachtung.

Definition 2.9: Kerndichteschätzer

Hierbei wird um jede Beobachtung ein kleines Intervall (a. Fenster) gelegt. Durch Gewichtung aller Punkte im Intervall und durch Wiederholung des Vorgangs für alle Beobachtungen und anschließender Aufaddierung der entstandenen Gewichtungen entsteht zu jedem Punkt auf der horizontalen Achse eine Gewichtssumme (= Dichteschätzung), die auf der vertikalen Achse abgetragen wird.
Das Dilemma ist die Fensterbreite h: Je größer h, desto glatter ist die Kurve; dafür aber geht lokale Information verloren. Gerne genommen für die Fensterbreite h wird: $h = 2 \times IQR$, mit IQR als dem *inter-quartile-range* (s. Seite 67).

Mit dem Dichteschätzer erhalten Sie eine glatte Kurve, die Ihnen durch ihr Verhalten zeigt, wo Punkte dicht beieinander liegen. Vielleicht gibt es zwei Zentren (**bimodal**), um die die Punkte streuen oder nur eines.
Der Zusatz **Kern** vor dem Dichteschätzer wird gerne verwandt, da eine sogenannte **Kernfuktion** die erwähnte Gewichtung übernimmt. Diese Kernfunktion ist in der Regel die Gaußsche Normalverteilung (vgl. Kapitel *4.4.1 Normalverteilung*).
In der folgenden Abbildung ist für den mittlerweile bekannten Datensatz *Alter* eine Dichteschätzung vorgenommen. Sie ist gut zu interpretieren.

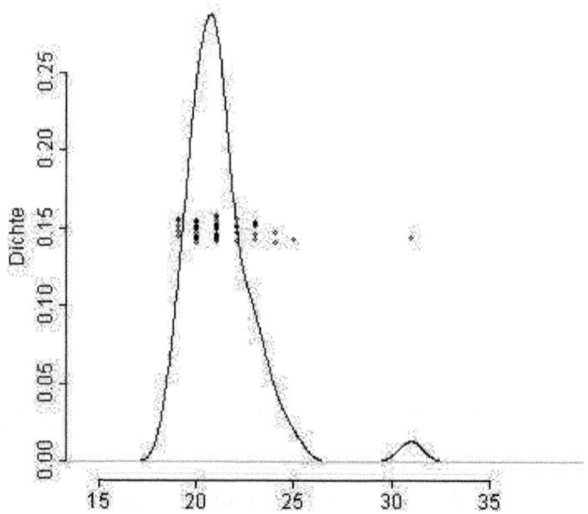

Abbildung 2.14: Dichteschätzer des Merkmals `Alter`

W-Plot: Es gibt zahlreiche weitere gute Ideen dazu, wie man geschickt und eindringlich Daten darstellen kann. Eine dieser Möglichkeiten möchte ich Ihnen mit dem sogenannten **W-Plot** vorstellen. Der Name rührt daher, dass die Graphik wie ein *W* aussieht, wenn die Daten symmetrisch sind. In diesem Fall werden Maßzahlen und die tatsächlichen Beobachtungen geschickt gleichzeitig dargestellt. Es empfiehlt sich eher nicht, diese Graphik per Hand zu zeichnen.

Definition 2.10: W-Plot

Es werden die gleichen fünf Lageparameter wie beim Boxplot eingezeichnet. Hier ist die horizontale Achse die Merkmalsachse, die vertikale Achse hat keine Bedeutung.
Man fängt oben links mit dem Minimum an und bewegt sich bis zum unteren Quartil nach unten. Die Beobachtungen werden gemäß ihrer Ausprägung platziert, es wird also der geordnete Datensatz abgetragen.
Vom unteren Quartil geht es dann wieder hinauf zum Median, von dort hinunter zum oberen Quartil und dann noch ein letztes Mal hinauf zum Maximum.
Die vertikalen Abstände werden so skaliert, dass gerade alle Beobachtungen in die Graphik passen.
Bei einem perfekt symmetrischen Datensatz entsteht dann ein W.

```
Min   median                                        Max
19     21                                            31
19     21                     25
19     21                 24
19     21                 24
19     21            23
    20 21            23
    20 21            23
    20 21            23
    20 21            23
    20 21       22
    20          22
    20          22
    20          22
    LQ          UQ
```

Abbildung 2.15: W-Plot – `Alter`

Kurz gefasst!

- Sie haben zusätzlich zu den Maßzahlen den Boxplot, den Dichteschätzer sowie den W-Plot zur Darstellung der Daten kennengelernt.
- Sie können anhand der Graphiken und der Konstellationen der Lageschätzer Mittelwert, Median und Modus bereits eine Aussage zur Symmetrie bzw. Schiefe eines Datensatzes machen.

Streuungsmaße

In diesem Kapitel lernen Sie

- dass die Lage alleine nicht ausreicht, um einen Datensatz zu interpretieren.
- zusätzlich zur Lage Maßzahlen zur Streuung der Daten kennen.

Das Konzept der **Streuung** oder **Variation** ist ein sehr bedeutsames in der Statistik. Zunächst einmal bezeichnet Streuung lediglich die Unterschiedlichkeit in den Daten: **Sie sind nicht alle 180 cm groß!**
Falls Sie doch alle 180 cm groß wären, dann wäre die Streuung Null, der Mittelwert wäre natürlich gerade 180 cm groß. Alle anderen bisher kennengelernten Lagemaße würden auch diesen Wert annehmen.

Der Streuung kommen unterschiedliche Bedeutungen zu, was das Konzept so fundamental wichtig macht:

- Manchmal macht es die **Analyse schwerer: Je größer die Streuung, desto mehr verliert zum Beispiel der Mittelwert an Aussagekraft**. Die Streuung beraubt die Analyse in diesem Fall einer gewissen Schärfe in Bezug auf die Aussagemöglichkeiten.
- Aufgrund der Streuung können kausale Zusammenhänge ausgenutzt werden. Wenn man die Ursache-Wirkungs-Prinzipien versteht, kann man die Streuung einer zu erklärenden Variablen auf die Streuung erklärender Variablen zurückführen und erstgenannte so verstehen und modellieren. Damit sind Prognosen möglich (ANOVA = **Varianzanalyse bzw. Regression**).
- Man kann das **Risiko** (= Streuung) seines Aktienportfolios optimieren durch eine Kombination von verschiedenen Anlagen, deren (Einzel-)Variationen man kennt. Durch die geschickte (Linear-)Kombination kann die Gesamtstreuung des Portfolios minimiert werden.
- Und manchmal hilft die Streuung, wenn man Kombinationen mit maximaler Streuung sucht, um beeindruckende Prognosen zu machen (**Diskriminanzanalyse**): Zahlt eine Kundin ihren Kredit zurück?

  Dann ist Streuung nämlich **Information**, die Unterschiedlichkeit der Daten verrät Ihnen etwas über sie (vgl. Seite 11, Beispiel 1.1)!

Sie sehen: Hier stecken eine ganze Reihe von Möglichkeiten. Mal möchte man möglichst wenig Streuung, um präzise Allaussagen über einen Datensatz machen zu können. Mal möchte man mehr Streuung, um Zusammenhänge verstehen zu können. Grundsätzlich ist Streuung als **Information** zu interpretieren, die Sie nicht ignorieren, sondern ausnutzen sollten.

Da bereits die Lagemaße ein gewisses Abstraktionsniveau abverlangen, ist es nicht verwunderlich, dass die Streuungsmaße da noch eins draufsetzen. Den Anfang macht daher ein ganz einfaches Beispiel – das lässt sich leider nicht vermeiden, sehr oft muss man ein paar kontextfreie Zahlen verwenden, denen man ansieht, wie sie ticken, um dann zu verstehen, wie Maßzahlen darauf reagieren.

Beispiel A:
Der folgende Datensatz soll betrachtet werden:

$$1, 3, 10, 20, 1000$$

$\rightarrow \bar{x} = 206.8$
Beschreibt das die Lage der Daten ausreichend?
$\rightarrow x_{0.5} = 10$
$\rightarrow x_{0.25} = 3,\ x_{0.75} = 20$

Beim Datensatz A sind Mittelwert und Median sehr unterschiedlich, Faktor 20. Die drei Quantile sind zueinander deutlich stimmiger. Der *Ausreißer 1000* ist in diesem Fall dafür verantwortlich. Sind die Lagemaße angemessen, um die Situation zu beschreiben?

Beispiel B:
Der folgende Datensatz soll betrachtet werden:

$$1, 2, 3, 4, 5, \ldots, 19, 20$$

$\rightarrow \bar{x} = x_{0.5} = 10.5$
Beschreibt das die Lage der Daten ausreichend?
$\rightarrow x_{0.25} = 5.5,\ x_{0.75} = 15.5$

Im Beispiel B sind Mittelwert und Median exakt gleich. Der Datensatz ist **perfekt symmetrisch**, da müssen die beiden Lagemaße zusammenfallen. Dennoch scheint die 10.5 nicht sehr dicht bei den Daten zu liegen, obwohl sie natürlich genau das Zentrum beschreibt. Die Daten **streuen sehr stark**, zwar in beide Richtungen exakt gleich, aber sie entfernen sich vom Zentrum. Auch hier scheint es, dass die Lagemaße die Situation nicht vollständig in den Griff bekommen.
In beiden Fällen ist die große Unterschiedlichkeit bei den Daten verantwortlich dafür, dass die Lagemaße allein nicht mehr ausreichen, um den Datensatz angemessen zu interpretieren. Es wird ein Konzept benötigt, dass etwas über die Streuung aussagt.
Wie weit liegen im Durchschnitt die Daten vom Zentrum entfernt? Mit der Antwort auf diese Frage hätten Sie ein sehr gutes Konzept für eine Maßzahl zur Streuung. Der Einstieg soll etwas einfacher sein, aber am Ende des Kapitels soll eine Antwort auf die Frage gefunden sein.

Spannweite (absolute Range): Wie groß ist der Bereich, auf dem die Daten liegen? Wie **breit** machen sich die Daten auf der Merkmalsachse, wie viel Raum nehmen sie insgesamt ein? So bekommen Sie einen ersten Eindruck davon, wo die Daten grundsätzlich liegen. Im jeweiligen Kontext ergibt sich eine erste Interpretation.

Definition 2.11: Spannweite

$$s_w = x_{(n)} - x_{(1)}$$

Für die beiden Beispiele gilt:
A: $1000 - 1 = 999$
B: $20 - 1 = 19$

Quartilsabstand: Auf welchem Bereich liegen die zentralen 50 % der Daten? Wie breit machen sich die zentralen 50 % der Daten? Diesen Wert können Sie sehr gut mit der gerade definierten Spannweite vergleichen (vgl. da auch noch einmal den Boxplot auf der Seite 48).

Definition 2.12: Quartilsabstand

$$s_q = x_{0.75} - x_{0.25}$$

Für die beiden Beispiele gilt:

A: $20 - 3 = 17$

B: $15.5 - 5.5 = 10$

Die 17 ist mit der 999 zu vergleichen. Es ergibt sich eine sehr große Diskrepanz: Die zentralen 50 % benötigen sehr viel weniger Platz als die gesamten Daten. Oder anders: 60-mal mehr Platz benötigen alle Daten im Vergleich zu den zentralen 50 %. Der Vergleich 10 mit 19 ergibt keine Besonderheiten. Dass die gesamten Daten im Vergleich zu den zentralen 50 % knapp doppelt so viel Platz benötigen, scheint nicht sehr auffällig.
Dieser Vergleich verrät Ihnen etwas über das Vorhandensein von **Ausreißern**. Sie erfahren nicht sehr viel über das Ausmaß der Streuung, also ob diese groß ist oder nicht. Dazu benötigen Sie ein weiteres Konzept.

Mittlere Abweichung: Die Frage soll noch einmal gestellt werden: Wie weit sind die Daten im Durchschnitt vom Mittelwert entfernt – wie star streuen sie um diesen?
Sie werden zunächst die Entfernung vom arithmetischen Mittel betrachten, da dieses das wichtigste Konzept zur zentralen Lage ist. Entfernungen sind in diesem Fall Differenzen (vgl. Eigenschaften des Mittelwertes).

Definition 2.12: mittlere Abweichung

$$d = \sqrt{\frac{1}{n} \cdot \sum_{i=1}^{n} (x_i - \bar{x})^2} =$$

$$= \sqrt{\frac{1}{n} \cdot \left[(x_1 - \bar{x})^2 + (x_2 - \bar{x})^2 + \ldots + (x_n - \bar{x})^2 \right]}$$

Das Quadrieren ist notwendig, weil die Summe der absoluten Entfernungen immer Null ergibt (vgl. die Eigenschaft des Gleichgewichtspunktes einer Waage, S. 42 bzw. schauen Sie sich Aufgabe 13 zu diesem Kapitel an)!
Das d (für *deviation*) ist exakt die Antwort auf die gestellte Frage: Es gibt die durchschnittliche Entfernung in Einheiten der Daten vom Mittelwert an. Die mittlere Abweichung ist, genau wie das arithmetische Mittel, ausreißerempfindlich, denn es ist im Wesentlichen eine Summe.

Für die beiden Beispiele gilt:

A: $\sqrt{157335.76} = 396.7$

B: $\sqrt{33.3} = 5.77$

Die zweite Streuung ist zwar sehr viel kleiner, ist aber dennoch relativ groß, wenn man sie auf den Mittelwert oder auf die Spannweite bezieht.
Bei den sogenannten **relativen Streuungsmaßen** wird ein Streuungsparameter auf einen Lageparameter bezogen. Man bekommt zum einen eine sehr gut zu interpretierende Aussage zur aktuellen Streuung. Ist sie groß oder nicht in Bezug auf das 'Zentrum'?
Zum anderen ist somit der **Vergleich der Streuung** von Merkmalen mit verschiedenen Dimensionen (zum Beispiel Preise in verschiedenen Währungen) möglich. Denn bei relativen Maßzahlen kürzen sich die Dimensionen heraus. Der **Variationskoeffizient** ist zum Beispiel folgendermaßen definiert:

Definition 2.12: Variationskoeffizient

$$vk = \frac{d}{\bar{x}}$$

Für die beiden Beispiele gilt:

A: $396.7/206.8 = 1.79$

B: $5.77/10.5 = 0.55$

Im ersten Fall sind die Daten im Schnitt fast doppelt so weit vom Mittelwert entfernt, damit ist dieser offensichtlich nicht zu gebrauchen. Im zweiten Fall sind die Daten immerhin noch deutlich über 50 % vom Mittelwert entfernt. Auch das ist viel und Sie sollten einmal genauer Hinschauen.
Bei den Altersdaten liegt der Mittelwert bei etwa 20 Jahren. Die Streuung beträgt nur einen Bruchteil davon. Studierende im 2. Semester sind ungefähr gleich alt. Betrachten Sie einen Erwachsenen von 40 Jahren und ein Neugeborenes. Im Durchschnitt sind die auch 20 Jahre. Die mittlere Abweichung beträgt genau 20 Jahre

und damit ist der Variationskoeffizient genau 1. Spätestens wenn dieser 1 ist, dann macht der Mittelwert keinen Sinn mehr, denn die Daten liegen im Durchschnitt in genau dieser Größenordnung von ihm entfernt.
Bevor man die Wurzel zieht, um das d zu bestimmen, hat man die sogenannte **mittlere quadratische Abweichung** berechnet.

Mittlere (quadratische) Abweichung der Beispieldaten A:

$$d^2 = \frac{(1-206,8)^2 + (3-206,8)^2 + (10-206,8)^2 + (20-206,8)^2 + (1000-206,8)^2}{5}$$

$$d^2 = 157335,8 \rightarrow d = \sqrt{157335,8} = 396,7$$

Mittlere absolute Abweichung: Der Vollständigkeit halber sei noch diese Maßzahl erwähnt. Es stellt sich die Frage, warum eigentlich quadrieren, wenn man auch Betragsstriche verwenden kann, das scheint einfacher zu sein. Nur auf den ersten Blick. Die Betragsfunktion hat die unangenehme Eigenschaft, nicht überall differenzierbar zu sein. Spätestens bei Optimierungsfragen ist das ein Problem. Hier nimmt man dann auch den Median: Wie weit sind die Daten im Durchschnitt vom Median entfernt?

Definition 2.12: mittlere absolute Abweichung

$$d_{abs} = \frac{1}{n}\sum_{i=1}^{n} |x_i - x_{0.5}|$$

Das nachfolgende Beispiel soll noch einmal die Streuung verdeutlichen. Es wird Schritt für Schritt aufgezeichnet, wie Sie zur mittleren Abweichung gelangen. Diese vier Datensätze liegen vor – Entfernungen in km:

I	9 km	10 km	11 km
II	8 km	10 km	12 km
III	6 km	10 km	14 km
IV	1 km	10 km	19 km

Der Mittelwert ist bei allen vier Datensätzen derselbe, nämlich 10 km:

$$\frac{9+10+11}{3} = \frac{8+10+12}{3} = \frac{6+10+14}{3} =$$

$$= \frac{1+10+19}{3} = \frac{30 \text{ km}}{3} = 10 \text{ km}$$

Beschreibt das arithmetische Mittel die jeweiligen Datenlagen ausreichend? In der folgenden Tabelle sind die Entfernungen zum Mittelwert dargestellt:

I	9-10	10-10	11-10
II	8-10	10-10	12-10
III	6-10	10-10	14-10
IV	1-10	10-10	19-10

I	-1	0	1
II	-2	0	2
III	-4	0	4
IV	-9	0	9

Stellen Sie die Daten doch einmal graphisch dar, zum Beispiel als Dotplot. Durch Abziehen des Mittelwertes ändert sich nichts an der Struktur der Daten, sie streuen jetzt lediglich um 0 km statt um 10 km. Die folgende Graphik versucht, das darzustellen.

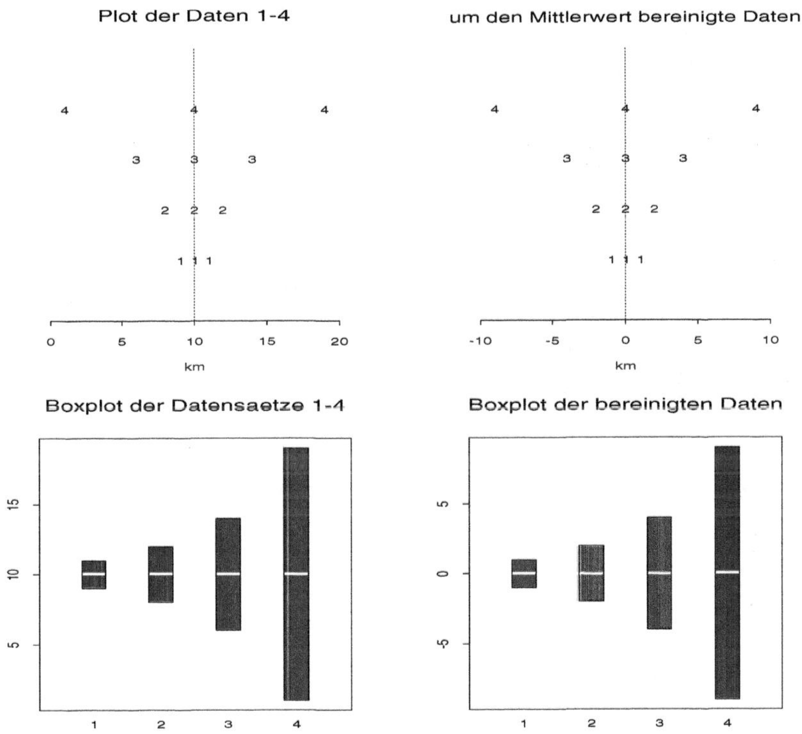

Abbildung 2.16: Graphiken zur Entfernung vom Mittelwert

Die Frage ist, wie Sie mit einer einzigen Zahl die durchschnittliche Entfernung jeder Beobachtung zum Mittelwert ausdrücken können. Hier ist noch einmal die

Tabelle mit den absoluten Entfernungen:

```
  I  -1   0   1
 II  -2   0   2
III  -4   0   4
 IV  -9   0   9
```

Die Summe der Entfernungen ergibt jedesmal Null. Das ist die Eigenschaft des Mittelwerts, der die Summe aller Beobachtungen gleichmäßig auf alle Beobachtungen verteilt.
Dennoch benötigen Sie so etwas wie die gesamte Streuung, um dann eine durchschnittliche Streuung zu ermitteln. Eine Möglichkeit ist folgende: Die absolute Entfernung soll zunächst quadriert, und dann erst soll die Summe gebildet werden:

```
  I   1   0   1    ->   2
 II   4   0   4    ->   8
III  16   0  16    ->  32
 IV  81   0  81    -> 162
```

Nun können Sie die durchschnittliche quadrierte Streuung bestimmen: Die Gesamtstreuung ist durch den Umfang der Daten zu teilen:

```
  I    2/3 =  0.67
 II    8/3 =  2.67
III   32/3 = 10.67
 IV  162/3 = 54
```

Sie kennen jetzt also die durchschnittliche quadrierte Streuung. Das können Sie aber nicht interpretieren, weil natürlich auch die Einheiten quadriert sind:
$0.67\ \text{km}^2$, $2.67\ \text{km}^2$, $10.67\ \text{km}^2$, $54\ \text{km}^2$. Kilometer zum Quadrat macht aber in diesem Zusammenhang keinen Sinn, daher ist die Wurzel zu ziehen:

$$\text{I: } \sqrt{0.67\ \text{km}^2} = 0.82\ \text{km}$$
$$\text{II: } \sqrt{2.67\ \text{km}^2} = 1.63\ \text{km}$$
$$\text{III: } \sqrt{10.67\ \text{km}^2} = 3.27\ \text{km}$$
$$\text{IV: } \sqrt{54\ \text{km}^2} = 7.35\ \text{km}$$

Nun kennen Sie die durchschnittliche Entfernung jeder Beobachtung vom Mittelwert 10 km:

```
  I  9 km   10 km   11 km  -> 0.82 km
 II  8 km   10 km   12 km  -> 1.63 km
III  6 km   10 km   14 km  -> 3.27 km
 IV  1 km   10 km   19 km  -> 7.35 km
```

Diese Tabelle können Sie gut interpretieren. Jede dieser Entfernungen kann in Bezug zum (immer gleichen) Mittelwerte 10 km gesetzt werden und Sie können gut erkennen, wie die Streuung ansteigt.

Stichprobenvarianz: Im Grunde haben Sie mit der mittleren Abweichung genau die Maßzahl bekommen, die Sie haben wollten. Aus bestimmten Gründen wird diese aber eher nicht verwandt, sondern eine andere, die im Prinzip aber ganz genauso aussieht. Es gibt lediglich einen, aber feinen Unterschied:
Während beim d^2 bzw. d durch den Stichprobenumfang, also n, geteilt wird, wird bei der sogenannten **Stichprobenvarianz** s^2 bzw. der Wurzel daraus der **Stichprobenstandardabweichung** s durch eins weniger, also $n-1$ geteilt.
Das hat theoretische Gründe. Letztere Maßzahl hat ein paar günstigere Eigenschaften, wenn man sie genau analysiert. Das geht aber über den Umfang hier hinaus. Sie nehmen das bitte lediglich zur Kenntnis. Wozu dann das d? Ganz einfach: Es ist intuitiv völlig unlogisch, nicht durch n zu teilen, wenn Sie einen Durchschnitt berechnen wollen.
Die Stichprobenstandardabweichung ist exakt genauso zu interpretieren, wie das d. Wenn bspw. $n = 100$ gilt, dann teilen Sie im einen Fall durch die 100, im anderen durch 99. Da ergibt sich für alle praktischen Zwecke kein Unterschied.

Definition 2.12: Stichprobenvarianz

$$s^2 = \frac{1}{n-1} \cdot \sum_{i=1}^{n} (x_i - \bar{x})^2$$

Es gilt die folgende lineare Beziehung zwischen den beiden, welche trivial durch Einsetzen nachzuvollziehen ist:

$$s^2 = \frac{n}{n-1} \cdot d^2$$

Es ist sehr unhandlich und fehleranfällig, das s über die Definition auszurechnen. Es gibt eine Vereinfachung, denn es gilt (vgl. Aufgabe 15 zu diesem Kapitel):

$$d^2 = \overline{x^2} - \overline{x}^2, \text{ mit } \overline{x^2} = \frac{1}{n} \sum_{i=1}^{n} x_i^2$$

Während $\overline{x}^2$ lediglich das Quadrat des Mittelwertes ist, ist $\overline{x^2}$ das Mittel der Quadrate, also erst quadrieren, dann mitteln. Dieser Zusammenhang soll jetzt nicht groß inhaltlich interpretiert werden. Sie nehmen ihn einfach dankbar auf:

Das Beispiel A:

$$\overline{x^2} = \frac{1^2 + 3^2 + 10^2 + 20^2 + 1000^2}{5} = 200102$$

$$\rightarrow d^2 = 200102 - 206,8^2 = 157335,8$$

$$d = \sqrt{157335,8} = 396,7$$

Das kommt auch auf der Seite 56 heraus, nur hier schneller.

Stichprobenvarianz bzw. Stichprobenstandardabweichung (s oder SD = Standard Deviation):

$$s^2 = \frac{5}{4} \cdot 157335,8 = 196669,7 \rightarrow s = 443,5$$

Kurz gefasst!

- In diesem Abschnitt haben Sie verschiedene Maßzahlen zur Streuung eines Datensatzes kennengelernt.
- Spannweite, Interquartilsabstand, mittlere Abweichung, Stichprobenstandardabweichung sowie der Variationskoeffizient helfen Ihnen, die Streuung zu quantifizieren.
- Zusammen mit den Maßzahlen zur Lage sowie den Graphiken sind Sie in der Lage, sich ein fundiertes Bild von einem Datensatz zu machen.

2.2.4 Aufgaben

1. In Abbildung 2.17, Seite 61, sind die ersten beiden Seiten der Volksbefragung (Census) von 2011 abgedruckt.
   (a) Was für Eigenschaften haben die abgefragten Merkmale (Messniveau, Ausprägungsmenge)?
   (b) Warum sind Volkszählungen notwendig?
   (c) Was ist der Mikrozensus?
2. In der Abbildung 2.18, Seite 62, finden Sie die Geschichte aus Neureichenbach. Lesen Sie diese aufmerksam und versuchen Sie, die Aussagen und Sachverhalte statistisch nachzuvollziehen.
3. Bei der Fußballweltmeisterschaft 2002 in Japan und Südkorea fanden 64 Spiele statt. Im Folgenden finden Sie eine Urliste der Anzahl der Tore je Spiel:

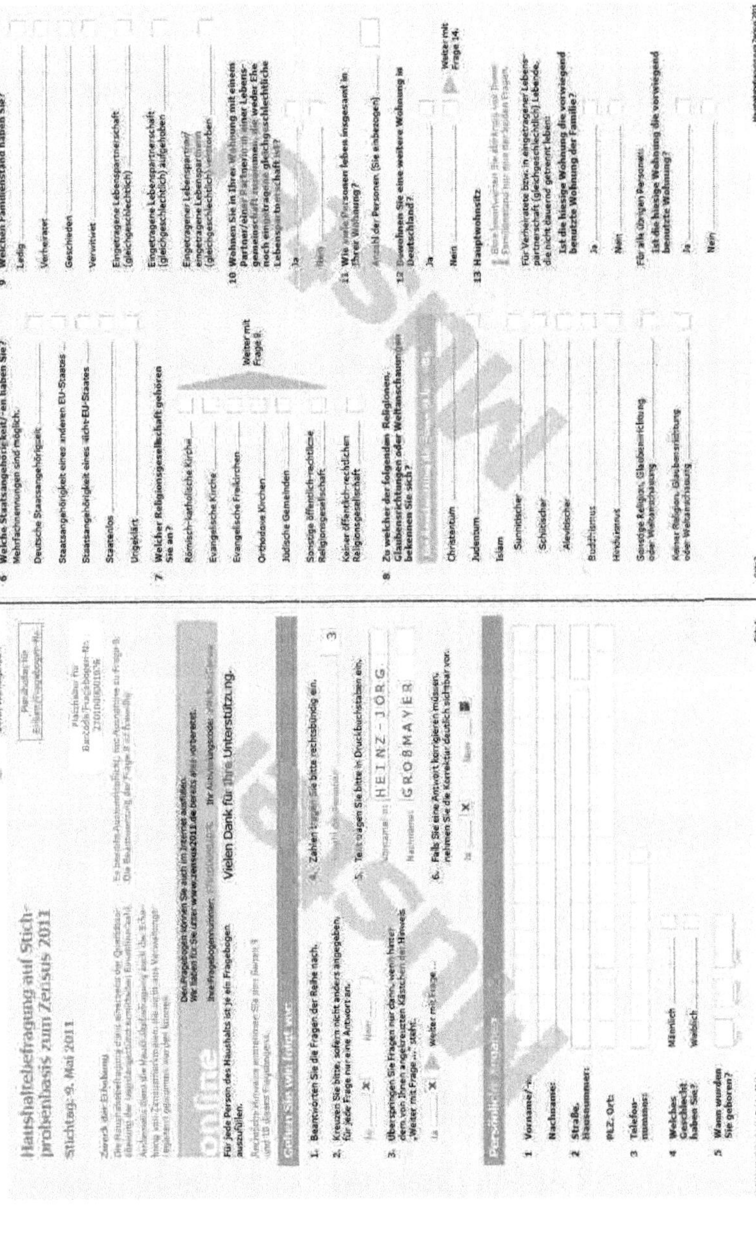

Abbildung 2.17: Zensus 2011 www.zensus2011.de – Fragebogen Seiten 1-2

STATISTIK IN NEUREICHENBACH

Als Illustration der vielen Mittelwerte möge nun eine Geschichte dienen, die in einem Märchenland spielt, wo man nach Talern rechnet, im übrigen aber die Verhältnisse den unseren sehr ähneln. In diesem Land kam eines Tages ein Mann zu einem Grundstücksmakler und sagte: "Ich möchte ein Grundstück auf dem Lande, waldig, mit Wiesen, aber nicht zu weit von der Stadt, eine bessere Gegend, für die man sich nicht schämen muß. Und natürlich preisgünstig." Der Grundstücksmakler dachte angestrengt nach, dann strahlte er: "Neureichenbach am Kleinen Protz! Genau das, was Sie suchen. Da hätte ich noch zwanzig Hektar herrlichen Grund." Der Interessent rümpfte die Nase: "Ich bin kürzlich durch dieses Kaff gefahren, das sieht eher armselig aus." Der Makler schüttelte den Kopf: "Sie müssen sich getäuscht haben. Hier - die neuesten Zahlen: Durchschnittseinkommen in Neureichenbach 82.320 Taler, das ist ein Schnitt, wie Sie ihn in Villenvororten nicht leicht finden." Der Käufer versprach, sich die Sache durch den Kopf gehen zu lassen, und begab sich zu einem alten Bekannten, einem Bankdirektor, um ihn zu fragen, ob er vielleicht etwas über Neureichenbach wisse. Der kramte in seinen Papieren und sagte: "Da habe ich doch eben erst eine Statistik - wo ist sie denn - ah, das ist der Auszug. Ja, also mehr als die Hälfte der Bevölkerung hat ein Jahreseinkommen von 29.000 Talern und darüber. Das ist im Augenblick alles, was ich habe, aber ich werde noch genauer nachsehen lassen". Der Käufer überlegte: Durchschnittseinkommen 82.320 Taler - und mehr also die Hälfte der Bevölkerung hat über 29.000 Taler; nicht unbedingt ein Widerspruch, aber doch seltsam. Und so setzte er sich kurz entschlossen in seinen Straßenkreuzer und brauste ab, Richtung Neureichenbach. Fünf Kilometer vorher hielt er im Landratsamt und erkundigte sich dort. Und hörte: "Ein ziemlich armer Ort, das Durchschnittseinkommen liegt bei 29.000 Talern. Wenn Sie Näheres wissen wollen, sprechen Sie doch mit dem Lehrer Rechenmeier. Der ist in Neureichenbach daheim und hat erst kürzlich die Ortsstatistik genau studiert. Er ist zwar ein Schwarzseher und Pessimist, aber gewissenhaft und ein kluger Kopf." Der Interessent dankte, rief aber zunächst noch vom Landratsamt seinen Freund, den Bankdirektor, an, ob er weitere Unterlagen habe auffinden können. "Ein ganz interessantes Detail", sagte der Direktor. "Die am stärksten vertretene Einkommenskategorie ist die von 12.000 bis 24.000 Taler; das häufigste Einkommen ist ziemlich genau 18.000 Taler." Wutschnaubend setzte sich der Käufer in seinen Wagen und brauste zum Lehrer Rechenmeier in das nach wie vor sehr armselig aussehende Neureichenbach. Nach der Einkommensstruktur des Ortes befragt, lachte der Lehrer bitter auf: "Trostlos ist noch milde gesagt. Zwei Drittel der Familien haben weniger als 30.000 Taler. Was das Pro-Kopf-Einkommen anlangt, hat die Mehrzahl der Leute nicht einmal 7.500 Taler pro Jahr, und 88 Prozent haben weniger als 22.500 . Nur unser Herr Dorfmillionär lebt auf seinem Gut herrlich und in Freuden, umgeben von ein paar Dutzend armer Sklaven."

Tags darauf, als sich der Kaufinteressent ein wenig beruhigt hatte, rief er schließlich einen ihm von Freunden empfohlenen Beamten der Statistischen Behörde an, ersuchte ihn höflich um authentisches Zahlenmaterial und skizzierte ihm, was sich zugetragen hatte. Der Beamte versprach, die Auskunft zu beschaffen. Zwei Tage später berichtete er: "Das Landratsamt hatte Ihnen einen ganz richtige Zahl genannt - die 29.000 sind der Median. Auch Ihr Freund an der Bank hat Sie richtig informiert, denn der häufigste Wert liegt tatsächlich bei 18.000 Taler. Was den Lehrer Rechenmeier betrifft, so hatten Sie mir nicht den genauen Wortlaut seiner Erklärung mitgeteilt, aber ich kenne ihn als äußerst gewissenhaften Amateurstatistiker und kann mir nicht vorstellen, daß er Ihnen falsche Zahlen angegeben hatte." "So hat also bloß der Makler gelogen mit seinen 82.320 Talern?" fragte der Interessent verstört. Und der Beamte antwortete milde: "Das Arithmetische Mittel ist in diesem Fall nicht gut geeignet, aber es beträgt in der Tat genau 82.320 Taler. Das Geometrische Mittel trifft die Situation besser - es liegt bei 32.730 Talern." Bei diesen Worten hängte der Interessent kurzerhand ein, denn nun wußte er zweifelsfrei, was er immer schon geahnt hatte: Die Statistiker sind notorische Lügner und Wahrheitsverdreher. Nach seinen Erfahrungen kann man ihm diese Meinung nicht einmal völlig verdenken - auch sonst recht kluge Leute reagieren zuweilen nicht sehr vernünftig, wenn sie es mit statistischen Zahlen zu tun haben.

Falls Sie übrigens an dem "Fall Neureichenbach" selbst noch weiterrechnen und die Aussagen überprüfen wollen, dann geben wir Ihnen hier die Urliste mit den Einkommen der 25 Familien und (in der Klammer) der Kopfzahl jeder Familie.

1.200.000 (3)	150.000 (5)	86.000 (4)	37.000 (3)	35.000 (5)
32.000 (3)	29.000 (3)	26.000 (4)	24.000 (4)	60.000 (1)
51.000 (3)	49.000 (4)	20.000 (7)	18.000 (3)	18.000 (8)
18.000 (4)	16.000 (3)	16.000 (2)	45.000 (2)	42.000 (2)
38.000 (4)	14.000 (1)	13.000 (4)	11.000 (1)	10.000 (2)

Abbildung 2.18: Geschichte aus Neureichenbach – [Swoboda82], S. 35

```
1 2 3 8 1 4 2 4 1 3 2 2 4 2 2 5 2 2 1 0 3 4 1 1 3 4 3 2 1 2 2 4 6 2
2 3 0 2 4 5 3 7 1 2 2 5 4 1 1 3 3 2 2 2 1 3 3 1 0 1 1 1 5 2
```

(a) Erstellen Sie die Häufigkeitstabelle und interpretieren Sie diese.

(b) Zeichnen und interpretieren Sie das Stabdiagramm!

(c) Versuchen Sie, die empirische Verteilungsfunktion zu zeichnen (diskret!).

(d) Wie groß ist der Anteil der Spiele, in denen genau 3 Tore geschossen wurden?

(e) Wie groß ist der Anteil der Spiele, in denen mindestens ein Tor geschossen wurde? Formulieren Sie dies mit Hilfe von $\hat{F}()$.

4. Was erzählen Ihnen die folgenden aktuellen Alterspyramiden über die jeweiligen Länder?

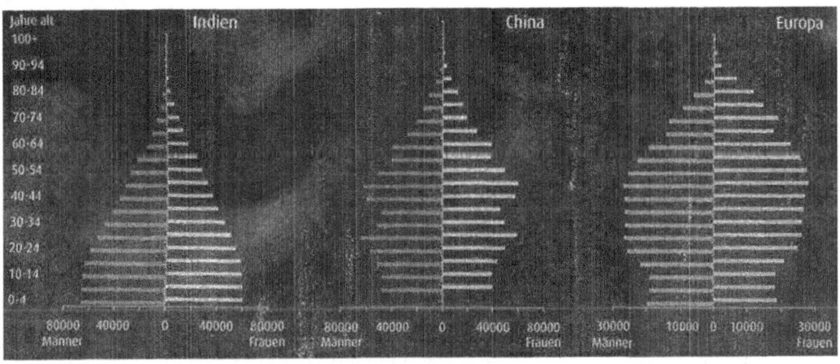

Abbildung 2.19: Verschiedene Bevölkerungspyramiden – Quelle: Deutsche Stiftung Weltbevölkerung/Uno

5. Im Begleitheft der ersten *Fünf Freunde*-CD-ROM finden sich Lösungshinweise, die aber kodiert sind. So findet sich unter *Wie komme ich auf die Insel?* folgender Text:

```
Yq hmi Mrwip fixvixir dy osirrir, fveyglwx hy jspkirhi Kikirwxeirhi:
Imri Ebx yrh hew Wimp eyw hiq Wglyttir yrh hmi Vyhiv eyw hiq
Zivwxigo zsr Kisvki. Eywwivhiq qeglx iwivwx Wmrr, hmi Mrwip dy
ivjsvwglir, airr hy hir Wglexdtper irxhigox lewx.
```

Jedem Buchstaben des Alphabets wurde ein anderer Buchstabe des Alphabets zugeordnet. Um den Text zu entschlüsseln, benötigen wir die (durchschnittliche) Häufigkeit in % der Buchstaben in einem deutschsprachigen Text:

a 6.51	e 17.4	i 7.55	m 2.53	q 0.09	u 4.35	y 0.04
b 1.89	f 1.66	j 0.27	n 9.78	r 7.00	v 0.67	z 1.13
c 3.06	g 3.01	k 1.21	o 2.51	s 7.27	w 1.89	
d 5.08	h 4.76	l 3.44	p 0.79	t 6.15	x 0.03	

Ein *a* taucht also mit Häufigkeit 6.51 % in einem deutschsprachigen Text auf.

In der Lösungshilfe steht, dass der Text mit Hilfe einer Cäsar-Verschlüsselung kodiert worden ist. Bei dieser wird jeder Buchstabe durch den Buchstaben verschlüsselt, der eine bestimmte Anzahl von Buchstaben hinter ihm steht.

Wird also zum Beispiel das *a* durch das *h* verschlüsselt, so wird das *b* durch das *i* verschlüsselt, das *c* durch das *j*, u.s.w..

Entschlüsseln Sie mit Hilfe dieser Informationen den Text.

6. Was halten Sie von dem folgenden Stabdiagramm zum Merkmal *Gewicht*?

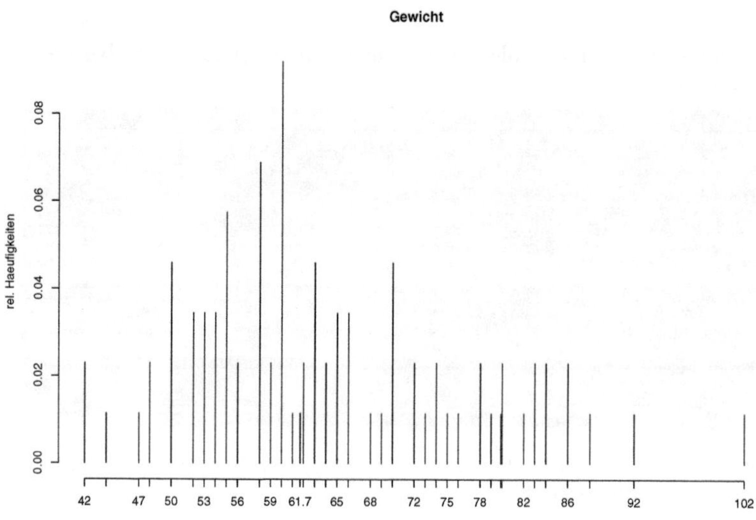

Abbildung 2.20: Stabdiagramm des Merkmals *Gewicht*

Diskutieren Sie den Einfluss des Messniveaus bzw. der Mächtigkeit der Ausprägungsmenge auf den Umgang mit den Daten. Versuchen Sie, Kriterien abzuleiten.

7. Schauen Sie sich die folgende Graphik 2.21 aus der ZEIT an. Versuchen Sie, die Aussage in der Bildüberschrift nachzuvollziehen. Was ist Ihre Meinung zu den Zahlen?

Abbildung 2.21: Arbeitslosenentwicklung

8. Zeigen Sie, dass im Histogramm die Summe der Rechtecksfläche immer 1 ergibt. Begründen Sie dies auch inhaltlich.
Zur Erinnerung: Über den Klassen werden Rechtecke der Höhe $\hat{f}_i$ und der Breite ΔX_i abgetragen.

9. Betrachten Sie die letzten drei Spieltage der Saison 2008/2009 in der Fußballbundesliga. Es wurden 25 Spiele ausgewählt und bei jedem Spiel die Zeit ermittelt, die man auf das erste Tor warten musste. Die Urliste sieht folgendermaßen aus:

```
67 54 5 21 4 48 47 33 20 25 26 36 5
23 50 9 6 30 10 15 17 26 35 42 39
```

Es werden folgende Klassen gebildet:

```
1. Klasse :  0 bis  15
2. Klasse : 15 bis  30
3. Klasse : 30 bis  45
4. Klasse : 45 bis  60
5. Klasse : 60 bis  75
6. Klasse : 75 bis  90
```

(a) Erstellen Sie eine Häufigkeitstabelle.

(b) Zeichnen und interpretieren Sie das Histogramm.

(c) Zeichnen Sie die empirische Verteilungsfunktion.

(d) Bestimmen Sie $\hat{F}(40)$. Zeichnen Sie die Stelle entsprechend ein.

(e) Bestimmen Sie mit Hilfe der empirischen Verteilungsfunktion den Anteil der Spiele, bei denen man mehr als 30, aber höchstens 60 Minuten auf das erste Tor warten musste. Zeichnen Sie das Intervall entsprechend ein. Hinweis: $\hat{F}(60)$ und $\hat{F}(30)$ helfen hier weiter.

10. Ein Auto fährt eine Strecke von 2 km. Den ersten Kilometer fährt es mit einer Geschwindigkeit von 20 km/h, den zweiten Kilometer mit 60 km/h — Beschleunigungen sollen vernachlässigt werden.

(a) Wie hoch ist die Durchschnittsgeschwindigkeit?

(b) Begründen Sie die Grenzen des arithmetischen Mittels.

(c) Probieren Sie einmal das **harmonische Mittel:**

$$\bar{x}_h = \frac{n}{\sum_{i=1}^{n} \frac{1}{x_i}} = \frac{n}{\frac{1}{x_1} + \frac{1}{x_2} + \ldots + \frac{1}{x_n}}$$

Es werden kardinales Messniveau sowie positive Merkmalsausprägungen benötigt. Das Merkmal X ist das Verhältnis zweier Größen, das heißt, die Dimension ist das Verhältnis zweier Maßeinheiten (zum Beispiel km/h), auch verhältnisskalierte Merkmale genannt.

11. Durchschnittliche **Wachstumsrate des BSP von 1980 bis 1988.**

Jahr	i	BSP (x_i)	w_i
1980	0	1733,8	/
1981	1	1735,7	1,0011
1982	2	1716,5	0,9889
1983	3	1748,4	1,0186
1984	4	1802,0	1,0307
1985	5	1834,5	1,0180
1986	6	1874,4	1,0217
1987	7	1902,3	1,0149
1988	8	1971,8	1,0365

Quelle: Statistisches Bundesamt (Hrsg.), Datenreport 1992, S. 267

Abbildung 2.22: Entwicklung BSP

Die Wachstumsrate w_i ist folgendermaßen definiert:

$$w_i = \frac{\text{BSP}_i}{\text{BSP}_{i-1}} = \frac{x_i}{x_{i-1}}$$

Daher ist $w_1 = 1735.7/1733.8$. Das durchschnittliche BSP zu berechnen, kann natürlich mit dem arithmetischen Mittel gemacht werden. Was ist aber mit dem durchschnittlichen Wachstum? Berechnen Sie dieses.

Probieren Sie einmal das **geometrische Mittel:**

$$\bar{x}_g = \sqrt[n]{\prod_{i=1}^{n} x_i} = \sqrt[n]{x_1 \cdot x_2 \cdot \ldots \cdot x_n}$$

Es werden kardinales Messniveau sowie positive Merkmalsausprägungen benötigt. Die Verwendung des geometrischen Mittels ist sinnvoll bei multiplikativ verknüpften Merkmalswerten, das heißt, wenn sachlogisch der Unterschied zwischen den Merkmalswerten durch das Verhältnis und nicht durch die Differenz charakterisiert wird.

Warum klappt hier das arithmetische Mittel nicht?

12. Die Durchschnittsgröße vom Fragebogen beträgt $\bar{x} = 175.6$ cm.

    Angenommen, Sie würden die Durchschnittsgröße der Männer kennen, $\bar{x}_m =$ 182.5 cm, ferner, dass 23 Männer und 26 Frauen die Fragen beantwortet haben. Was ist die Durchschnittsgröße der Frauen?

    Diskutieren Sie das Konzept des **gewichteten arithmetischen Mittels**. Können Sie das *normale* arithmetische Mittel auch als gewichtetes darstellen?

13. Zeigen Sie, dass die Summe der Abstände aller Beobachtungen zum Mittelwert immer Null sein muss.

    $$\sum_{i=1}^{n} (x_i - \bar{x}) = 0$$

    Begründen Sie dies auch inhaltlich, arithmetisch.

14. Ein Statistiker sieht sich über einen Zeitraum alle Folgen der Show WER WIRD MILLIONÄR an und notiert sich am Ende der Sendung den realisierten Gesamtgewinn des Tages.
    Es ergaben sich folgende Werte in Tausend DM:

    ```
    34 17 96 33 189 282 33 66 64
    ```

    (a) Bestimmen Sie den Mittelwert und den Median.

    (b) Bestimmen Sie die Spannweite und die Stichprobenvarianz bzw. die Standardabweichung.

    (c) Erstellen und interpretieren Sie den Boxplot.

    (d) Es stellt sich heraus, der Statistiker hat sich vertan. Wie wirken sich die beiden folgenden Szenarien auf die zuvor berechneten Maßzahlen aus?

       i. Es waren in Wirklichkeit Gewinne in Tausender Euro, die notiert wurden (1 Euro = 1.96 DM).

       ii. Der Statistiker hat jeweils die letzte halbe Stunde verschlafen. Alle Zahlen sind um 16 TDM zu klein.

15. Zeigen Sie, dass für die mittlere quadratische Abweichung gilt:

$$d^2 = \overline{x^2} - \overline{x}^2 \quad \text{mit} \quad d^2 = \frac{1}{n}\sum_{i=1}^{n}(x_i - \bar{x})^2$$

Hinweis: Wenden Sie den binomischen Lehrsatz $(a-b)^2 = a^2 - 2ab + b^2$ an und ziehen Sie anschließend das Summenzeichen in den Klammerausdruck.

16. Es sei:

$$z_i = \frac{x_i - \bar{x}}{s_x} \text{ mit } s_x \text{ als Standardabweichung von x.}$$

(a) Wie groß ist der Mittelwert von z?

(b) Wie groß ist die Varianz von z?

(c) Reflektieren und begründen Sie Ihr Ergebnis inhaltlich. Was halten Sie von der Bezeichnung **standardisieren**?

17. Schauen Sie sich die folgenden drei Histogramme an.

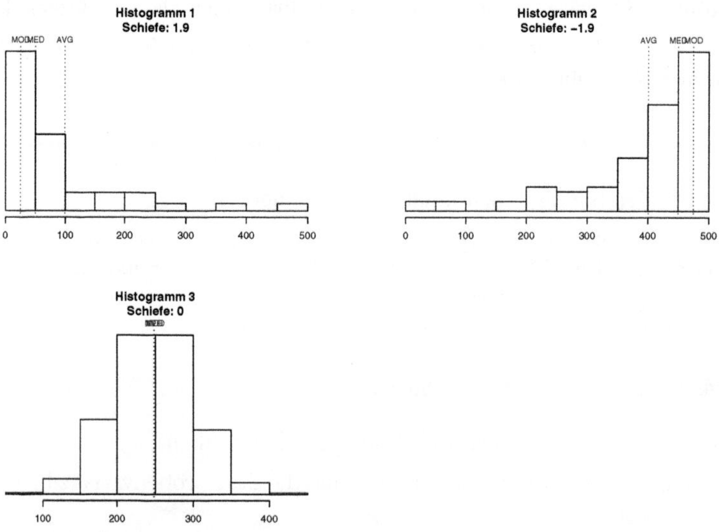

Abbildung 2.23: Graphiken zur Symmetrie

(a) Beschreiben Sie die Verteilung der Daten.

(b) Bringen Sie damit die jeweilige Konstellation von Mittelwert, Median und Modus zusammen. Lässt sich (induktiv) ein Zusammenhang ableiten?

(c) Die jeweilige Ausprägung der im Folgenden definierten Maßzahl *schiefe* ist für jeden Datensatz im Titel angegeben. Interpretieren Sie (induktiv) die Werte.

$$schiefe(x) = \frac{\frac{1}{n}\sum_{i=1}^{n}(x_i - \bar{x})^3}{d_x^3}, \text{ mit } d_x^3 = (d_x^2)^{\frac{3}{2}}$$

Hier wird die Differenz zum Mittelwert in die 3. Potenz gehoben (bei der Varianz war es die 2.). Versuchen Sie, die Funktionsweise der Maßzahl zu diskutieren.

(d) Bringen Sie die Maßzahl zur Schiefe sowie die verschiedenen Konstellationen der Lage Maßzahlen mit den folgenden Beschreibungen zum Aussehen der Verteilung eines Datensatzes zusammen:

symmetrisch
linksschief = rechtssteil
rechtsschief = linkssteil

18. Betrachten Sie noch einmal den Datensatz und die Klasseneinteilung aus Aufgabe 9 auf Seite 65.

(a) Welche Wartezeit bis zum ersten Tor wurde in 25% der Spiele nicht überschritten? Bestimmen Sie diesen Wert

- mit Hilfe der empirischen Verteilungsfunktion,
- aus den Rohdaten.

(b) Bestimmen Sie aus den Rohdaten

- das untere Quartil,
- das obere Quartil,
- den Median.

(c) Zeichnen und interpretieren Sie den Boxplot.

(d) Berechnen Sie den Mittelwert aus den Rohdaten.

(e) Berücksichtigen Sie den Mittelwert in Ihrem Boxplot.

(f) Berechnen Sie die Stichprobenvarianz s^2.

2.3 Das Zweistichprobenproblem

In diesem Kapitel lernen Sie

- wie Sie zwei Merkmale gleichzeitig analysieren können.
- welche Hilfsmittel Ihnen zur Verfügung stehen, um Abhängigkeiten und Zusammenhänge aufzudecken und abzubilden.

Zweistichprobenproblem klingt seltsam. Was ist das also? Zweistichprobenproblem heißt zunächst einmal ganz unkompliziert, dass zwei Beobachtungen in einer Grundgesamtheit gemacht wurden. **Zwei Merkmale wurden erhoben.** Man spricht daher auch von **bivariater Datenanalyse**.
Beim Zweistichprobenproblem geht es darum, das **gemeinsame Auftreten** von zwei Merkmalen im Hinblick auf Abhängigkeiten, Wechselwirkungen usw. zu betrachten.

Sie können grundsätzlich zwei verschiedene Situationen unterscheiden:

1. **verbundenes Zweistichprobenproblem**
   Es werden am selben Objekt, an derselben Person zwei Beobachtungen gemacht, zwei Reaktionen notiert oder auch zwei Messungen durchgeführt.

   Die Stichproben sind durch den Umstand verbunden, dass sie von derselben Quelle stammen.
   Der Merkmalsträger ist also derselbe.

   - **Korrelation.**
     Es werden Körpergröße und -gewicht von allen Studierenden gemessen. Besteht ein Zusammenhang (im Sinne von *groß entspricht schwer*)?

     Ist das individuelle Konsumverhalten abhängig vom persönlichen Einkommen?
     Besteht eine (kausale?) Beziehung zwischen zwei Merkmalen?

   - **Vorher-/Nachher-Analyse.**
     Die Wirkung eines Schlafmittels soll untersucht werden. Die Probanden bekommen das Schlafmittel verabreicht und es wird die Schlafzeit der Probanden notiert.
     Von denselben Probanden wird ein paar Tage später gemessen, wie lange diese ohne das Schlafmittel schlafen können.

     Zu jeder Person existieren nun zwei Beobachtungen.

     Hat eine (gezielte) Maßnahme einen Einfluss auf die Lage eines Merkmales auf der Merkmalsachse?

2. **unverbundenes Zweistichprobenproblem**
   Es werden Beobachtungen an verschieden Personen/Objekten gemacht, weil es technisch (oder aus welchen Gründen auch immer) nicht möglich ist, die Messungen (man spricht oft auch von Behandlungen) am selben Objekt durchzuführen, oder weil eben verschiedene Dinge miteinander verglichen werden sollen.

   - Eine neue Operationsmethode soll ausprobiert und mit einer alten verglichen werden.
     Man bildet zwei Gruppen von Patienten. Die eine bekommt die erste Behandlung, die andere die zweite (hier: neue und alte Operationsmethode).

- Zwei Produktionsprozesse sollen miteinander verglichen werden in Bezug auf die Produktionsleistung.
- Laufen Männer im Durchschnitt langsamer als Frauen?

Wenn Sie die Reaktion auf zwei unterschiedliche Behandlungen (im weitesten Sinne) vergleichend messen möchten, empfiehlt es sich offensichtlich, einen verbundenen Versuchsaufbau zu wählen.
Eigenarten oder persönliche Besonderheiten der Probanden gleichen sich dann nämlich aus, weil diese in beiden Experimenten zur Geltung kommen. Würden Sie das Beispiel mit dem Schlafmittel unverbunden durchführen, dann könnte es passieren, dass in der Gruppe ohne Schlafmittel Menschen sind, die von Natur aus lange und gut schlafen, und in der anderen Gruppe, in der mit Schlafmittel, sind solche, die schlecht und kurz schlafen. Der Effekt ist kaum nachvollziehbar und kann nicht zugeordnet werden.
Führen Sie das Experiment verbunden durch, zum Beispiel nur mit den Langschläfern, dann kann dieser Effekt durch Differenzenbildung einfach eliminiert werden, da er in beiden Experimenten vorliegt.
Genauso offensichtlich ist es aber auch, dass der verbundene Aufbau nicht immer gewählt werden kann.
Denken Sie an das Beispiel mit der Operation oder auch Situationen, in denen eine Qualitätskontrolle durchgeführt werden soll, die aber die Zerstörung des Produkts nach sich zieht.

Sie sollen in diesem Rahmen lediglich zwei verbundene Datensätze betrachten und dabei dem möglichen Zusammenhang dieser beiden nachgehen.

Kurz gefasst!

- Es gibt eine Reihe von Gründen, warum Sie zwei Merkmale *gleichzeitig* betrachten möchten.
- Die unterschiedlichen Situationen führen dann zu unterschiedlichen Vorgehensweisen.

2.3.1 Kontingenz

In diesem Kapitel lernen Sie

- wie Sie Abhängigkeiten bei zwei nominalskalierten Merkmalen aufdecken können.
- wie Sie die Abhängigkeitsstruktur in einer Kontingenztabelle graphisch darstellen können.
- eine Maßzahl zur Messung der Stärke einer solchen potenziellen Abhängigkeit kennen.

In vielen Disziplinen hat man es mit kategorialen Daten zu tun. Denken Sie an die Soziologen und die Psychologen. Wie Sie inzwischen wissen, stecken in diesen Daten **weniger Informationen** als in den metrischen Daten. Im Umkehrschluss bedeutet das wohl, dass Sie sich etwas mehr anstrengen müssen, um aus diesen dennoch Erkenntnisse zu gewinnen. Konkret werden Sie der Frage nachgehen, wie Sie Zusammenhänge in nominalskalierten Daten aufzeigen können.

Wie im univariaten Fall bietet es sich zunächst an, eine Häufigkeitstabelle der Daten zu erstellen Eine zweidimensionale Häufigkeitstabelle wird **Kontingenztabelle** genannt.

Am besten sehen Sie sich dazu zunächst ein Beispiel an. Auf dem Fragebogen auf der Seite 233 wird unter anderem auch danach gefragt, wie ein bestimmter Film (Titanic) gefallen hat. Die Bewertung sind Schulnoten von 1 bis 5.

Sie sollen sich die beiden Merkmale `Geschlecht: X` *versus* `Titanic: Y` einmal genauer anschauen.

Hier sind – arg verkürzt – zum Einstieg zunächst einmal die eindimensionalen Häufigkeitstabellen angegeben:

```
x          y
 m  w       1  2  3  4  5
-----      -------------
23 26       6 16 16  7  4
```

Tabelle 2.14: Geschlecht vs. Titanic: eindimensionale Häufigkeitstabellen

Sie wollen aber das **gemeinsame Auftreten** der beiden Merkmale betrachten. Im Hinterkopf haben Sie die Frage, ob das Geschlecht einen Einfluss auf die Bewertung des Filmes hat. Oder anders formuliert: Bewerten Männer und Frauen den Film unterschiedlich?

Nur wenn Sie das gemeinsame Auftreten betrachten, können Sie durch geschicktes Hingucken herausfinden, ob eine **Interdependenz** zwischen den beiden Merkmalen vorliegt.

In Tabelle 2.15 ist das gemeinsame Auftreten in der sogenannten Kontingenztabelle für das Beispiel *Geschlecht und Titanic* dargestellt – die absoluten und die relativen Häufigkeiten. Der Stichprobenumfang beträgt wieder $n = 49$:

```
    y                             y
x  | 1  2  3  4  5             x  |    1     2     3     4     5
 -+--------------+---           -+------------------------------
 m| 1  4  9  6  3| 23           m| 0.020 0.082 0.184 0.122 0.061
 w| 5 12  7  1  1| 26           w| 0.102 0.245 0.143 0.020 0.020
 -+--------------+---
  | 6 16 16  7  4| 49
```

Tabelle 2.15: Kontingenztabelle `Geschlecht, TITANIC`

Können Sie bereits etwas erkennen? Ein wenig sicherlich, zum Beispiel, dass fünf Frauen den Film sehr gut fanden, aber nur ein Mann den Film sehr gut fand. Aber so ohne Weiteres offenbart sich die Struktur noch nicht, Sie müssen noch das *geschickte* Draufgucken optimieren.
Der Vollständigkeit halber sei in den Tabellen 2.16 und 2.17 der formale Aufbau einer Kontingenztabelle angegeben.

$Y \rightarrow$ $X \downarrow$	y_1	y_2	$\dots$	y_l	$\downarrow \sum_{j=1}^{l} n_{ij}$
x_1	n_{11}	n_{12}	$\dots$	n_{1l}	$n_{1\cdot}$
x_2	n_{21}	n_{22}	$\dots$	n_{2l}	$n_{2\cdot}$
$\vdots$	$\vdots$	$\vdots$	$\ddots$	$\vdots$	$\vdots$
x_k	n_{k1}	n_{k2}	$\dots$	n_{kl}	$n_{k\cdot}$
$\sum_{i=1}^{k} n_{ij} \rightarrow$	$n_{\cdot 1}$	$n_{\cdot 2}$	$\dots$	$n_{\cdot l}$	n

Tabelle 2.16: Formaler Aufbau der Kontingenztabelle

$i = 1 \dots k$	Das Merkmal X hat k verschiedene Ausprägungen: x_i
$j = 1 \dots l$	Das Merkmal Y hat l verschiedene Ausprägungen: y_j
n_{ij}	absolute Häufigkeit für das gemeinsame Auftreten von x_i und y_j
$n_{i\cdot} = \sum_{j=1}^{l} n_{ij}$	Randhäufigkeit von X: absolute Häufigkeit für x_i. Es wird über alle Ausprägungen von Y addiert. Das gemeinsame Auftreten von x_i mit allen Ausprägungen von Y wird berücksichtigt.
$n_{\cdot j} = \sum_{i=1}^{k} n_{ij}$	Randhäufigkeit von Y: absolute Häufigkeit für y_j. Es wird über alle Ausprägungen von X addiert. Das gemeinsame Auftreten von y_j mit allen Ausprägungen von X wird berücksichtigt.

Tabelle 2.17: Nomenklatur einer Kontingenztabelle

Die sogenannten **Randhäufigkeiten** sind nichts anderes als die eindimensionalen Häufigkeitstabellen für jedes der beiden Merkmale. Das lässt sich sehr gut anhand der Beispieltabellen nachvollziehen. In diesen gilt zum Beispiel $n_{11} = 1, n_{21} = 5$ usw.
Versuchen Sie, Ihren Blick dadurch zu schärfen, dass Sie die Fragen an die Daten modifizieren, diese nämlich deutlicher nach Ihren Vermutungen ausrichten.

Sie vermuten, dass Männer und Frauen den Film deutlich anders bewerten! Daher müssen Sie anders, präziser fragen:

- Aus der Frage **Wie viel Prozent finden TITANIC sehr gut (sehr schlecht)...**
- wird **Wie viel Prozent der Frauen (Männer) finden den Film sehr gut (sehr schlecht)?**

  bzw.
- **Wie viel Prozent von denjenigen, die TITANIC sehr gut (sehr schlecht) finden, sind Frauen (Männer)?**

Sie wechseln damit von den relativen Häufigkeiten zu den sogenannten **bedingten relativen Häufigkeiten**.
Natürlich können diese Fragen auch für andere Zusammenhänge als Merkmale des Fragebogens gestellt werden:

Man beachte auch hier wieder **den kleinen aber feinen Unterschied** in der Formulierung:

1. Wie viel Prozent der Frauen haben die FDP gewählt? Wie viel Prozent der Männer?
2. Wie viel Prozent der Wähler der FDP sind Frauen, wie viel Prozent sind Männer?

- Bei der zweiten Frage muss die Summe 1, also 100 % ergeben, da die Basis (= Bedingung) dieselbe ist, nämlich FDP-Wähler und Männer und Frauen eine vollständige Zerlegung dieser Gruppe darstellen.
- Bei der ersten Frage muss nicht 100 % herauskommen. Hier ist die Basis (= Bedingung) verschieden. Einmal alle Frauen, dann alle Männer.

Noch mal gesagt: Diese relativen Häufigkeiten nennt man **bedingte relative Häufigkeiten**, da ein Merkmal als Bedignung festgelegt wird.
Die Definition und die Notation sollen am Beispiel Geschlecht, Titanic dargelegt werden:

Definition 2.13: bedingte relative Häufigkeit

1. $h(Y = 1|X = weiblich) = n_{21}/n_{2\bullet} = 5/26 = 0.192$
2. $h(X = weiblich|Y = 1) = n_{21}/n_{\bullet 1} = 5/6 = 0.83$

→ Dabei ist das, was rechts vom | steht, die Bedingung.

Interpretation:

1. *Wie viel Prozent der Frauen finden TITANIC sehr gut?*
2. *Von denjenigen, die TITANIC sehr gut finden, sind wie viel Prozent Frauen?*

Es wird sozusagen eine Verengung des Blickwinkels vorgenommen. Nicht mehr alle $n = 49$ Befragten interessieren, sondern nur diejenigen, welche die Bedingung erfüllen: Alle, die den Film sehr gut fanden! Alle Frauen!

Und was hilft's? Na ganz offensichtlich: Wenn es keinen Unterschied in den Gruppen hinsichtlich der Bewertung gibt, dann sollten die Anteile innerhalb der Gruppen (Männer und Frauen in der Gruppe *Film sehr gut*) auch ungefähr der Gesamtverteilung der Männer und Frauen entsprechen, in diesem Fall ungefähr gleich groß, da die Gesamtzahl der Männer und Frauen dicht beieinander liegt. Die Aussage ist dann, Männer und Frauen bewerten den Film gleich.

Wenn es hingegen sehr wohl einen systematischen Unterschied in Bezug auf die Bewertung des Filmes gibt, dann sollte sich das in den bedingten relativen Häufigkeiten widerspiegeln! Zum Beispiel, dass überproportional viele Frauen in der Gruppe *Film sehr gut* zu finden sind. Schauen Sie sich das einmal an. Basis ist die Kontingenztabelle 2.15 auf der Seite 72.

Im Folgenden sind die bedingten relativen Häufigkeiten dargestellt – beide Merkmale als Bedingung:

```
X ist die Bedingung (Geschlecht):
     y
x  |     1     2     3     4     5
 --+------------------------------
  m| 0.043 0.174 0.391 0.261 0.130
  w| 0.192 0.462 0.269 0.038 0.038

Y ist die Bedingung (Titanic):
     y
x  |     1     2     3     4     5
 --+------------------------------
  m| 0.167 0.250 0.562 0.857 0.750
  w| 0.833 0.750 0.438 0.143 0.250
```

Tabelle 2.18: Bedingte Relative Häufigkeiten `Geschlecht, TITANIC`

Nun lassen sich die diskutierten Fragen beantworten:

- Wie viel Prozent der Frauen finden TITANIC sehr gut: 19.2 % = 5/26
- Wie viel Prozent der Männer finden TITANIC sehr gut: 4.3 % = 1/23
- Wie viel Prozent derjenigen, die Titanic sehr gut finden, sind Frauen: 83.3 % = 5/6
  (Männer: 100 % – 83.3 % = 16.7 %)
- Wie viel Prozent derjenigen, die Titanic sehr schlecht finden, sind Männer: 75 % = 3/4
  Frauen: 100 % – 75 % = 25 %)

Ist das auffällig? Ja ist es, denn der Anteil der Frauen in der Gruppe derjenigen, die den Film sehr gut finden, liegt bei 83 %. Insgesamt sind in der Stichprobe aber nur etwas über 50 % Frauen.
Die gleiche Auffälligkeit findet sich bei den Männern mit knapp 17 % bei den sehr guten Bewertungen, dafür sind 75 % Männer in der Gruppe, die den Film sehr schlecht finden. Der Anteil in der Stichprobe liegt bei knapp 50 %. Das ist kein Zufall, da steckt System hinter, nämlich, dass Männer und Frauen den Film anders bewerten. Sie können auch die **Richtung des Zusammenhanges** benennen: Frauen finden ihn im Schnitt besser, Männer schlechter.
Welche der beiden Blickrichtungen hebt die Unterschiede deutlicher hervor? In diesem Fall ist die Vorgehensweise relativ eindeutig. Das eine Merkmal ist zwar auch kategorialer Natur, aber das Messniveau ist **ordinal**. In diesem Fall ist es meist günstig, das ordinale Merkmal als Bedingung zu setzen und sich die Extremwerte anzuschauen. Dort finden Sie die Unterschiede, sofern es welche gibt.
Auch hier bedeutet die graphische Darstellung der bedingten relativen Häufigkeiten einen deutlichen Mehrwert. Die graphische Darstellung der bedingten relativen Häufigkeiten nennt man **Zeilen- bzw. Spaltenprofil**
Es wird graphisch die Verteilung des einen Merkmales (zum Beispiel Bewertung des Films TITANIC) unter der Bedingung dargestellt, dass das andere eine bestimmte Ausprägung angenommen hat (zum Beispiel weiblich).

Zeilenprofil: Die Variable in den Zeilen (1. Dimension, `Geschlecht`) wird als Bedingung gewählt und die Verteilung der Spaltenvariable (2. Dimension, `TITANIC`) wird für jede Merkmalsausprägung der ersten bestimmt. Es werden die Zeilen aus der Tabelle mit den bedingten relativen Häufigkeiten als Säulen oder Stäbe abgetragen, wobei die Bedingung das Zeilenmerkmal X ist.

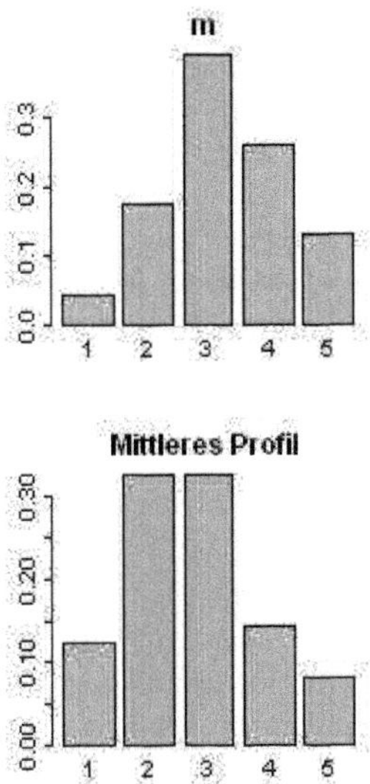

Abbildung 2.24: Zeilenprofil – `Geschlecht, Titanic`

Spaltenprofil: Hier gilt es gerade andersherum, die 2. Dimension (Y)ist die Bedingung, die Verteilung der 1. Dimension (X) wird unter dieser Bedingung abgetragen.
Man spricht demgemäß auch von einer **bedingten Verteilung.**

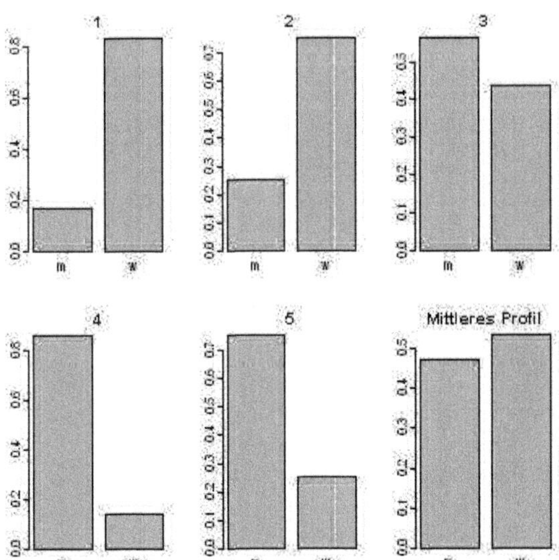

Abbildung 2.25: Spaltenprofil – `Geschlecht, Titanic`

Das **mittlere Profil** ist gerade die univariate **Randverteilung**, also sozusagen das Stabdiagramm, das Sie bereits kennengelernt haben. Dieses dient als Bewertungsmaßstab. Im Spaltendiagramm lässt sich sehr schön ablesen, dass bei den Bedingungen $Y = 1$ und $Y = 5$ große Abweichungen zum mittleren Profil, also zu der Gesamtverteilung des Merkmals Geschlecht vorliegen.
Es lässt sich somit auf einen Blick erkennen, dass das Geschlecht einen Einfluss auf die Bewertung des Films Titanic hat. Die Merkmale Geschlecht und Titanic beeinflussen sich in der gemeinsamen Realisation! Man kann wohl **nicht von Unabhängigkeit** der beiden Merkmale sprechen.
Manchmal ist es hilfreich, sich die Abweichungen der Profile vom jeweiligen mittleren Profil anzusehen, das sogenannte **Differenzprofil**. Dabei werden einfach nur die Differenzen als Stab- bzw. Säulendiagramm abgetragen. Die folgende Abbildung 2.26 zeigt die Differenz des Spaltenprofils.
Sehr schön können Sie die systematischen Unterschiede bei den sehr guten bzw. schlechten Noten erkennen. Die Männer sind stark unterrepräsentiert bei den Noten 1 und 2 und überrepräsentiert bei den Noten 4 und 5 in Bezug auf den Gesamtanteil Männer. Bei den Frauen ist das Bild gerade umgekehrt.

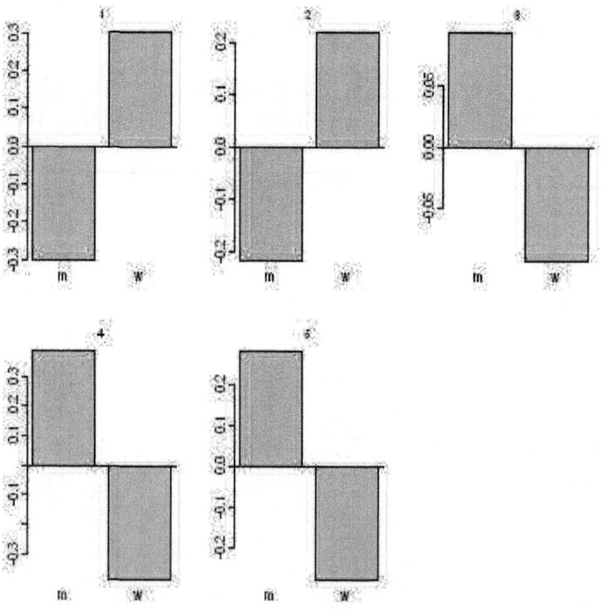

Abbildung 2.26: Differenz Spaltenprofil zum mittleren Profil

Sie haben die Richtung des Zusammenhanges aufgedeckt. Stellen Sie sich vor, Sie hätten die Aufgabe, die empirischen Daten der berühmten PISA-Studie auszuwer-

ten. Welche (soziodemographischen) Merkmale sind – mal ganz platt formuliert – dafür verantwortlich, ob ein Schüler erfolgreich sein wird oder nicht? Ist es das Geschlecht? Die soziale Zugehörigkeit? Das Bildungsniveau der Eltern? Die Familiensituation? Na und noch einige andere.
Zu all diesen möglichen Kombinationen können Sie unmöglich sämtliche Profile zeichnen, anschauen und bewerten. Sie möchten eine Maßzahl haben, die angibt, wo ein Zusammenhang ist und wo nicht. Sie schauen sich dann nur die an, bei denen die Maßzahl anschlägt. Eine solche Maßzahl, den sogenannten **Kontingenzkoeffizienten** wollen wir jetzt herleiten.

Idee: Da es natürlich unendlich viele Arten der Abhängigkeit gibt, wäre es gut, herauszubekommen, wie sich X und Y bei **Unabhängigkeit** verhalten würden.

Frage: **Wie wären die Zellen der Kontingenztabelle besetzt, wenn zum Beispiel das Geschlecht gar keinen Einfluss auf die Parteienvorliebe oder die Titanic-Bewertung ausüben würde?** Es müssten zum Beispiel ein paar mehr Männer den Film sehr gut finden.

Dies gilt natürlich unter Beibehaltung der Rahmenbedingungen, also den absoluten Randhäufigkeiten.

Das kann dann mit den empirischen Daten verglichen werden.

Aus dem Ausmaß des **Unterschiedes** zwischen den **theoretischen und den empirischen gemeinsamen Häufigkeiten**, lässt sich dann das Ausmaß der Abhängigkeit ableiten.
Wie kommt man zu diesen **Häufigkeiten unter Unabhängigkeit**. Dazu zwei Ideen:

- Die Zeilen- bzw. Spaltenprofile sollten wie die mittleren Profile verlaufen.
- Bei Unabhängigkeit gilt, dass das Produkt der Einzelwahrscheinlichkeiten die Wahrscheinlichkeit für das gemeinsame Auftreten ergibt.
  Vergleiche zwei Würfel:
  $\rightarrow$ zweimal die Sechs intuitiv $= 1/6 \cdot 1/6$ (vgl. Kapitel 3.1, Seite 146).

Aus den oben knapp formulierten Ideen ergibt sich eine Formel zur Berechnung der **absoluten Häufigkeiten unter Unabhängigkeit**. Also was hätte ich beobachten müssen (gegeben die absoluten Randhäufigkeiten), wenn das Geschlecht keinen Einfluss auf die Bewertung des Filmes gehabt hätte.
Diese Häufigkeiten können per Differenzbildung mit dem verglichen werden, was Sie tatsächlich beobachtet haben. Sind die Unterschiede insgesamt (also in der Summe) zu groß, dann unterscheiden sich die errechneten Häufigkeiten von den beobachteten. Sie können dann nicht annehmen, dass die beiden Merkmale unabhängig sind, sie beeinflussen sich gegenseitig.
Es ergibt sich folgende Formel zur Berechnung der **unter Unabhängigkeit zu erwartenden absoluten Häufigkeiten** für das gemeinsame Auftreten von X und Y:

Definition 2.14: Häufigkeiten unter Unabhängigkeit

$$\tilde{n}_{ij} = \frac{n_{i\bullet} \cdot n_{\bullet j}}{n}$$

Je nachdem, in welcher Zelle Sie sind, müssen Sie einfach die beiden Randhäufigkeiten miteinander multiplizieren und durch die Gesamtzahl der Beobachtungen teilen (vgl. auch die Tabellen auf S. 72f) – das erinnert an die beiden Würfel und das Vorgehen ist dazu absolut strukturgleich. Für das Beispiel sei dies einmal ausgerechnet.

- Unter Unabhängigkeit: *Wie viele Männer hätten TITANIC sehr gut finden müssen*:

$$\tilde{n}_{11} = \frac{6 \cdot 23}{49} = 2.8$$

- Unter Unabhängigkeit: *Wie viele Frauen hätten TITANIC sehr schlecht finden müssen*:

$$\tilde{n}_{25} = \frac{4 \cdot 26}{49} = 2.1$$

Die folgende Tabelle zeigt für alle Zellen die zu erwartenden absoluten Häufigkeiten unter Unabhängigkeit:

```
     y
x       1    2    3    4    5
   m 2.82 7.51 7.51 3.29 1.88
   w 3.18 8.49 8.49 3.71 2.12
```

Tabelle 2.19: Erwartete absolute Häufigkeiten unter Unabhängigkeit

Diese Tabelle mit den $\tilde{n}_{ij}$ ist mit den n_{ij}, also den tatsächlichen Beobachtungen zu vergleichen. Der Vergleich wird Schritt für Schritt durchgeführt – dies ist gewissermaßen als Kochrezept zu verstehen.

1. **Differenzenbildung:**

   Original Kontingenztabelle: n_{ij}

```
    y
x     1  2  3  4  5
   m  1  4  9  6  3
   w  5 12  7  1  1
```

   Manipulierte Kontingenztabelle bei Unabhängigkeit: $\tilde{n}_{ij}$

```
    y
x       1    2    3    4    5
   m 2.82 7.51 7.51 3.29 1.88
   w 3.18 8.49 8.49 3.71 2.12
```

Differenzenbildung: $n_{ij} - \tilde{n}_{ij}$

```
    y
x        1     2     3     4     5
  m -1.82 -3.51  1.49  2.71  1.12
  w  1.82  3.51 -1.49 -2.71 -1.12
```

Unterschiedlichkeit wird natürlich durch Differenzenbildung etabliert.

Man sieht deutlich was passiert: Die eine Gruppe ist unterbesetzt, die andere weist zu viele Beobachtungen auf: in Bezug auf Unabhängigkeit!

2. **Quadrieren**:
Natürlicherweise würden Sie die Differenzen aufsummieren, um die Gesamtabweichung zu bekommen.
Wie Sie sehen, klappt das nicht. Die Summe der Differenzen ist immer Null – wie bei den Varianzen, Sie erinnern sich.

quadrierte Differenzen: $(n_{ij} - \tilde{n}_{ij})^2$

```
    y
x          1       2       3       4       5
  m  3.3124 12.3201  2.2201  7.3441  1.2544
  w  3.3124 12.3201  2.2201  7.3441  1.2544
```

3. **Normieren**: Die absolute Entfernung ist nicht entscheidend, es geht um die relative.
Liege ich 100 % oder nur 5 % von der Unabhängigkeit entfernt!

und normiert:

$$\frac{(n_{ij} - \tilde{n}_{ij})^2}{\tilde{n}_{ij}}$$

```
    y
x       1     2     3     4     5
  m 1.175 1.640 0.296 2.232 0.667
  w 1.042 1.451 0.261 1.980 0.592
```

4. **Summe aller (quadrierten und normierten) Entfernungen**:
Sie sind an der Gesamtentfernung interessiert, also in Bezug auf alle Zellen. Daher ist die Summe zu bilden, alle Zellen der letzten Tabelle sind aufzuaddieren.

... Prüfgröße:

$$\sum_{i=1}^{k} \sum_{j=1}^{l} \frac{(n_{ij} - \tilde{n}_{ij})^2}{\tilde{n}_{ij}}$$

```
 11.33571
```

Das doppelte Summenzeichen wird dem Umstand gerecht, dass Sie über zwei Dimensionen aufaddieren müssen.

Sie haben Schritt für Schritt und durchaus intuitiv eine Zahl hergeleitet, die Ihnen etwas über die **Entfernung zur Unabhängigkeit** verrät. Diese spezielle Maßzahl nennt man **Prüfgröße**. Diese Prüfgröße müssen Sie angemessen interpretieren.

Die folgende **Prüfgröße** beantwortet Ihnen also die Frage nach der Unterschiedlichkeit zwischen den empirischen Beobachtungen n_{ij} und den theoretisch bei Unabhängigkeit zu erwartenden $\tilde{n}_{ij}$
(sprich: „chiquadrat"):

$$\chi^2 = \sum_{i=1}^{k} \sum_{j=1}^{l} \frac{(n_{ij} - \tilde{n}_{ij})^2}{\tilde{n}_{ij}}$$

Im Kapitel *5.2 Testtheorie* werden Sie mit dieser Prüfgröße weiterarbeiten und weitergehende Aussagen generieren können.
Dort wird dann auch das (in der Struktur ähnliche) Konzept der **Homogenität** behandelt.

Tabelle 2.20: Die χ^2-Prüfgröße

Hier wird zunächst als Maßzahl für den Zusammenhang der **Kontingenzkoeffizient** K von PEARSON vorgeschlagen:

Definition 2.15: Kontingenzkoeffizient

$$K = \sqrt{\frac{\chi^2}{\chi^2 + n}}, \text{ mit } K \in [0, 1]$$

Bei Null herrscht völlige Unabhängigkeit – dann waren ja gerade alle Differenzen gleich Null und χ^2 nimmt den Wert Null an. Der Wert 1 deutet das größte Ausmaß der Abhängigkeit an. Allerdings ist der Wert 1 mehr ein theoretischer, schauen Sie sich die Formel noch einmal an. Aber je größer K wird, desto weiter entfernen Sie sich von der Unabhängigkeit.
Im Beispiel:

$$K = \sqrt{\frac{11.34}{11.34 + 49}} = 0.433$$

Aber K ist in hohem Maße abhängig von der Dimension der zugrunde liegenden Kontingenztabelle. Der sogenannte **korrigierte Kontingenzkoeffizient** K^* berücksichtigt die Dimensionen:

Definition 2.16: korrigierter Kontingenzkoeffizient

$$K^* = K \cdot \sqrt{\frac{c}{c-1}}, \text{ mit } c = \min(k, l)$$

Auch hier gilt: Je größer K^*, desto größer ist das Ausmaß des Zusammenhangs. Im Beispiel:

$$K^* = 0.433 \cdot \sqrt{\frac{2}{2-1}} = 0.613$$

Das ist ein relativ hoher Wert, der darauf hinweist, dass zwischen `Geschlecht` und `Titanic` ein Zusammenhang besteht.

Im Kapitel **Testen** werden Sie darüber hinausgehende Interpretationsmöglichkeiten kennenlernen.

An dieser Stelle sei schon darauf hingewiesen, dass eine gewisse Mindestanzahl von Beobachtungen vorliegen sollte. Bei Null gibt es ja zum Beispiel durchaus Probleme.
Natürlich können auch metrisch skalierte Daten tabelliert werden, um dann die besprochene Maßzahl zu berechnen.
Groß, mittel, klein vs. **schwer, mittel, leicht**. Aber es gehen natürlich Informationen verloren, da in den Daten aufgrund des Messniveaus mehr steckt. Diesen Zusammenhängen werden Sie sich im Folgenden widmen.

Kurz gefasst!

- Die Kontingenztabelle ist die Basis, um zwei nominalskalierte Merkmale zu untersuchen.
- Zur fundierten Analyse der Unabhängigkeit bzw. Abhängigkeit der beiden Merkmal stehen Ihnen die bedingten relativen Häufigkeiten, die Profile und der Kontingenzkoeffizient zur Verfügung.

2.3.2 Korrelation

In diesem Kapitel lernen Sie

- wie Sie den Zusammenhang zwischen zwei metrisch skalierten Daten analysieren können.
- die entsprechenden Graphiken und Maßzahlen kennen.

Im Grunde sind Sie wieder der gleichen Frage auf der Spur: Sind zwei Merkmale unabhängig oder beeinflussen sie sich gegenseitig?

Sie sollen dies für **ordinal bzw. kardinalskalierte** Daten tun.
Fangen Sie mit einer geeigneten Darstellung an, dem sogenannten **Scatterplot** bzw. **Streudiagramm.**
Dabei werden die Punktepaare (x_i/y_i) $\forall i$ in ein entsprechendes Koordinatensystem gezeichnet. Üblicherweise wird das X-Merkmal durch die horizontale Achse dargestellt. In die Graphik werden jeweils die beiden Mittelwerte als vertikale Linien eingezeichnet.
Dadurch entstehen vier disjunkte Bereiche. Der Schnittpunkt der beiden Vertikalen ist der sogenannte **Schwerpunkt** der Daten.
Man erkennt auf den ersten Blick (vgl. Abbildung 2.27), dass es wohl einen Zusammenhang gibt:
→ „Je größer, desto schwerer." Die gleiche Frage wie eben kann gestellt werden, wie lässt sich dieser Zusammenhang quantifizieren, wie kann er messbar gemacht werden?
Sie suchen wieder eine Maßzahl (Prüfgröße), ganz analog zu den kategorialen Daten, die Ihnen die Daten gemäß dieser Frage nach dem Zusammenhang geeignet verdichtet. Die Idee hier ist, dass Sie schauen, in welchen der 4 sogenannten Quadranten die meisten Punkte liegen.

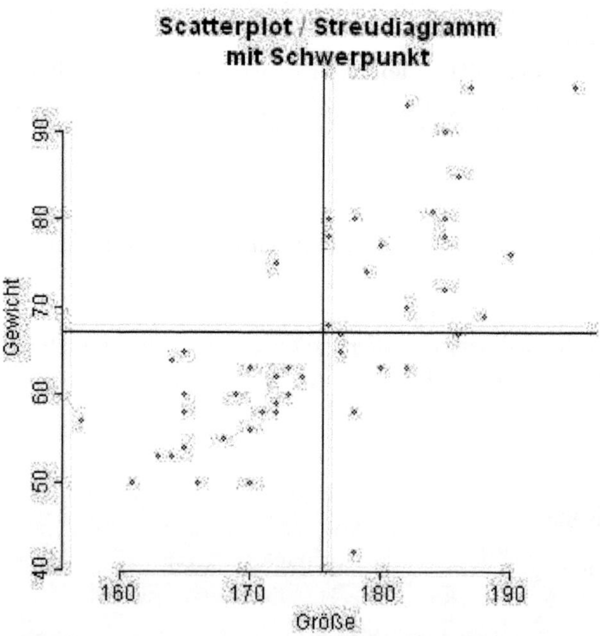

Abbildung 2.27: Scatterplot mit Schwerpunkt – `Größe, Gewicht`

- Liegen die meisten Punkte **oben rechts** und **unten links**, spricht das für einen **positiven Zusammenhang**, d.h. der Zusammenhang der beiden Merkmale ist gleichgerichtet: Je größer (X), desto schwerer (Y).
- Liegen die meisten Punkte dagegen **oben links** und **unten rechts**, spricht das für einen **negativen Zusammenhang**, d.h. der Zusammenhang der beiden Merkmale ist entgegengesetzt: Je älter das Auto (X), desto geringer der Wiederverkausfwert (Y).
- Ist keine solche Struktur zu erkennen, dann existiert **kein Zusammenhang** im genannten Sinn.

Hier ist es wohl recht deutlich. Ein Vorschlag für eine Maßzahl ist nun,: Der Zusammenhang ist positiv und 0.837 stark, denn es gilt 38.8 % + 44.9 % = 83.7 %. Und das ist ein sehr hoher Wert, der dicht am Maximum 1 liegt.
Das Skalenniveau gibt aber mehr her. Die Maßzahl zählt daher nicht einfach, denn Sie haben ja ein höheres Messniveau. Es werden die Abstände von jedem Punktepaar zum Schwerpunkt gebildet, diese werden gewichtet und über die Varianzen normiert.
Das heißt, die Position jedes Punktepaares relativ zum Schwerpunkt wird ausgewertet. Dadurch ist eine viel schärfere Aussage möglich.

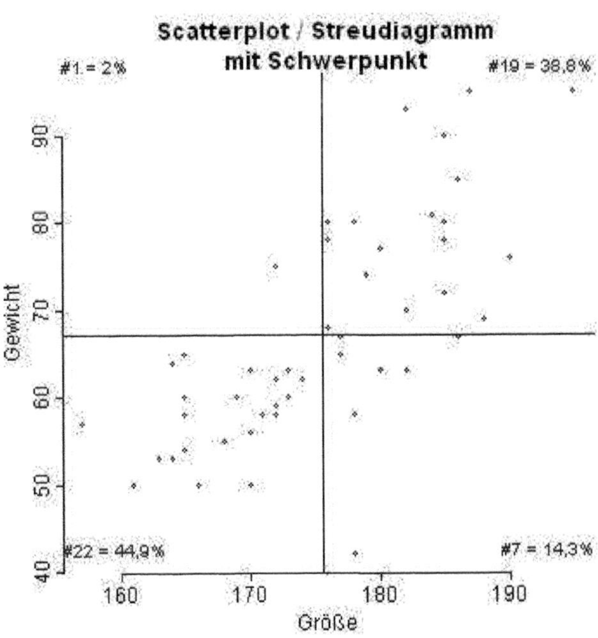

Abbildung 2.28: Scatterplot mit #Punkten in den vier Quadranten – `Größe, Gewicht`

Der sogenannte **Korrelationskoeffizient** von BRAVAIS-PEARSON sieht daher folgendermaßen aus – beachten Sie die Differenzbildung von jeder Stelle x_i zum Mittelwerte $\bar{x}$ und von y_i zu $\bar{x}$ und das für alle Punktepaare (x_i/y_i). Diese Entfernung wird aufaddiert und anschließend gemittelt und normiert:

Definition 2.17: Korrelationskoeffizient von Bravais-Pearson

$$r_{xy} = \frac{\frac{1}{n}\sum_{i=1}^{n}(x_i - \bar{x}) \cdot (y_i - \bar{y})}{\sqrt{\frac{1}{n}\sum_{i=1}^{n}(x_i - \bar{x})^2 \cdot \frac{1}{n}\sum_{i=1}^{n}(y_i - \bar{y})^2}} = \frac{d_{xy}}{\sqrt{d_x^2 \cdot d_y^2}}$$

Dabei ist d_{xy} die sogenannte **empirische Kovarianz**. Es gilt:

Definition 2.18: Empirische Kovarianz

$$d_{xy} = \frac{1}{n}\sum_{i=1}^{n}(x_i - \bar{x}) \cdot (y_i - \bar{y})$$

Wie bei den Varianzen lässt sich das ganze etwas angenehmer formulieren, um es per Hand zu berechnen:

$$d_{xy} = \overline{x \cdot y} - \bar{x} \cdot \bar{y} \quad \text{, wobei} \quad \overline{x \cdot y} = \frac{1}{n}\sum_{i=1}^{n} x_i \cdot y_i$$

Damit gilt für den **Korrelationskoeffizienten** folgende Rechenregel:

$$r_{xy} = \frac{\overline{x \cdot y} - \bar{x} \cdot \bar{y}}{\sqrt{(\overline{x^2} - \bar{x}^2) \cdot (\overline{y^2} - \bar{y}^2)}}$$

Tabelle 2.21: Korrelationskoeffizient von BRAVAIS-PEARSON

Im Beispiel kommt übrigens $r_{xy} = 0.73$ heraus. Das ist ein recht großer Wert, er spricht für einen deutlichen, positiven (linearen) Zusammenhang der beiden Merkmale.
Sie sollen an einem ganz einfachen Beispiel r_{xy} per Hand ausrechnen. Offenbar gilt im Beispiel, dass perfekte negative Korrelation vorliegt, die Punkte liegen auf einer Geraden mit negativer Steigung:

Folgende Eigenschaften sind zu beachten:

- r_{xy} ist eine Maßzahl für den **linearen Zusammenhang** zwischen zwei Merkmalen.
- Es ist zu prüfen, ob die Annahme der Linearität eine sinnvolle ist.
  → Ist der Zusammenhang anderer Art, ist r_{xy} mit Vorsicht oder gar nicht zu verwenden.
- Wertebereich: $-1 \leq r_{xy} \leq 1$
- $r_{xy} = 1 \rightarrow$ Es liegt ein **perfekter linearer Zusammenhang** mit positiver Steigung vor.
- $r_{xy} = -1 \rightarrow$ Es liegt ein **perfekter linearer Zusammenhang** mit negativer Steigung vor.
- $r_{xy} \approx 0 \rightarrow$ Es liegt **kein linearer Zusammenhang** vor. Das heißt aber nicht, dass gar kein Zusammenhang vorliegen muss. Dieser kann anderer Natur sein, der von r_{xy} nicht erkannt wird.

→ Im nächsten Kapitel **Regression** werden Sie noch eine weitere Interpretationsmöglichkeit kennenlernen und die Frage nach der Linearität genauer beleuchten.

Tabelle 2.22: Eigenschaften des Korrelationskoeffizienten

x:	10	9	8	7	6
y:	3	4	5	6	7

Für dieses Beispiel sollen Sie einmal die Schritte durchgehen, die zur Berechnung von r_{xy} notwendig sind. Zunächst soll der Scatterplot angeschaut werden. Alle Punkte liegen auf einer Geraden mit negativer Steigung:

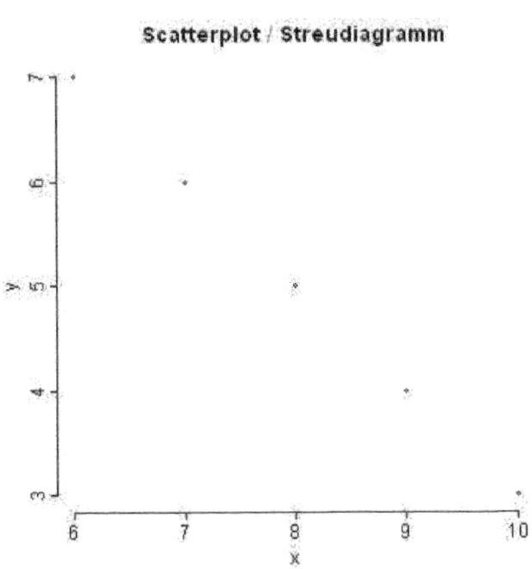

Abbildung 2.29: Scatterplot zum Rechenbeispiel

Berechnung von r_{xy} – Zutaten:

$$\overline{xy} = \frac{1}{5} \cdot (10 \cdot 3 + 9 \cdot 4 + 8 \cdot 5 + 7 \cdot 6 + 6 \cdot 7) = 38$$

$$\bar{x} = 8, \quad \bar{y} = 5$$

$$\overline{x^2} = \frac{1}{5} \cdot (10^2 + 9^2 + 8^2 + 7^2 + 6^2) = 66$$

$$\overline{y^2} = \frac{1}{5} \cdot (3^2 + 4^2 + 5^2 + 6^2 + 7^2) = 27$$

$$\rightarrow r_{xy} = \frac{38 - 8 \cdot 5}{\sqrt{(66 - 64) \cdot (27 - 25)}} = \frac{-2}{\sqrt{2 \cdot 2}} = -1$$

Nun haben Sie einmal hinter die Berechnungskulissen geschaut, das kann nicht schaden. Es ist keine Hexerei, wenn Excel oder eine andere Software oder sogar Ihr Taschenrechner Ihnen den Korrelationskoeffizienten serviert. Es ist vor allem Fleißarbeit. Das Prinzip und die angemessene Interpretation haben Sie aber verstanden und darauf kommt es an.

Weisen die Daten lediglich **ordinales Messniveau** auf bzw. liegt bekanntermaßen **kein linearer Zusammenhang** vor, dann sollte der **Rangkorrelationskoeffizient r_s von Spearman** verwandt werden.
Dieser ist eine Maßzahl für den **monotonen Zusammenhang** von zwei Merkmalen:

$$x_i < x_j \Leftrightarrow y_i < y_j$$

bzw.

$$x_i > x_j \Leftrightarrow y_i > y_j$$

Monotonie bedeutet in diesem Zusammenhang also:

- *Gilt, wenn man zwei beliebige Punkte im Scatterplot vergleicht: Liegt der Punkt, der weiter rechts liegt, auch höher?*

→ monoton steigend = positiver Zusammenhang, wie in unserem `Größe, Gewicht` Beispiel.

- Oder gilt umgekehrt, *dass der Punkt, der weiter rechts liegt, auch tiefer liegt*

→ monoton fallend = negativer Zusammenhang, Alter des Autos, Wert des Autos.

Die Merkmale X und Y werden bei dieser Betrachtung durch die **Ränge** ersetzt:

Definition 2.19: Rang

$$\begin{aligned} r(x_i) &= \text{Position von } x_i \text{ in der Rangwertreihe} \\ &= \text{Anzahl Beobachtungen} \leq x_i \end{aligned}$$

Dazu ein kurzes Beispiel:

```
   x:     4   1   5  10   2
r(x):     3   1   4   5   2
```

Den **Rangkorrelationskoeffizienten** erhalten Sie, indem Sie in der Formel für r_{xy} statt x und y die Ränge $r(x)$ bzw. $r(y)$ verwenden. Es werden also nicht mehr die tatsächlichen Beobachtungen miteinander verglichen, sondern die jeweiligen Positionen, die die Beobachtungen in der Rangwertreihe einnehmen:
Haben die relativen Positionen der Beobachtungen in der Rangwertreihe zueinander einen Bezug im Sinne der Korrelation? Anders formuliert: Ist das kleinste x auch mit dem kleinsten y gepaart? Usw.

Definition 2.20: Rangkorrelationskoeffizient

Die folgende Formel führt ebenfalls zum Ergebnis und sie hilft bei der inhaltlichen Interpretation – bei Bindungen (gleiche Beobachtungen) klappt es nicht ganz:

$$r_s = 1 - \frac{6 \cdot \sum_{i=1}^{n} d_i^2}{n \cdot (n^2 - 1)} \quad \text{mit} \quad d_i = r(x_i) - r(y_i)$$

Der Wertebereich von r_s ist identisch mit dem von r_{xy}. Folgende Eigenschaften von r_s sollten Sie kennen:

- $r_s = 1 \rightarrow$ Alle Ränge müssen gleich sein, d.h. die Punktepaare stehen jeweils an derselben Stelle in den Datensätzen. Es liegt ein streng monotoner Zusammenhang vor.
  Alle d_i müssen Null sein, sonst kann der gesamte Ausdruck nicht 1 werden.
- $r_s = -1 \rightarrow$ Analoge Überlegungen.
- $r_s \approx 0$ Es liegt keine erkennbare Monotonie vor.

Das Beispiel fortgesetzt: Berechnung der **Ränge** von x und y:

```
          x       10    9    8    7    6
          y        3    4    5    6    7
          ----------------------------
          r(x)     5    4    3    2    1
          r(y)     1    2    3    4    5

r(x) - r(y)        4    2    0   -2   -4
quadriert         16    4    0    4   16

Summe: 16 + 4 + 16 + 4 = 40
```

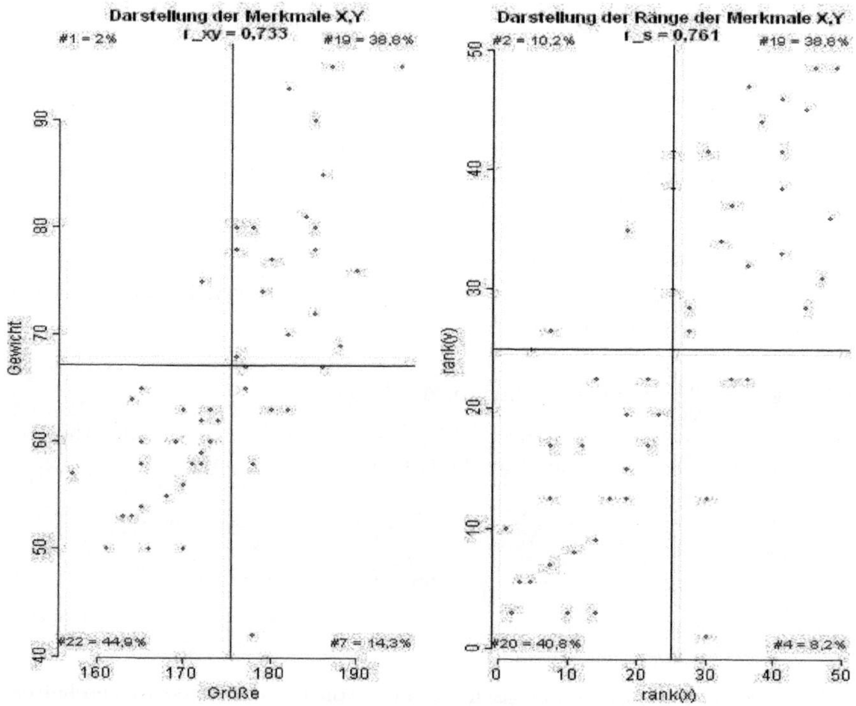

Abbildung 2.30: Vergleich der beiden Korrelationskoeffizienten – `Größe, Gewicht`

Korrelationskoeffizient von Spearman:

$$r_s = 1 - \frac{6 \cdot 40}{5 \cdot (25-1)} = 1 - \frac{240}{120} = 1 - 2 = -1$$

Auch hier kommt -1 heraus. Wenn vorher zum Beispiel der Wert $x_1 = 10$ mit $y_1 = 3$ usw. verglichen wurde, dann wird jetzt der Vergleich der Ränge durchgeführt. Und der führt dazu, dass der größte X-Wert mit dem kleinsten Y-Wert, der zweitgrößte X-Wert mit dem zweitkleinsten Y-Wert usw. verglichen wird. Es liegt tatsächlich perfekte Monotonie vor.

Die folgende Graphik versucht einmal, den Unterschied zwischen den beiden Koeffizienten graphisch darzustellen. Dazu sind sowohl der Original-Scatterplot der Daten als auch der Scatterplot der Ränge dargestellt. Die beiden Graphiken sind natürlich nicht identisch, aber man sieht die Zusammenhänge gut.

Korrelation bedeutet nicht notwendigerweise auch Kausalität. **Korrelation ersetzt keine Ursache-Wirkungs-Analyse!**

Es wird lediglich ein gemeinsames Verhalten gemeldet, was immer das genau bedeutet. Die inhaltliche Bewertung können Ihnen die Maßzahlen natürlich nicht abnehmen.

Scheinkorrelation heißt, das Merkmal X beeinflusst Y, aber nur unter dem Einfluss von Z. Es existiert im Prinzip eine Dreiecksbeziehung. X ist mit Z korreliert und Y ist ebenfalls mit Z korreliert. Lässt man Z außen vor, dann sieht es so aus, als hingen X und Y zusammen. Da müssen Sie aufpassen.

Dazu ein paar Beispiele:

1. „Je massiver der Einsatz der Feuerwehr, desto größer der Schaden."
2. „Je häufiger der Arztbesuch, desto größer die Wahrscheinlichkeit zu sterben."
3. „Je weniger Störche, desto weniger Geburten."

1. Die Höhe des Schadens (Y) hängt wohl nicht von der Größe des Feuerwehreinsatzes ab (X), so als ob die Feuerwehr den Schaden erst generierte, sondern von der Größe des Brandfalles (Z), von dem wiederum auch die Größe des Einsatzes (X) abhängt.

   Wenn Z groß ist, dann sind auch X und Y groß.
2. Die erhöhte Sterblichkeit (Y) hängt nicht von der Häufigkeit des Arztbesuches ab (X), so als ob der Arzt schlechte Arbeit leiste, sondern von der Schwere der Krankheit (Z), von der wiederum auch die Häufigkeit des Arztbesuches (X) abhängt.
3. Die sinkende Geburtenrate (Y) war nicht auf die sinkende Anzahl der Störche (X) zurückzuführen, wie man einst ernstlich vermutete, sondern beide Phänomene wurden von der fortschreitenden Meliorisierung bzw. Industrialisierung bzw. Urbanisierung (Z) verursacht.

   Diese nahm den Störchen den Lebensraum und veränderte die Lebensbedingungen mitsamt der mentalen Einstellung zum Kinderreichtum. So war etwa der Kinderreichtum in den Familien mit der agrarischen Produktionsweise verbunden, die zunehmend abnahm.

Kurz gefasst!

- Sie haben den **Scatterplot** als geeignete Graphik kennengelernt, um einen Zusammenhang zwischen zwei Merkmalen zu erkennen.
- Für den linearen Zusammenhang zwischen zwei metrisch skalierten Merkmalen ist der **Korrelationskoeffizient** von Bravais-Pearson geeignet.
- Liegt kein linearer Zusammenhang vor oder sind die Daten nur ordinal, dann ist der **Rangkorrelationskoeffizient** von Spearman die beste Wahl.
- Beachten Sie, dass eine Aussage zur Korrelation keine Ursache-Wirkungs-Analyse ersetzt (Scheinkorrelation).

2.3.3 Regression

In diesem Kapitel lernen Sie

- wie Sie den Zusammenhang zwischen zwei Merkmalen modellieren können.
- dazu die Regressionsanalyse kennen.

Die Regressionsanalyse setzt auf der Korrelationsanalyse auf und führt diese gewissermaßen zu neuen Höhen, die Qualität der Aussage ist eine andere. Der Korrelationskoeffizient macht Aussagen über einen potenziellen linearen Zusammenhang zweier Merkmale.
Im Gegensatz zum Korrelationskoeffizienten der Korrelationsanalyse wird die Richtung des Zusammenhangs im linearen Modell eindeutig festgelegt. **Regress** bezeichnet in der traditionellen Logik den Rückgang, das **Rückschreiten des Denkens vom Bedingten auf die Bedingung, von der Wirkung auf die Ursache** und vom Besonderen zum Allgemeinen.

→ Regression:
Ein abhängiges Merkmal auf ein unabhängiges zurückführen, um das abhängige somit ursächlich zu erklären.
regressus: lat. Rückgriff

Auch hier kommen ausschließlich metrisch skalierte Merkmale zum Einsatz. Bei der (linearen) Regressionsanalyse wird versucht, eine lineare Beziehung zwischen den Merkmalen X und Y zu etablieren und zwar derart, dass X, als sogenannter Regressor, das Merkmal Y, als Regressand erklären soll. Im Sinne von: wenn X steigt, dann steigt auch Y bzw. umgekehrt.
X wird dann auch als **exogene** und Y als **endogene Variable** bezeichnet. Anders formuliert: Mit Hilfe der exogenen Variable(n) soll ursächlich erklärt werden, warum das zu erklärende Merkmal streut. Sie haben es hier also im weitesten Sinne mit einer speziellen Form der **Varianzanalyse** zu tun:
Das endogene und zu erklärende Merkmal Y weist unterschiedliche Beobachtungen auf (hat eine Streuung größer Null), weil die exogene(n) Variable(n) X einen direkten ursächlichen Einfluss auf Y hat. Und X streut eben auch! Letzteres wird im Modell als gegeben angenommen.
Es soll eine Gerade so angepasst werden, dass sie die Struktur (Richtung) der Daten maximal gut wiedergibt. Aus der Anpassung dieser Geraden lassen sich dann andere Aussagen ableiten, bspw. Prognosen. Ausgangspunkt ist wie bei der Korrelationsanalyse der **Scatterplot**.
Schauen Sie sich noch einmal den bekannten Scatterplot zu *Größe* und *Gewicht* an, und platzieren Sie per Augenmaß eine **optimale** Gerade (vgl. Seite 84).

Finden Sie erste (intuitive) Kriterien für die Lage der Geraden? Welchen Weg muss die Gerade nehmen, um die Daten angemessen zu repräsentieren? Einigermaßen formal gesprochen:

Um die **beste Gerade** zu finden, ist das Folgende zu tun:
Bestimme diejenige Gerade, für die gilt, dass die **quadrierten Abstände aller Punkte zur Gerade minimal sind**.

Diese Gerade ist die Regressionsgerade.

Damit haben Sie sozusagen eine Prosabeschreibung dessen, was zu tun ist.
Intuitiv scheint das Sinn zu machen: Die beste Gerade zur Beschreibung des Zusammenhangs zweier Merkmale ist wohl diejenige, welche *insgesamt* am dichtesten an den Punkten liegt, sozusagen durch das **Herz** der Punkte verläuft. Das ist zu formalisieren!
Zunächst stellt sich die Frage, was eine Gerade auszeichnet?

Jede Gerade ist durch die folgende Gleichung bestimmt:

$$y = a + b \cdot x$$

Eine Zahl x wird mit der **Steigung** b multipliziert, anschließend wird der sogenannte **y-Achsenabschnitt** a hinzuaddiert. So kann jede Gerade eindeutig bestimmt werden.

Eine Gerade hat an jeder beliebigen Stelle der X-Achse dieselbe Steigung!
Hier haben Sie es mit Punktepaaren zu tun, also gilt:

$$y_i = a + b \cdot x_i$$

Jeder Punkt im Scatterplot ist bestimmt durch die beiden Koordinaten: (x_i, y_i), zum Beispiel Größe (x) und Gewicht (y). Für zum Beispiel Größe und Gewicht soll eine Gerade angepasst werden und zwar mit Hilfe der eben formulierten Idee. Notation der optimalen, aus den Daten geschätzten Gerade:

$$\hat{y}_i = \hat{a} + \hat{b} \cdot x_i$$

Das kleine Dach, zum Beispiel hier $\hat{a}$ (sprich „a Dach“), kennen Sie bereits. Es weist daraufhin, dass aus empirischen Daten bestimmte Parameter errechnet werden.

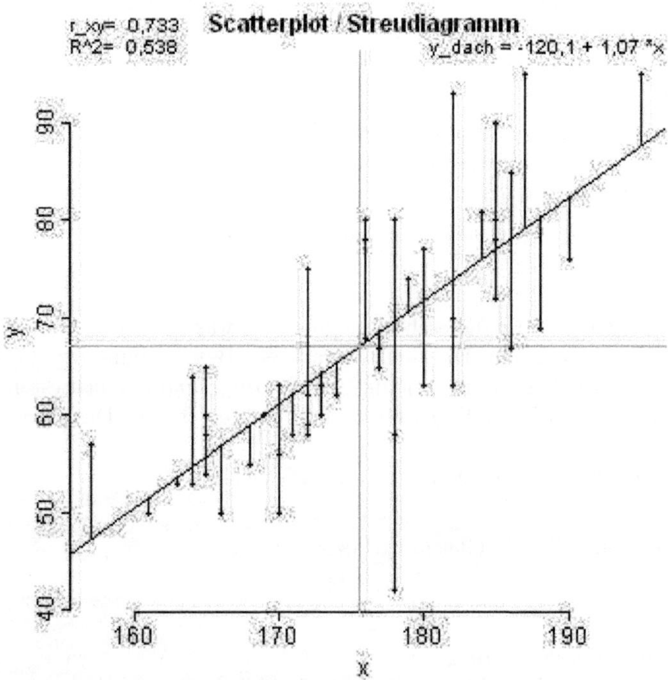

Abbildung 2.31: Scatterplot mit Abständen zur Geraden – `Größe, Gewicht`

Um die Regressionsgerade zu finden, müssen $\hat{a}$ und $\hat{b}$ bestimmt werden. Der vertikale Abstand d_i zur Geraden kann folgendermaßen berechnet werden.
Die sogenannten **Residuen** d_i:

Definition 2.21: Residuen

$$d_i = y_i - \hat{y}_i = y_i - (\hat{a} + \hat{b} \cdot x_i)$$

Das ist nicht weiter kompliziert. In der Graphik können Sie es noch einmal sehen, es sind die vertikal eingezeichneten Striche, und das sind lediglich die Abstände zwischen dem tatsächlich beobachteten Wert (y_i) und dem vom Modell prognostizierten ($\hat{y}_i$).

Offensichtlich gilt: Je kleiner diese Differenzen in der Summe sind, desto besser ist die Gerade dazu geeignet, damit die Daten zu modellieren. Diese Gerade gibt es ja noch nicht. Das heißt, die Aufgabe besteht darin, a und b so zu wählen, dass die Abstände minimal sind.
Damit ergibt sich folgende Optimierungsaufgabe (Methode der kleinsten Quadrate, MKQ):

$$\sum_{i=1}^{n} d_i^2 = \sum_{i=1}^{n} (y_i - \hat{a} - \hat{b} \cdot x_i)^2 \to \min_{a,b}$$

Die Gerade soll insgesamt optimal liegen, daher ist die Summe der (quadrierten) Abstände von den Punkten zur Gerade zu minimieren.
Nach Anwendung der entsprechenden Mathematik ergeben sich folgende **Schätzer $\hat{a}$ und $\hat{b}$** – in Aufgabe 12 zu diesem Kapitel können Sie das einmal nachweisen:

$$\hat{a} = \bar{y} - \hat{b} \cdot \bar{x}$$

$$\hat{b} = \frac{\overline{xy} - \bar{x} \cdot \bar{y}}{\overline{x^2} - \bar{x}^2}$$

Tabelle 2.23: Die Schätzer $\hat{a}$ und $\hat{b}$ für die Regressionsgerade

Die Zutaten sind Ihnen mittlerweile alle gut bekannt. Alles was Sie an Rechenwerk benötigen, haben Sie im Rahmen der Korrelation bereits kennengelernt und erfolgreich angewandt. Das ist auch kein Wunder – Regression und Korrelation sind sehr miteinander verwandt.
Es soll noch ein Beispiel gerechnet werden, um im Anschluss die Interpretation kennenzulernen. Folgende Daten seien gegeben, $n = 5$:

```
x: 10   12   14   11   13
y:  9   10   11   10   11
```

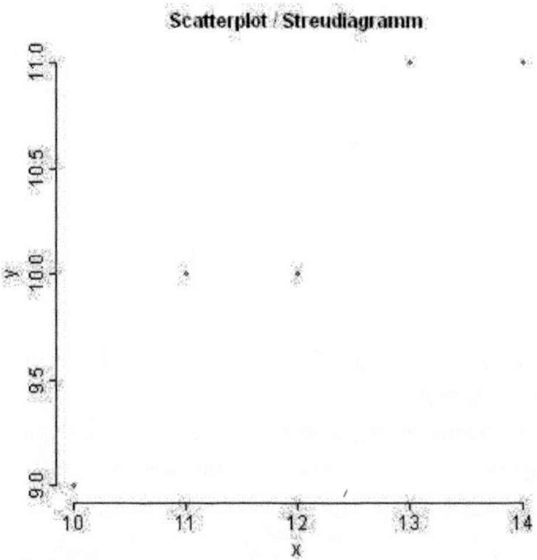

Abbildung 2.32: Scatterplot Beispiel zur Berechnung der Regressionsgeraden

Bekanntermaßen sind einige Hilfsgrößen zu berechnen. Bei so kleinen Datensätzen kann die folgende Tabelle hilfreich sein – wenn Sie zu Fuß per Hand und Taschenrechner unterwegs sind:

x.i	y.i	x.quadrat	y.quadrat	x mal y
10	9	100	81	90
12	10	144	100	120
14	11	196	121	154
11	10	121	100	110
13	11	169	121	143
60	51	730	523	617

Tabelle 2.24: Tabelle zur Berechnung der Hilfsgrößen bei der Regression

- Die Zwischengrößen:

$$\bar{x} = 12, \quad \bar{y} = 10,2, \quad \overline{x^2} = 146, \quad \overline{x \cdot y} = 123,4$$

- Nun können die Schätzer berechnet werden:

$$\hat{b} = \frac{123,4 - 12 \cdot 10,2}{146 - 12^2} = 0,5$$

$$\rightarrow \hat{a} = 10,2 - 0,5 \cdot 12 = 4,2$$

- Damit gilt für die Regressionsgerade: $\hat{y} = 4,2 + 0,5 \cdot x$
  Der Korrelationskoeffizient braucht noch: $\overline{y^2} = 104,6$

$$r_{xy} = \frac{123,4 - 12 * 10,2}{\sqrt{(146 - 144) \cdot (104,6 - 104,04)}} = 0,945$$

So sieht der Scatterplot dann mit eingezeichneter Gerade aus:

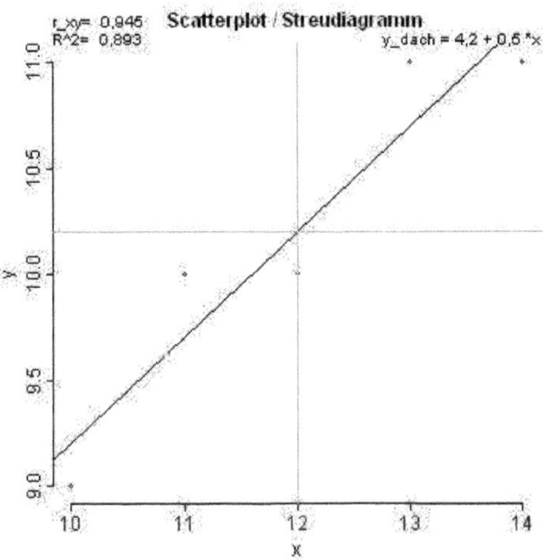

Abbildung 2.33: Scatterplot Beispiel der Regressionsgeraden

Schauen Sie sich noch einmal das Beispiel *Größe vs. Gewicht* an. Um die **Güte der Anpassung** beurteilen zu können, ist es wichtig, einen Blick auf die **Residuen** zu werfen. Diese dürfen keine erkennbare Struktur mehr aufweisen! Ist eine deutliche Struktur erkennbar, dann ist das Modell ungeeignet.
Für diese Beurteilung wird der sogenannte **Residuenplot** gezeichnet. Dazu wird über jedem x_i ein Stab abgetragen mit der Höhe d_i, diese Höhen schwanken um Null. Die Frage ist, wie schwanken sie um Null.
Die Residuen sind sozusagen der Rest, die restliche Streuung, die durch das Modell gerade nicht erklärt werden kann. Diese müssen zufälliger Natur sein, denn existiert noch eine sogar per Augenmaß erkennbare Struktur, dann hat das Modell gewisse Zusammenhänge nicht erkannt und nicht abgebildet und ist damit ungeeignet.
Die lineare Regression kann nur eines erklären, die sogenannte **Bewegung auf der Geraden**, das ist der **Kausalansatz**. Im Beispiel bedeutet es: Wenn jemand größer ist, dann ist die Wahrscheinlichkeit groß, dass die Person auch schwerer ist. Das wird ausgenutzt.

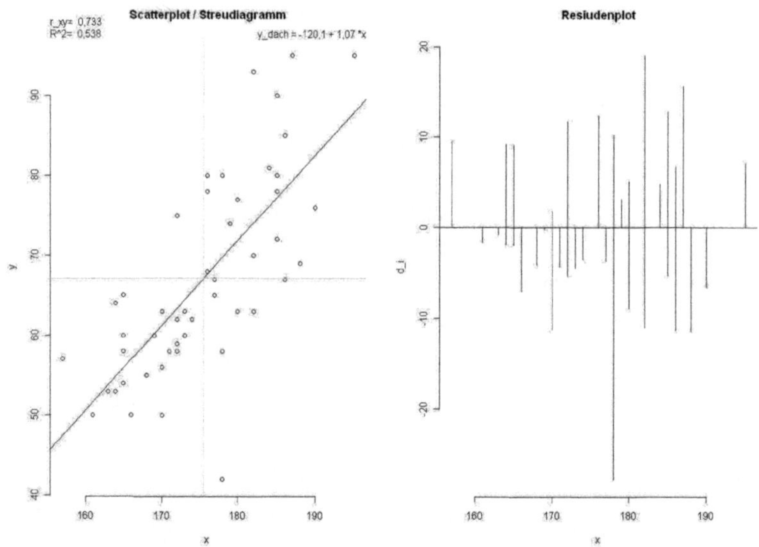

Abbildung 2.34: Scatterplot, Regressionsgerade und Residuenplot mit Abständen zur Geraden – `Größe, Gewicht`

Streuung im Merkmal Y (dem abhängigen) wird durch Variation im Merkmal X (dem unabhängigen) erklärt. Warum X streut, wird nicht hinterfragt. Dies ist eine einfache Form der **Varianzanalyse**.
Warum eine Person nicht exakt so groß ist, wie das Modell voraussagt, kann natürlich nicht erklärt werden. Das ist die sogenannte **Streuung um die Gerade**, die Residuen. Wenn darin noch Struktur steckt, muss ein anderes Modell gewählt werden.
Im Residuenplot in der Abbildung 2.34 ist keine solche Struktur erkennbar: **die lineare Anpassung ist angemessen.**
Es sollen **Eigenschaften und Interpretationen** der vorgestellten Geradenanpassung aufgelistet werden:

1. Die Regressionsgerade verläuft immer durch den **Schwerpunkt** der Daten.
2. Die Steigung $\hat{b}$ der Regressionsgeraden gibt an, um wie viele Einheiten (laut Modell!) sich der Wert von y verändert, wenn x um eine Einheit erhöht wird.
   $\rightarrow$ Das kann das Modell erklären: Die Bewegung auf der Geraden. Mehr nicht.
3. Der y-Achsenabschnitt $\hat{a}$ gibt den **autonomen Wert** von y an, wenn x gerade Null ist.
   Das ist nicht immer interpretierbar.
   Bei der keynesianischen Konsumfunktion können Sie beide Paramameter gut

interpretieren – Y sei das Einkommen, und $C()$ die Konsumfunktion:

$$C(Y) = C_a + C_Y \cdot Y$$

Hierbei ist C_a dann der autonome Konsum und C_Y die marginale Konsumneigung.

4. Die **Güte der Anpassung** eines linearen Modells können Sie durch den Anteil der durch das Modell erklärten Streuung an der Gesamtstreuung von y ermessen.
Das sogenannte **Bestimmtheitsmaß** R^2 erfüllt diese Aufgabe:

$$R^2 = \hat{b}^2 \cdot \frac{\overline{x^2} - \bar{x}^2}{\overline{y^2} - \bar{y}^2}$$

oder

$$R^2 = r_{xy}^2$$

also den bekannten Korrelationskoeffizienten zum Quadrat.

$R^2 \cdot 100$ gibt in % den Anteil der erklärten Streuung an.

Die Streuung der y_i kann durch das Modell in einen erklärten Teil und einen unerklärten Teil zerlegt werden.

Mit Hilfe des Modells kann der Teil der Streuung erklärt werden, der auf der Geraden stattfindet, also die Streuung der $\hat{y}_i$. Dieser Anteil ist gerade das Bestimmtheitsmaß.

Die unerklärte Reststreuung ist die Streuung der Residuen um die Gerade herum. Die kann natürlich gerade nicht erklärt werden.

5. Es gilt:

$$0 \leq R^2 \leq 1$$

6. Es ist immer wichtig, sich die **Residuen** anzuschauen. Es ist zu prüfen, ob diese noch eine **Struktur** aufweisen. Diese Prüfung kann als **Modellcheck** bezeichnet werden.

Es könnte bspw. sein, dass mit steigenden $x-$Werten die Streuung der Residuen zunimmt. Dann scheint die Anpassung einer Geraden nicht optimal zu sein.

7. **Prognosen** können gemacht werden, in dem x-Werte eingesetzt werden, die in den empirischen Daten nicht vorkommen.
Bei **Zeitreihen** ist das X-Merkmal die Zeit. Dann können Prognosen in die Zukunft gemacht werden.

Bei der **multiplen Regression** ist das Vorgehen analog. Es gibt allerdings mehr als eine erklärende Variable. Darüberhinaus kann natürlich auch ein anderer als ein linearer Zusammenhang modelliert werden. Auch hier kann die MKQ benutzt werden. Die lineare Regression ist sehr verbreitet und wird vielfach eingesetzt. Die Annahme der Linearität ist eine häufig anzutreffende.
Ein weiteres Beispiel zur Regression aus den Fragebogendaten ist das folgende – Größe und Schuhgröße (Y) wurden in Zusammenhang gebracht. Wenn Sie noch einmal die Graphik 2.34 auf der Seite 98 betrachten, dann finden Sie oben angegeben den Korrelationskoeffizient (0.733) und das Bestimmtheitsmaß (0.54). Vergleichen Sie das einmal mit der Regression für Größe und Schuhgröße. Was fällt Ihnen auf?

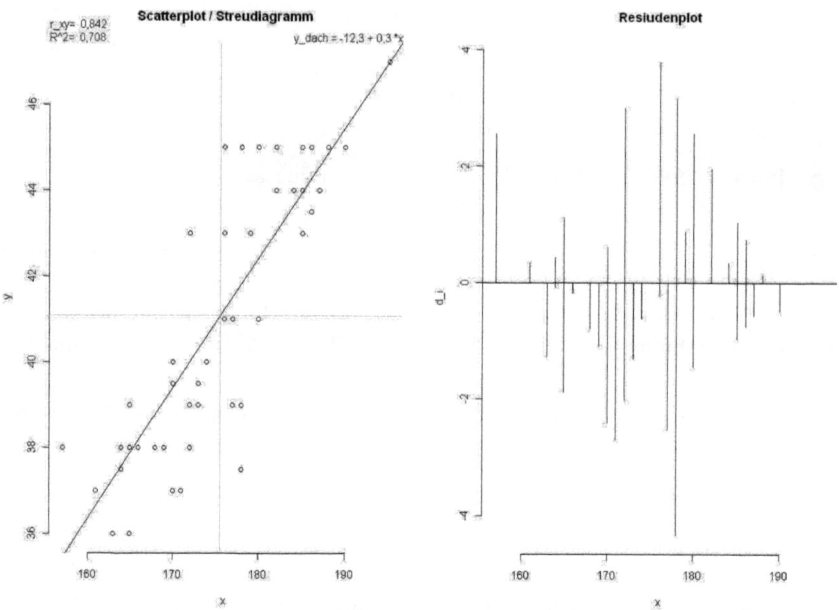

Abbildung 2.35: Scatterplot, Regressionsgerade und Residuenplot mit Abständen zur Geraden – `Größe, Schuhgröße`

Der Korrelationskoeffizient von Bravais-Pearson ist eine Maßzahl für den linearen Zusammenhang, denn eine grundsätzliche lineare Beziehung zwischen den Daten wird angenommen. Der Koeffizient zum Quadrat ist gerade der Anteil der erklärten Streuung bei der linearen Anpassung. Die folgende Abbildung zeigt vier verschiedene **Punktewolken**. Der Korrelationskoeffizient ist jeweils angegeben.

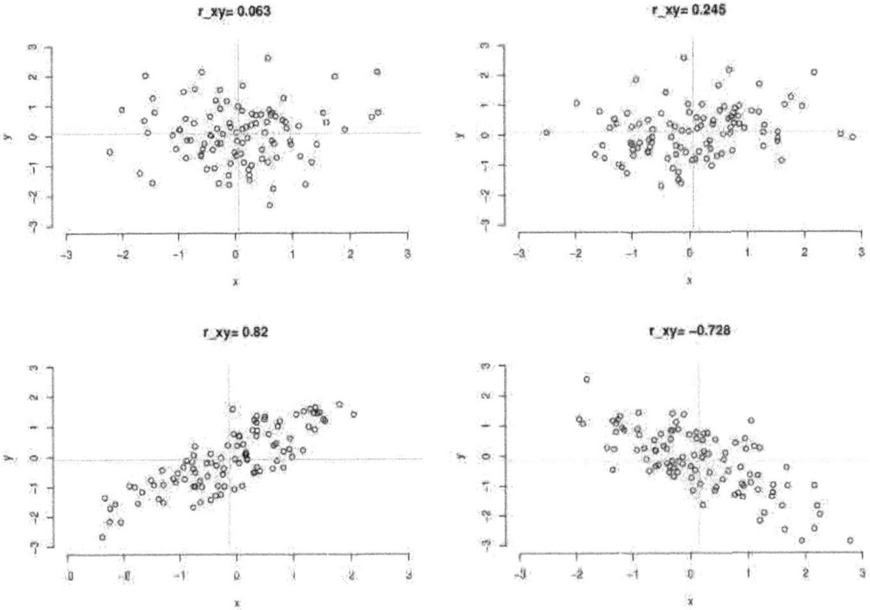

Abbildung 2.36: Unterschiedliche Korrelationen

In der Abbildung 2.37 ist in der oberen Reihe jeweils derselbe Scatterplot abgetragen. Links ist eine lineare Anpassung durchgeführt worden, rechts eine quadratische. Der Anteil der erklärten Varianz, das Bestimmtheitsmaß, ist in beiden Fällen sehr hoch, im quadratischen Fall sogar noch ein bißchen größer.

Man sieht in den jeweils in der unteren Reihe dargestellten Residuenplots sehr schön, was es heißt, wenn noch **Struktur** in den Residuen steckt. Die lineare Anpassung ist hier unangemessen, obwohl das Bestimmtheitsmaß bei fast 88 % liegt. Aber mit diesem Modell machen Sie systematische Prognosefehler. Man muss immer beides durchführen: den **Modellcheck** und die **Güte der Anpassung** bewerten.

Zum Abschluss ist in Abbildung 2.38 einmal eine Logarithmus-Funktion an eine Datensituation angepasst. Bei diesen Daten gilt das Gesetz des **abnehmenden Grenznutzens**, und das ist nicht linear, es wird eine **Sättigung** erreicht. Dargestellt sind Ausgaben für Fernsehwerbung (X) und die korrespondierende Anzahl von Zuschauern, die man erreicht (Y). Es ist klar, dass man diese Anzahl zunächst dadurch sehr stark steigern kann, dass man mehr Geld ausgibt, also präsenter ist. Aber irgendwann kippt der Zusammenhang, es wird immer schwerer noch mehr Menschen zu erreichen, weil man immer öfter nur die erreicht, die man schon hat.

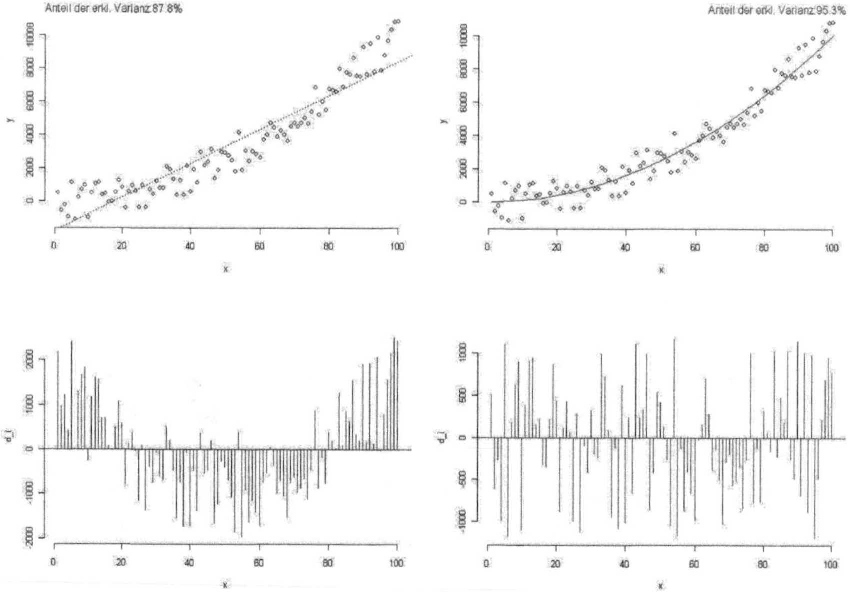

Abbildung 2.37: Quadratische Anpassung

Kurz gefasst!

- Die Regressionsanalyse versucht, ein Merkmal durch ein anderes zu erklären, die **Kausalität** ist zu prüfen.
- Die **lineare Regression** setzt eine gewisse und grundsätzliche lineare Beziehung zwischen den beiden Merkmalen voraus.
- Zur Beurteilung sind wichtig: der **Modellcheck**, also das Prüfen auf Struktur im Residuenplot, und die **Güte der Anpassung**, das Bestimmtheitsmaß als Anteil der erklärten Varianz.
- Neben der linearen Regression haben Sie kurz die multiple und die nicht lineare Regression kennengelernt.

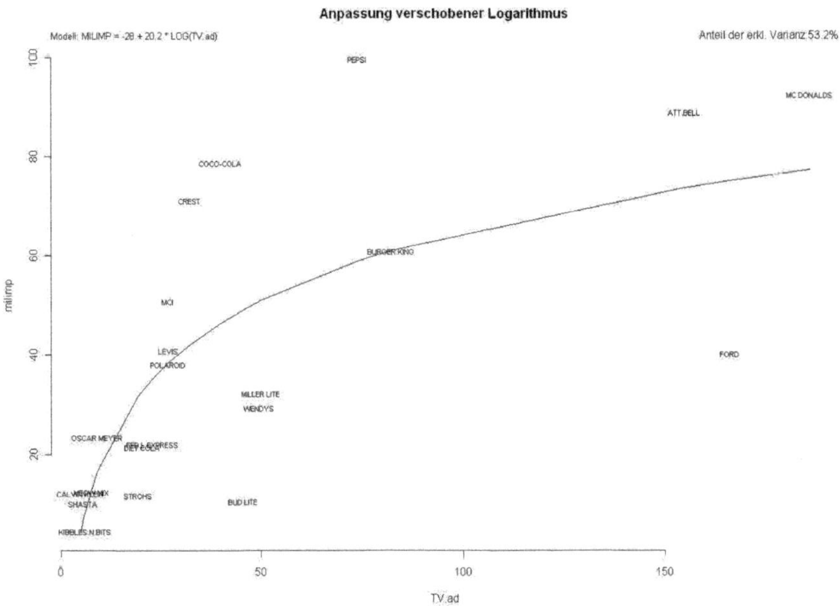

Abbildung 2.38: Logarithmus-Anpassung

2.3.4 Konzentrationsmessung

In diesem Kapitel lernen Sie

- ob ein Merkmal wie Einkommen gleich (gerecht) in einer bestimmten Gruppe von Personen verteilt ist.
- eine Maßzahl sowie eine Graphik zur Beurteilung der Verteilungsfrage kennen.

In der folgenden Tabelle 2.25 sind die verfügbaren Einkommen der Haushalte der Bundesrepublik Deutschland dargestellt. Es sind 14 Einkommensklassen gebildet worden. Je größer die Klassennummer, desto größer das Einkommen der Haushalte in der Klasse. Es liegt also ordinales Messniveau vor!
Die erste Prozentzahl gibt den mengenmäßigen Anteil der Haushalte in der jeweiligen Klasse an — zum Beispiel 27 % aller Haushalte fallen in die erste Klasse mit dem geringsten Einkommen —, die zweite Prozentzahl den Anteil am Gesamteinkommen — die erste Klasse hat einen Anteil von 1.6 % am Gesamteinkommen.

	Anteil.Haushalte(X)	Anteil.Einkommen(Y)
1	27.0%	1.6%
2	8.2%	2.5%
3	8.6%	4.5%
4	8.9%	6.4%
5	8.1%	7.6%
6	8.3%	9.3%
7	7.2%	9.7%
8	5.8%	9.0%
9	4.5%	7.8%
10	3.4%	6.6%
11	4.6%	11.4%
12	3.0%	10.5%
13	1.6%	7.3%
14	0.8%	5.8%
	100%	100%

Tabelle 2.25: Verteilung des verfügbaren Einkommens auf die Haushalte der Bundesrepublik Deutschland

Man könnte die Frage stellen: Wie gut ist das verfügbare Einkommen verteilt? Diese Tabelle soll in Bezug auf die Verteilung der Einkommen auf die verschiedenen Klassen betrachtet werden. Ist die Verteilung der Einkommen gerecht bzw. gleich? Es soll keine Gerechtigkeitsdiskussion initiiert werden, der Blick soll auf Gleichheit bzw. Ungleichheit gelenkt werden.

Ein erster Blick auf die Tabelle zeigt uns, dass in der ersten Spalte große Prozentzahlen eher am Anfang stehen, in der zweiten Spalte dagegen eher am Ende. Der Korrelationskoeffizient ist übrigens $r_{xy} = -0.6$. Wie würden Sie das interpretieren? Sie wollen Ihren Blick schärfen. Dazu schauen Sie sich einmal die kumulierten Anteile in Tabelle 2.26 an.

Diese Tabelle mit den kumulierten relativen Anteilen ist die Basis für die sogenannte **Lorenzkurve** und den **Gini-Koeffizienten**. Beide, die Graphik und die Maßzahl, helfen uns, Ungleichheit transparent zu machen. Die Lorenzkurve ist nichts anderes als die graphische Darstellung der Tabelle, es ist ein Scatterplot der beiden Anteilswerte.

Klasse	Anteil.Haushalte	Anteil.Einkommen
1	27.0	1.6
2	35.2	4.1
3	43.8	8.6
4	52.7	15.0
5	60.8	22.6
6	69.1	31.9
7	76.3	41.6
8	82.1	50.6
9	86.6	58.4
10	90.0	65.0
11	94.6	76.4
12	97.6	86.9
13	99.2	94.2
14	100.0	100.0

Tabelle 2.26: Kumulierte Betrachtung der Einkommensverteilung

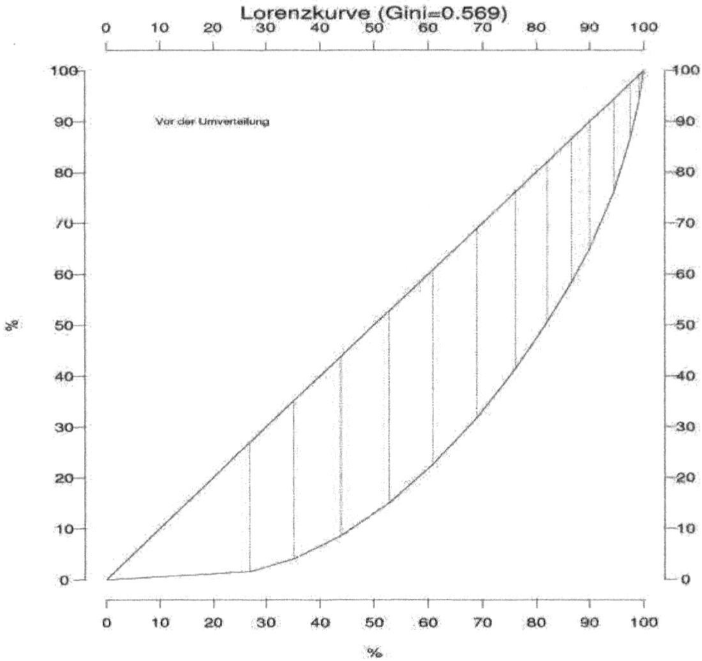

Abbildung 2.39: Lorenzkurve zur Einkommensverteilung

Wie können Sie Graphik und die beiden Zahlenangaben interpretieren? Auf der horizontalen Achse (X-Achse) ist der Anteil der Haushalte in der jeweiligen Klasse an der Gesamtzahl der Haushalte abgetragen, auf der vertikalen Achse (Y-Achse) der Anteil der Haushalte am Gesamteinkommen. Es sind dann die kumulierten Werte aus der Tabelle 2.26 dargestellt, die miteinander verbunden werden.
Würde jede Klasse über den Anteil am Einkommen verfügen, der ihrer Größe entspricht, dann würde die Kurve genau auf der Diagonalen (Winkelhalbierenden) liegen, und es würde natürlich keine Fläche aufklaffen, es würde perfekte Gleichverteilung herrschen.

Die Fläche zwischen der Diagonalen und der Kurve gibt das Ausmaß der Ungleichverteilung an, zusätzlich betont durch die senkrechten Striche.
Je größer die Fläche, desto größer die Ungleichverteilung.

Die Fläche entsteht dadurch, dass am Anfang viel schneller nach rechts gewandert wird als nach oben. Die 1. Klasse macht 27 % aller Haushalte aus, sie hat aber am Gesamteinkommen nur einen Anteil von 1.6 %. Diese Struktur ist am Anfang zu beobachten. Am Ende ist es genau umgekehrt.
Die zum Vergleich eingezeichnete **Winkelhalbierende**, also diejenige Gerade, die durch den Ursprung verläuft und Steigung 1 hat, stellt die perfekte Gleichverteilung des Einkommens dar. Man sieht, der 1. Punkt liegt weit unterhalb der Winkelhalbierenden. Läge der Punkt darauf, dann hätte die 1. Klasse gerade einen so großen Anteil am Einkommen, wie sie Anteil an allen Haushalten aufweist.
Die **Maßzahl für die Ungleichheit ist der Gini-Koeffizient**. Dieser nimmt den Wert 0.57 an. Der Gini-Koeffizient ist das Verhältnis von tatsächlicher aufklappender Fläche (hier = 0.264) zur maximal möglichen Fläche. Bei 14 Klassen, wie im Beispiel, kann die Fläche nicht größer werden als 0.464. Und 0.264/0.464 = 0.57 → 57 % von der maximalen Ungleichverteilung ist ein relativ hoher Wert.
Noch einmal deutlicher: Die Fläche, die zwischen der Lorenzkurve und der Geraden aufklafft, ist die **Konzentrationsfläche**.

Theoretisch, also bei ganz vielen Klassen, kann diese maximale Fläche nicht größer als 1/2 werden. Dies ergibt sich aus der Formel zur Berechnung einer Dreiecksfläche:

$$\frac{\text{Grundseite} \cdot \text{Höhe}}{2} = \frac{1 \cdot 1}{2} = 1/2$$

Praktisch kann sie aber nicht größer werden als:

$$\text{Fläche}_{max} = 1/2 \cdot (1 - 1/n) = 1/2 \cdot (1 - 1/14) = 0.464$$

Sie sehen, was passiert, wenn Sie mal eine sehr große Zahl für n einsetzen.

Die Größe der Fläche beträgt in diesem Fall gerade 0.26 – die konkrete Berechnung soll an dieser Stelle ausgespart werden. Die Interpretation ist wichtiger. Diese Fläche von 0.26 wird auf die 0.464 bezogen werden, das Ergebnis ist der **Gini-Koeffizient**.
Die nächste Graphik zeigt die bereits bekannte Verteilung des verfügbaren Einkommens sowie (rechts oben) die Verteilung nach dem **staatlichen Umverteilungsprozess**. Einige Haushalte bekommen etwas, andere geben etwas ab. Die dritte Graphik ist ein fiktiver Datensatz und zeigt die Lorenzkurve im Falle maximaler Ungleichverteilung bei zehn Klassen:
Wie Sie sehen, hat die Umverteilung zu einer höheren Verteilungsgerechtigkeit geführt bzw. zu einer etwas geringeren **Konzentration** des verfügbaren Einkommens. Der Staat hat ein großes Interesse daran, dass die Ungleichheit bei der Verteilung des Einkommens nicht zu groß wird. Daher sind solche und ähnliche Berechnungen der Statistiker in Wiesbaden von großer Bedeutung.

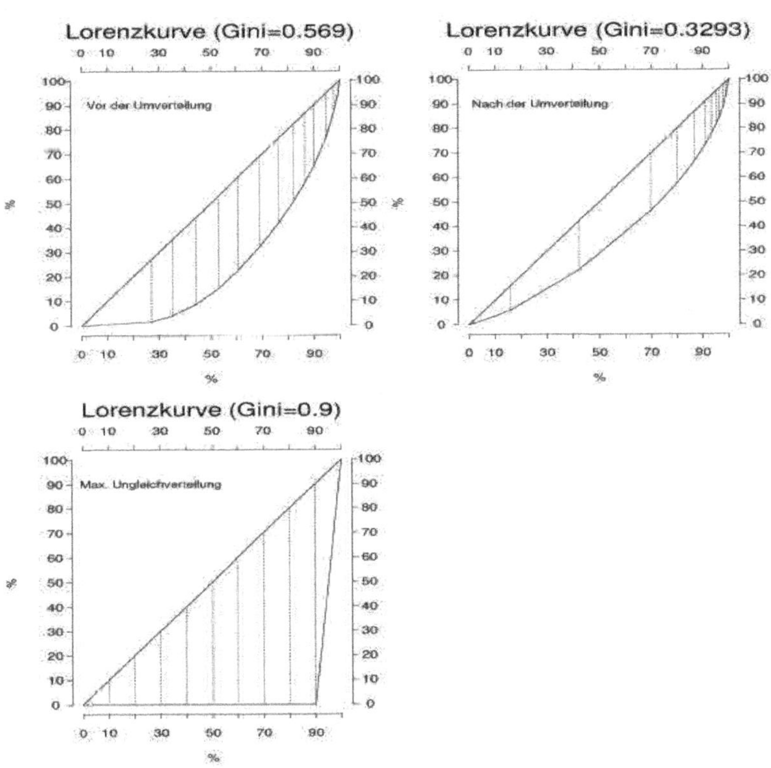

Abbildung 2.40: Lorenzkurve nach staatlicher Umverteilung

Kurz gefasst!

- Mit Hilfe der Konzentrationsmessung können Sie die Verteilung eines Merkmals innerhalb einer bestimmten Gruppe analysieren.
- Dazu gaben Sie die Lorenzkurve und den Gini-Koeffizienten kennengelernt.

2.3.5 Aufgaben

1. Was ist der Unterschied zwischen dem verbundenen und dem unverbundenen Zweistichprobenproblem?

   (a) Welche Fragestellungen interessieren?

   (b) Geben Sie für jeweils ein Anwendungsbeispiel an!

2. Geben Sie bei jedem der folgenden Fälle an, ob es sich um ein verbundenes oder um ein unverbundenes Zweistichprobenproblem handelt.

   (a) Um zu überprüfen, ob sich die Reaktionszeit vor dem Essen von der Reaktionszeit nach dem Essen unterscheidet, werden zehn Personen zufällig ausgewählt und ihre Reaktionszeit vor und nach dem Essen miteinander verglichen.

   (b) Es soll untersucht werden, ob sich Krankenhäuser hinsichtlich der Verweildauer nach einer bestimmten Operation unterscheiden. Hierzu werden in jedem Krankenhaus die Verweilzeiten von jeweils fünf Patienten bestimmt.

   (c) Es soll untersucht werden, ob IBM-Studenten in der Statistik-Klausur besser abschneiden als TEM-Studenten. Dazu werden jeweils zehn Klausuren zufällig ausgewählt und die Punktzahl notiert.

3. Von den Passagieren auf der Titanic waren 337 in der 1. Klasse, 285 in der 2. Klasse und 721 in der 3. Klasse.

   Es waren 885 Besatzungsmitglieder an Bord. Von den Passagieren der ersten Klasse wurden nach dem Unglück 135 vermisst, von denen der zweiten Klasse 160, von denen der dritten Klasse 541 und von der Besatzung 674.

   (a) Erstellen Sie eine Kontingenztabelle.

   (b) Bestimmen Sie die korrespondierenden bedingten relativen Häufigkeiten, interpretieren Sie diese und stellen Sie sie graphisch dar.

   (c) Bestimmen Sie den korrigierten Kontingenzkoeffizienten K^*.

4. Auf dem Fragebogen wurden Studierende nach ihrer Parteienvorliebe sowie nach ihrer Anreise zur Hochschule gefragt.

   In der folgenden Tabelle sind die Antworten zusammengefasst.

	Auto	öffentl.
CDU	14	20
FDP	4	7
GRÜNE	1	6
keine	2	7
LINKE	0	2
SONST	1	1
SPD	2	18

(a) Bestimmen Sie die korrespondierenden bedingten relativen Häufigkeiten, interpretieren Sie diese und stellen Sie sie graphisch dar.

(b) Bestimmen Sie den korrigierten Kontingenzkoeffizienten K^*.

(c) Rechnen Sie einmal mit Ihren Antworten vom Fragebogen!

5. Es soll untersucht werden, ob der Zustand eines Patienten nach einer Operation vom Krankenhaus abhängt, in dem er operiert wird. Außerdem soll noch der gesundheitliche Zustand des Patienten bei der Einlieferung ins Krankenhaus berücksichtigt werden.

Es wurden die Krankenhäuser A und B betrachtet. Es ergaben sich folgende Daten:

Für Patienten mit gutem Zustand bei der Einlieferung:

	Krankenhaus A	Krankenhaus B
gestorben	6	8
überlebt	594	592

Für Patienten mit schlechtem Zustand bei der Einlieferung:

	Krankenhaus A	Krankenhaus B
gestorben	57	8
überlebt	1443	192

(a) Bestimmen Sie die relativen Überlebenshäufigkeiten der Patienten in den beiden Krankenhäusern für die beiden Zustände der Patienten bei der Einlieferung.

(b) Bestimmen Sie die aggregierte Kontingenztabelle mit den Variablen Zustand nach der Operation und Krankenhaus.

(c) Bestimmen Sie die relativen Überlebenshäufigkeiten in den beiden Krankenhäusern.

(d) Fällt Ihnen etwas auf?

(e) Dieses Phänomen bezeichnet man auch als **Simpson's Paradox**. Versuchen Sie, darüber etwas herauszufinden.

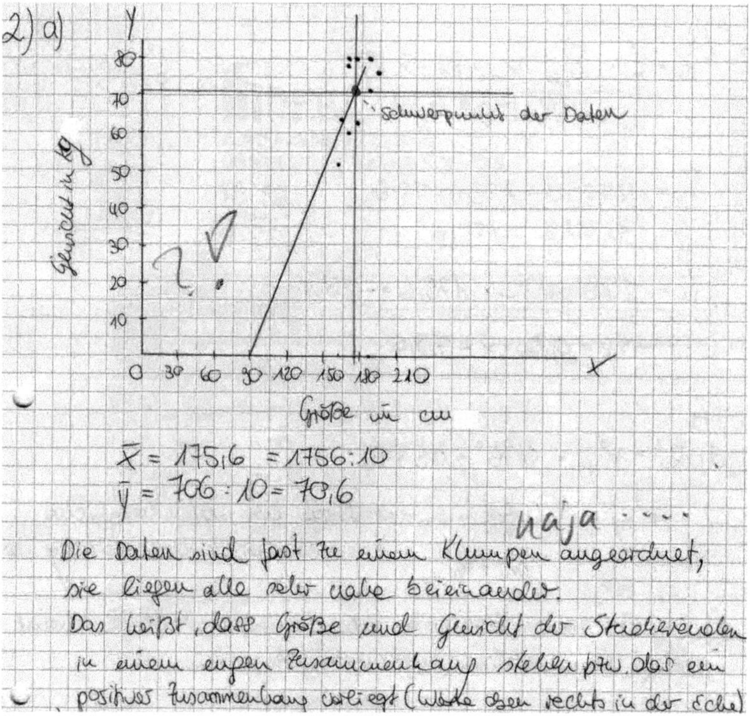

Abbildung 2.41: Regression und Klausur

6. Die folgende Abbildung 2.41 ist ein Auszug aus einer Klausur. Bewerten Sie einmal, wie die Kommilitonin vorgegangen ist.

7. Am 20. Januar 1986, kaum zwei Minuten nach ihrem Start, explodierte das Spaceshuttle Challenger. Ein oder mehrere Dichtungsringe versagten, so dass heiße Gase ausströmen konnten. Eine (positive) Reaktion der Dichtungsringe auf warme Außentemperaturen war wohl bekannt, d.h. warme Temperaturen sind unproblematisch.

   Die Wettervorhersage für diesen 24. Start im NASA Spaceshuttle-program lag bei 31 F (knapp unter dem Gefrierpunkt). So kalt war es noch nie vor einem Start.

   Um einen möglichen Einfluss der Kälte zu bestimmen, wurden von den vorher stattgefundenen Flügen diejenigen betrachtet, bei denen ein oder mehrere Dichtungsringe nicht korrekt funktioniert haben.

   Dazu wurden bei diesen insgesamt sieben Flügen die Bodentemperatur beim Start mit der Anzahl der undichten Ringe verglichen. Bei den anderen 16 Flügen ging alles glatt, diese Informationen wurden also nicht berücksichtigt.

Hier die Datenlage zu den sieben Flügen (Temperaturen in Fahrenheit, Anzahl defekte Dichtungsringe bei der Temperatur):[1]

53	57	58	63	70	70	75
2	1	1	1	1	1	2

(a) Stellen Sie die Daten in einem Scatterplot dar. Was sehen Sie?

(b) Bestimmen Sie den Korrelationskoeffizienten.

(c) Bestimmen die Regressionsgerade.

(d) Zeichnen Sie diese in das Streudiagramm ein.

(e) Interpretieren Sie Ihr Ergebnis.

(f) Berechnen Sie den Wert $\hat{Y}$, den das Modell für $X = 32$ vorhersagt, also die Anzahl der defekten Dichtungsringe.

In der folgenden Tabelle sind die vollständigen Daten aller bisherigen 23 Flüge zusammengetragen:

	Temperatur	Dichtungsringe
1	53	2
2	57	1
3	58	1
4	63	1
5	66	0
6	67	0
7	67	0
8	67	0
9	68	0
10	69	0
11	70	0
12	70	0

	Temperatur	Dichtungsringe
13	70	1
14	70	1
15	72	0
16	73	0
17	75	0
18	75	2
19	76	0
20	76	0
21	78	0
22	79	0
23	81	0

Es gilt $\overline{temperatur^2} = 4886.957$.

(g) Wiederholen Sie die Schritte 7a-7f mit den gesamten Daten.

(h) Zu welcher Einschätzung kommen Sie nun?

(i) Bewerten Sie den Umstand, dass ein Teil der Daten nicht berücksichtigt wurde.

[1]Vgl. zum Beispiel [Tiemann2003], S. 208f

8. In der folgenden Tabelle ist das Alter (in Jahren) und der Verkaufspreis in € eines Golf IV Variant angegeben:

   (Quelle: ADAC Liste)

alter	preis
0	18850
1	14400
2	11400
3	10100
4	8900
5	7825
6	6925
7	6175

   Die Summe der Produkte, also $\sum Alter \cdot Preis$, beträgt 227 000, die durchschnittliche Summe der Quadrate der Preise, also $\overline{preis^2}$ beträgt 127 647 422, die entsprechende von *alter* ist gerade 17.5.

   (a) Erstellen Sie das Streudiagramm der Daten.

   (b) Bestimmen und interpretieren Sie den Wert des Korrelationskoeffizienten von Bravais-Pearson.

   (c) Bestimmen Sie den Korrelationskoeffizienten von Spearman.

   (d) Überprüfen Sie Ihr Ergebnis, indem Sie einmal die Ränge im Streudiagramm darstellen.

   (e) Was halten Sie von einer linearen Regression, um den Preisverfall zu modellieren?

   (f) Zeichnen Sie die Regressionsgerade ein und erstellen Sie den Residuenplot. Interpretieren Sie Ihr Ergebnis.

9. In der folgenden Tabelle sind aus den in der Klasse gesammelten Daten von zehn zufällig ausgewählten Studierenden die Größe in cm (X) und das Gewicht in kg (Y) notiert:

X	Y
163	53
185	80
178	80
169	60
185	72
164	64

```
176  78
176  80
190  76
170  63
```

Folgende Hilfsgrößen seien angegeben:

$$\sum_{i=1}^{10} x_i \cdot y_i = 124593 \quad \overline{x^2} = 30911,2 \quad \overline{y^2} = 5071,8$$

$$\sum_{i=1}^{10} x_i = 1756 \quad \sum_{i=1}^{10} y_i = 706$$

(a) Erstellen Sie das Streudiagramm, und zeichnen Sie den Schwerpunkt der Daten ein. Beschreiben Sie die Daten.

(b) Berechnen Sie den Korrelationskoeffizienten r_{xy} von Bravais-Pearson und interpretieren Sie diesen.

(c) Berechnen Sie die Regressionsgerade, und zeichnen Sie diese in das im Aufgabenteil (a) erstellte Streudiagramm ein. Interpretieren Sie $\hat{a}$ und $\hat{b}$.

(d) Berechnen Sie das Bestimmtheitsmaß und interpretieren Sie dieses.

(e) In der folgenden Abbildung 2.42 ist der Residuenplot dargestellt – die zehn Residuen sind zusätzlich durch kleine Kreise markiert. Interpretieren Sie ihn angemessen.

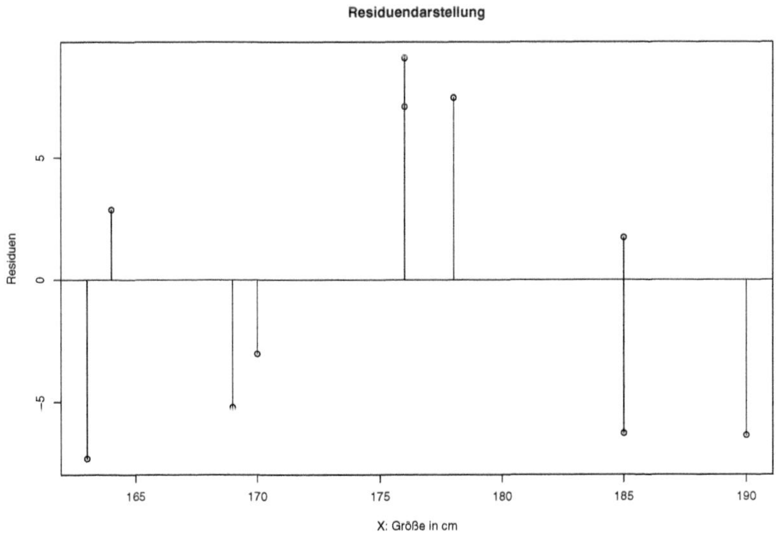

Abbildung 2.42: Residuenplot

10. In der folgenden Tabelle sind die durchschnittlichen Verbraucherpreise (in DM) für 1 kg Kalbsschnitzel und 1 kg Brathähnchen (Tiefkühlkost) für die Jahre 2004, 2005, 2006, 2007 und 2008 angegeben.

    (Quelle: Statistisches Jahrbuch)

Jahr	Kalbfleisch	Brathähnchen
2004	14.9	2.62
2005	14.8	2.54
2006	15.5	2.50
2007	16.2	2.56
2008	16.4	2.60

    (a) Erstellen Sie das Streudiagramm der Daten.
    (b) Bestimmen Sie den Korrelationskoeffizienten von Bravais-Pearson.
    (c) Bestimmen Sie den Korrelationskoeffizienten von Spearman.
    (d) Wie ändert sich der Wert des Korrelationskoeffizienten von Bravais- Pearson, wenn die Preise in € und nicht in DM angegeben werden?

11. Zeigen Sie, dass die Regressionsgerade immer durch den Schwerpunkt verläuft.

    Es muss also Folgendes gelten:

$$\hat{y} = \hat{a} + \hat{b} \cdot \bar{x} = \bar{y}$$

12. Leiten Sie die MKQ-Schätzer $\hat{a}$ und $\hat{b}$ für das lineare Modell her.

13. Bei der Betrachtung der Merkmale *Anzahl Storchenpaare* sowie *Geburtenrate* ergibt sich, wenn man verschiedene europäische Länder als Merkmalsträger betrachtet, eine deutliche positive Korrelation. Das ist merkwürdig.

    (a) In der folgenden Graphik sind drei Scatterplots, Regressionsgeraden sowie die jeweiligen Korrelationskoeffizienten dargestellt.
    Beschreiben Sie die Graphiken.
    (b) Was verstehen Sie unter **Scheinkorrelation**?
    (c) Interpretieren Sie vor diesem Hintergrund die Korrelationen neu.

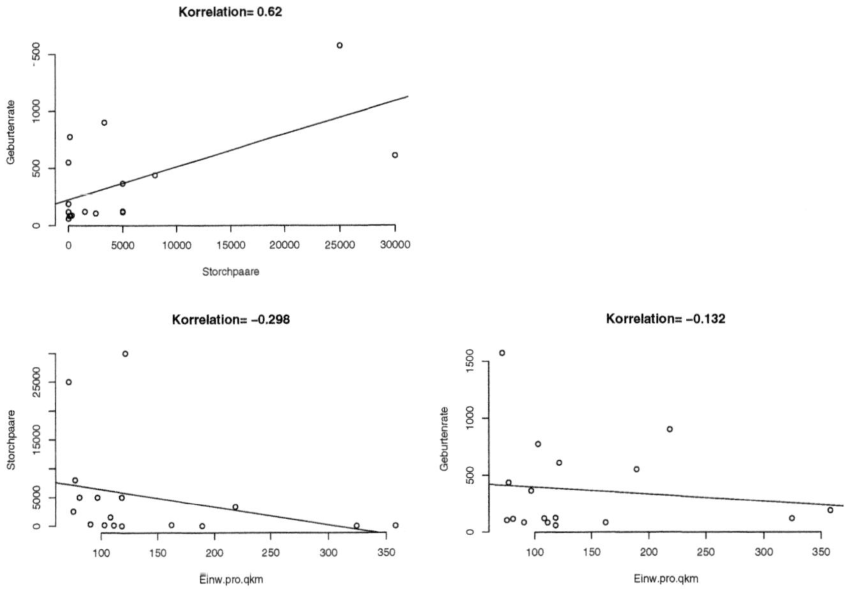

Abbildung 2.43: Aufgabe zur Scheinkorrelation

14. Im Folgenden finden Sie eine Tabelle, die die Verteilung der Steuerpflichtigen auf Einkommensklassen zeigt, sowie die Einkünfte, die in diesen Klassen erzielt werden. Zum Beispiel fallen 4.8 % der Steuerpflichtigen in die unterste Einkommensklasse, diese haben nur 0.2 % aller Einkünfte.

Ist die Steuerprogression gerecht?

In Deutschland ist, wie in vielen anderen Ländern, der Einkommensteuertarif stark progressiv. Die Finanzwissenschaftler rechtfertigen dies mit dem Leistungsfähigkeitsprinzip, wonach der Leistungsfähigere mehr zur Finanzierung der Gemeinschaftsaufgaben beitragen soll. In jüngerer Zeit wird unter dem Schlagwort „Flatrate" die Absenkung der Steuerlast und die Abmilderung der Steuerprogression diskutiert.

Jahreseinkünfte von ... bis unter ... DM	Steuerpflichtige %	Gesamtbetrag der Einkünfte %
unter 5 000	4.8	0.2
5 000 – 10 000	5.2	0.7
10 000 – 15 000	5.5	1.2
15 000 – 20 000	4.7	1.5
20 000 – 25 000	5.0	2.0
25 000 – 50 000	32.0	21.6
50 000 – 75 000	22.1	24.0
75 000 – 100 000	10.8	16.4
100 000 – 250 000	8.9	21.2
250 000 – 500 000	0.7	4.4
500 000 – 1 Mio	0.2	2.4
1 Mio und mehr	0.1	4.3
	100	100

Abbildung 2.44: Aufgabe Konzentrationsmessung

(a) Zeichnen Sie die Lorenzkurve.

(b) Interpretieren Sie die Kurve. Ist das Einkommen „gerecht“ verteilt?

(c) Wie viel % der Einkünfte erzielt das obere Drittel der Steuerpflichtigen?

(d) Der Gini-Koeffizient liegt übrigens bei 0.41. Interpretieren Sie diesen Wert.

(e) Vergleichen Sie Ihre Kurve und den Koeffizienten mit der folgenden Graphik.

Hier ist nun das Steueraufkommen in den Klassen dargestellt:

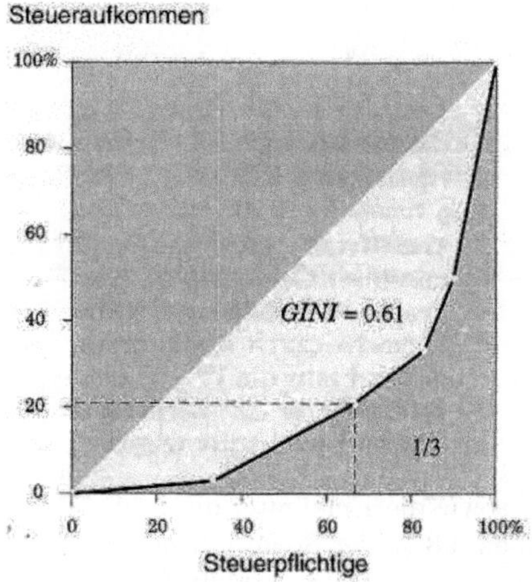

Abbildung 2.45: Aufgabe Konzentrationsmessung

(f) Wie groß ist der Anteil des oberen Drittels der Steuerpflichtigen am Steueraufkommen?

15. Als die USArmee noch eine Pflichtarmee war, wurde jedes Jahr ein Teil eines Jahrganges zum Militärdienst eingezogen (= draft).

Nur ein Teil, da alle in Frage kommenden eine zu große Anzahl darstellte. Bis einschließlich 1969 war es Aufgabe gewisser lokaler Kommitees, diese Ausgewählten zu bestimmen. Dies Verfahren war sehr anrüchig und es haftete ihm der Vorwurf der Vetternwirtschaft an.

Mit anderen Worten: Die Ziehung war nicht gerecht. Was heißt gerecht? In diesem Zusammenhang wohl, dass jeder in Frage kommende junge Mann die gleiche Wahrscheinlichkeit hat, gezogen zu werden bzw. vom Dienst verschont zu bleiben.

Für die Ziehung im Jahre 1970 entschied man sich für ein landesweites Losverfahren, welches folgendermaßen durchgeführt wurde.

> In einem Behälter wurden 366 beschriftete Kugeln platziert, die jeden möglichen Geburtstag des Jahres 1952 repräsentierten.[2]
>
> Es wurde ohne Zurücklegen gezogen.
>
> Die erste Kugel, die dem Behälter entnommen wurde, kennzeichnete den Tag des Jahres 1952, der bei der Einberufung zuerst berücksichtigt wurde. Wurde also, wie gleich zu sehen, der 14. September zuerst gezogen, wurden alle an diesem Tag geborenen Männer zuerst eingezogen. Es wurde so fortgefahren, bis alle Kugeln entnommen waren.

Wie bereits erwähnt, war die Gesamtzahl der potenziellen neuen Soldaten zu hoch. Das heißt, Geburtstage, die erst sehr spät gezogen wurden, bedeutet für die an einem solchen Geborenen, dass sie vielleicht nicht für einen draft berücksichtigt wurden – je später gezogen, desto größer die Wahrscheinlichkeit.

Nach dem Losverfahren wurde nämlich — in der gezogenen Reihenfolge — nur solange einberufen, bis die benötigte Anzahl erreicht wurde. Wenn zum Beispiel die ersten 200 Geburtstage ausreichen, müssen die restlichen 166 nicht zum Militärdienst.

Das Ergebnis der Ziehung ist in der folgenden Kontingenztabelle zusammengefasst. In den Zellen steht, wann welcher Tag gezogen wurde; als erster also der 14. September, als letzter der 8. Juni:

[2] Es sind 366 Tage, weil 1952 ein Schaltjahr war. 1952 ist das entscheidende Jahr, weil die Männer, die 1970 zum Militärdienst müssen, eben 1952 geboren wurden.

draft70	Jan	Feb	Mar	Apr	May	Jun	Jul	Aug	Sep	Oct	Nov	Dec
1	306	86	108	32	330	249	93	111	205	359	19	129
2	159	144	29	271	298	228	350	45	161	125	34	328
3	251	297	267	83	40	301	115	261	49	244	348	157
4	215	210	275	81	276	20	279	145	232	202	260	165
5	101	214	293	269	364	28	188	54	82	240	310	56
6	224	347	139	253	155	110	327	114	6	87	76	10
7	305	91	122	147	35	85	50	168	8	234	51	12
8	199	181	213	312	321	**366**	13	48	184	283	97	105
9	194	338	317	219	197	335	277	107	263	342	80	43
10	325	216	323	218	65	206	284	21	71	220	282	41
11	329	150	136	14	37	134	248	324	158	237	46	39
12	221	68	300	346	133	272	15	142	242	72	66	314
13	318	152	259	124	295	69	42	307	175	138	126	163
14	238	3	354	231	178	356	331	198	**1**	294	127	26
15	17	89	169	273	130	180	322	102	113	171	131	320
16	121	212	166	148	55	274	120	44	207	254	106	96
17	235	189	33	266	112	73	98	154	255	288	143	304
18	140	292	332	90	278	341	190	141	246	5	146	128
19	58	25	200	336	75	104	227	311	177	241	203	24
20	280	302	239	345	183	360	187	344	63	192	185	135
21	186	363	334	62	250	60	27	291	204	243	156	70
22	337	290	265	316	326	247	153	339	160	117	9	53
23	118	57	256	252	319	109	172	116	119	201	182	162
24	59	236	258	2	31	358	23	36	195	196	230	95
25	52	179	343	351	361	137	67	286	149	176	132	84
26	92	365	170	340	357	22	303	245	18	7	309	173
27	355	225	268	74	296	64	289	352	233	264	47	78
28	77	299	223	262	308	222	88	167	257	94	281	123
29	349	285	362	191	226	353	270	61	151	229	99	16
30	164	NA	217	208	103	209	287	333	315	38	174	4
31	211	NA	30	NA	313	NA	193	11	NA	79	NA	100

(a) Ist dieses Losverfahren fair? Können Sie an der Tabelle bereits etwas erkennen?

(b) Im Folgenden sind Ihnen einige Hilfsgraphiken sowie Maßzahlen zur Verfügung gestellt worden. Benutzen Sie diese, um das Ergebnis des Ziehungsverfahrens zu beschreiben.

(c) Ist die Ziehung „fair"? Was ist hier ggf. bei der Ziehung schiefgegangen?

- Mittlere Ziehungszahlen pro Monat (also die Spaltendurchschnitte)

Jan	Feb	März	Apr	Mai	Juni	Juli	Aug	Sept	Okt	Nov	Dez
201	204	226	204	208	196	182	173	157	189	148	115

- Vergleichende Boxplots – pro Monat:

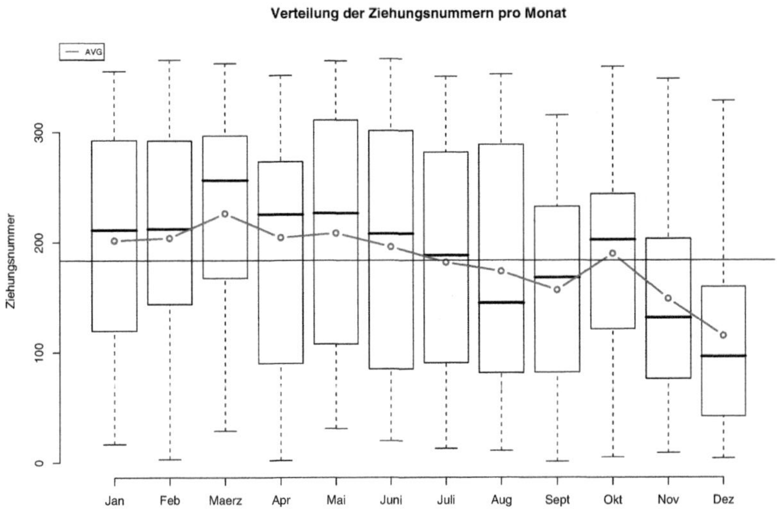

Abbildung 2.46: Vergleichende Boxplots

- Es wurde pro Monat gezählt, wie viele der gezogenen Zahlen von 1 bis 366 in das erste Drittel, in das zweite und in das letzte Drittel gefallen sind.

	Jan	Feb	März	Apr	Mai	Juni	Juli	Aug	Sept	Okt	Nov	Dez
(1,123]	9	7	5	8	9	11	12	13	10	8	12	18
(123,244]	12	12	10	8	7	7	7	7	15	16	12	9
(244,366]	10	10	16	14	15	12	12	11	5	7	6	4

Randhäufigkeiten

(1,123]	(123,244]	(244,366]
122	122	122

Jan	Feb	März	Apr	Mai	Juni	Juli	Aug	Sept	Okt	Nov	Dez
31	29	31	30	31	30	31	31	30	31	30	31

2.4 Beschreibung von Zeitreihen

In diesem Kapitel lernen Sie

- dass Zeitreihen ein sehr wichtiges Konzept in der Statistik sind, da viele Merkmale über den Zeitablauf betrachtet werden.
- dass Ihnen zwei bereits bekannte Konzepte helfen, um erste Aussagen über Zeitreihen treffen zu können.

Ein wichtiges Thema im Rahmen der Statistik ist die **Zeitreihenanalyse**. In diesem Rahmen kann es allerdings nur sehr knapp und oberflächlich behandelt werden. Aber Sie haben zwei Konzepte kennengelernt, die hier weiterhelfen, **Korrelation und Regression**. Diese Konzepte sollen in den Kontext Zeitreihen eingeführt werden.
Unter einer Zeitreihe versteht man eine Menge von Daten x_t für ein statistisches Merkmal, die in zeitlicher Reihenfolge $t = 1, 2, \ldots n$ angeordnet sind. Dies können beliebige Zeiteinheiten sein. Es existiert also wenigstens ordinales, meist aber kardinales Messniveau.
Im Rahmen der Zeitreihenanalyse versuchen Sie, Gesetzmäßigkeiten in der Zeitreihe aufzuspüren, die zur Erklärung oder Prognose durch Anpassung eines Modells an die Daten dienen können. Sei x_t die Zeitreihe, dann kann diese in die folgenden Komponenten zerlegt werden:

$$x_t = m_t + k_t + s_t + u_t$$

Dabei ist:

- m_t: **Trend**; die langfristige systematische Veränderung des mittleren Niveaus der Zeitreihe.
- k_t: **Konjunkturkomponente**; mehrjährige, nicht notwendig regelmäßige Schwankung.
- s_t **Saisonkomponente**; jahreszeitlich bedingte Schwankungskomponente, die sich relativ unverändert jedes Jahr wiederholt.
- u_t **Störgröße**; die restliche Variation in der Zeitreihe.

Schauen Sie sich einmal die Graphik in Abbildung 2.47 an. Die Kurve zeigt die monatliche Suchintensität nach einem bestimmten Produkt – *Wildbret* – über einen Zeitraum von etwas über drei Jahren. Auf der vertikalen Achse sind die sogenannten **Visits** abgetragen, im weitesten Sinne die Besuche durch die nach Wildbret Suchenden.
Die Suche wurde in einer **B2B-Suchmaschine** (= Business-to-Business) durchgeführt. Das bedeutet, Einkäufer für Firmen sind am Suchen. Die eingezeichnete Gerade ist der sogenannte **lineare Trend**, das ist nichts anderes als die lineare

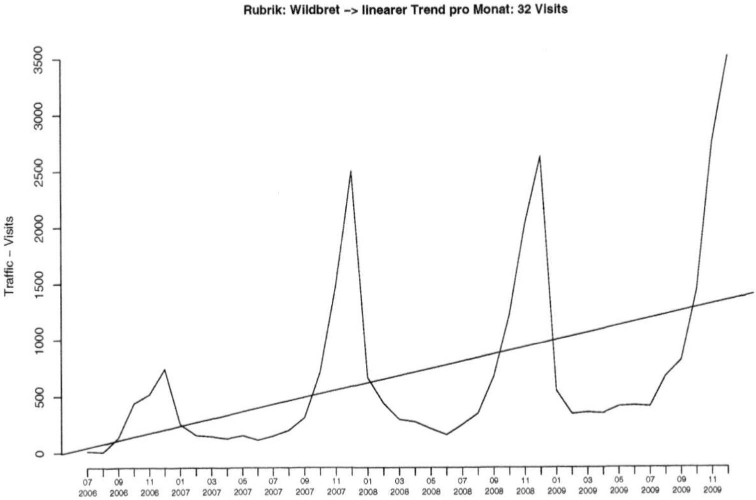

Abbildung 2.47: Trafficverlauf der Suche nach *Wildbret* in einer B2B-Suchmaschine

Regression. Was meinen Sie, wie die Aussage **linearer Trend pro Monat: +32 Visits** zustande gekommen ist?
Stellen Sie sich vor, Sie haben 60 000 von solchen Produkten und Dienstleistungen und möchten auf Knopfdruck die mit positivem, negativem und stagnierendem Trend haben. Sie wissen jetzt, wie das geht. Von allen 60 000 müssen sie die Regression berechnen und das $\hat{b}$ anschauen – offensichtlich nicht ohne Rechnerunterstützung.
Offensichtlich wird nicht gleichmäßig über das Jahr nach diesem Produkt gesucht. Stellen Sie sich vor, Sie möchten auf Knopfdruck diejenigen Produkte und Dienstleistungen haben, nach denen nur saisonbedingt gesucht wird. Auch das können wir. Abbildung 2.48 zeigt wie.
Im oberen Teil ist die sogenannte **trendbereinigte Zeitreihe** dargestellt. Das kennen wir, das ist der **Residuenplot**. Hier nicht als Stäbe sondern als verbundener Linienzug dargestellt. Sie erkennen eine Struktur, die Saisonfigur.
Den Trend sollten Sie zunächst entfernen, er überlagert sonst alles. Die Zeitreihe bezeichnet man dann auch als **stationär**. In der unteren Graphik ist die sogenannte **Autokorrelationsfunktion** (ACF) dargestellt. Die Idee dazu ist eine sehr einfache.
Die Zeitreihe wird um ein sogenanntes **lag gegeneinander verschoben**. Davon wird dann (im Prinzip) der **Korrelationskoeffizient** von Bravais-Pearson berechnet.

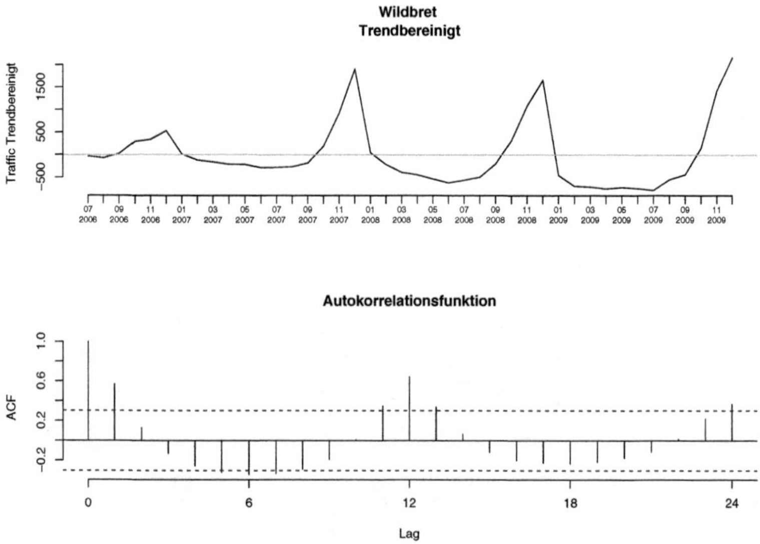

Abbildung 2.48: Trafficverlauf *Wildbret – Saisonkomponente*

Wenn lag=0 gewählt wird, dann vergleichen Sie die Originalzeitreihe mit der um 0 Einheiten verschobenen. Das ist wieder die Originalzeitreihe. Der Korrelationskoeffizient ist natürlich 1, die zu vergleichenden Wert sind identisch: x_1 mit x_{1+0} usw. In der Graphik ist das der ganz rechte Stab mit der Höhe 1.
Zum lag 1 wird vergleichen: x_1 mit x_{1+1}, x_2 mit x_{2+1} usw. Die lags sind auf der horizontalen Achse abgetragen. Auffällig sind die Stellen 6,12,18,24.
Sie haben starke negative Korrelationen, wenn die Zeitreihe um 1/2 Jahr bzw. um 1 1/2 Jahre gegeneinander verschoben ist. Sie sehen starke positive Korrelationen, bei Verschiebungen um ein oder zwei Jahre.
Das macht ja gerade die Saison aus. Im Winter ist reges Interesse (große Visitzahlen), im nächsten Sommer, 1/2 Jahr später, ist geringes Interesse (kleine Visitzahlen). Ein ganzes Jahr später, im nächsten Winter, ist wieder großes Interesse vorhanden.
Das bedeutet, bei Zeitreihen mit Saisonfigur sollten Sie Auffälligkeiten bei 12 bzw. 24- und bei 6 bzw. 18-Monatsvergleichen haben – diese kann ein Rechner automatisch ausgeben. Sie benötigen eine relativ lange Zeitreihe, um darüber hinaus noch weitere Vergleiche zu haben. Die zwei Jahre reichen aber in der Regel aus.

Kurz gefasst!

- Sie haben einen ersten Einblick in die Zeitreihenanalyse erhalten.
- Die Konzepte Saison und Trend können Sie nun analysieren.

2.5 Wirtschaftskennzahlen

In diesem Kapitel lernen Sie

- Maßzahlen kennen, die in der Wirtschaft von großer Bedeutung sind.
- dass diese Kennzahlen das wirtschaftliche Geschehen zusammenfassen können.

In diesem Kapitel sollen, vor allem auch der Vollständigkeit halber, einige Wirtschaftskennzahlen vorgestellt werden. Dies wird in relativ aufzählender Form und mit knappem Text geschehen.

Verhältniszahlen

- **Gliederungszahlen: G**
  G ist eine Verhältniszahl, deren Zähler eine Teilmenge der im Nenner stehenden Menge ist. Es wird also eine relative Häufigkeit berechnet. Beispiele sind:

$$G_{\text{Exportquote}} = \frac{\text{Export}}{\text{Produktion}}$$

$$G_{\text{Eigenkapitalquote}} = \frac{\text{Eigenkapital}}{\text{Gesamtkapital}}$$

$$G = \frac{\text{deutsche Arbeitslose}}{\text{Arbeitslose}}$$

- **Beziehungszahlen: B**
  B ist eine Verhältniszahl, deren Zähler und Nenner Umfänge oder Merkmalssummen zweier sinnvoll zueinander in Beziehung stehender ungleichartiger Gesamteinheiten sind: Daten aus zwei verschiedenen Grundgesamtheiten werden ins Verhältnis gesetzt. Die Dimension der Messzahl ist dann gerade das Verhältnis der Dimensionen. Beispiele sind:

$$B_{\text{Bevölkerungsdichte}} = \frac{\text{Einwohner}}{\text{Fläche in qkm}}$$

$$B_{\text{Flächenumsatz}} = \frac{\text{Umsatz}}{\text{Ladenfläche in qm}}$$

- **Messzahlen: M**
  M ist eine Verhältniszahl zweier gleichartiger statistischer Zahlen zum Beispiel zu verschiedenen Zeitpunkten erhoben. Damit ist die Messzahl dimensionslos. Sie dient zum Vergleich individueller Phänomene. Beispiele sind:

$$M_{\text{Preismessziffer Gut A}} = \frac{\text{Preis im Zeitpunkt } t_1}{\text{Preis im Zeitpunkt } t_0}$$

Spezielle Indizes

- **Preisindizes**

  Ein Preisindex versucht, die Entwicklung der Preise in einem bestimmten volkswirtschaftlichen Bereich darzustellen Es gibt nicht *den* Preisindex und auch nicht *die* Berechnung. Zum Beispiel könnte die Entwicklung der Verbraucherpreise, speziell der **Lebenshaltungskosten**, bedeutsam sein. Ein Preisindex für die Lebenshaltungskosten soll die Entwicklung zahlreicher Einzelpreise in einer Kenngröße zusammenfassen.

  Wie haben sich die Lebenshaltungskosten verändert?

  Die Grundlage der Berechnung ist der sogewnannte **Warenkorb**, d.h. die Gesamtheit der ausgewählten Güter, deren Preise beobachtet werden sollen. Der Warenkorb für die Preisindizes in der Bundesrepublik Deutschland umfasst zur Zeit ca. 750 Waren und Dienstleistungen. Er ist identisch für Deutschland, das frühere Bundesgebiet, für die neuen Bundesländer und Berlin-Ost und für alle speziell abgegrenzten Haushaltstypen.

  Diese Güterauswahl muss von Zeit zu Zeit daraufhin überprüft werden, ob sie noch den aktuellen Verbrauchsgewohnheiten entspricht: langfristige Veränderungen, neue Produkte, nicht mehr existierende Produkte (zum Beispiel verbleites Benzin raus, Energiesparlampe rein).

  Noch wichtiger als die Auswahl der *richtigen* Produkte und Dienstleistungen ist das Gewicht, mit denen diese bei der Berechnung eingehen, also wie sollen etwa Mietausgaben und Nahrungsmittelausgaben gewichtet werden. Dies wird als **Wägungsschema** bezeichnet.

  Höhe und Struktur der Ausgaben der privaten Haushalte werden vom Statistischen Bundesamt aus den Ergebnissen der Einkommens- und Verbrauchsstichprobe, die alle fünf Jahre durchgeführt wird, und der jährlichen Statistik der laufenden Wirtschaftsrechnungen abgeleitet.

  Im Folgenden ist das Wägungsschema für den Preisindex für die Lebenshaltung aller privaten Haushalte in Deutschland (Angaben in Promille) dargestellt:[3]

[3]Quelle: Statistisches Bundesamt

COICOP-VPI	Gewichte 1991	Gewichte 1995
01 Nahrungsmittel und alkoholfreie Getränke	144,81	131,26
02 Alkoholische Getränke und Tabakwaren	45,19	41,67
03 Bekleidung und Schuhe	76,89	68,76
04 Wohnung, Wasser, Elektrizität, Gas und andere Brennstoffe	240,46	274,77
05 Hausrat und laufende Instandhaltung des Hauses	72,87	70,56
06 Gesundheitspflege	30,56	34,39
07 Verkehr	156,77	138,82
08 Nachrichtenübermittlung	17,92	22,66
09 Freizeit und Kultur	99,59	103,57
10 Bildungswesen	5,42	6,51
11 Hotels, Cafés und Restaurants	58,44	46,08
12 Verschiedene Waren und Dienstleistungen	51,08	60,95
Insgesamt	1000,00	1000,00

Dazu soll ein Beispiel angeschaut werden, wie Sie einen Preisindex berechnen. Nehmen Sie an, die Gesamtausgaben aller Haushalte würden nur zum Kauf dreier Güter verwandt. Für diese Güter wurden 2007 und 2008 folgende gekaufte Mengen und gezahlte Preise ermittelt:

	Index i	Menge (2007) q_i^0	Preis (2007) p_i^0	Menge (2008) q_i^1	Preis (2008) p_i^1
Benzin	1	$q_1^0 = 1000$	$p_1^0 = 1.20$	$q_1^1 = 1100$	$p_1^1 = 1.30$
Brot	2	$q_2^0 = 200$	$p_2^0 = 5.00$	$q_2^1 = 180$	$p_2^1 = 5.50$
Hosen	3	$q_3^0 = 2$	$p_3^0 = 100.00$	$q_3^1 = 2$	$p_3^1 = 90.00$

Die folgende Gesamtausgaben für die Jahre 2007 (= Basisjahr) und 2008 können ermittelt werden:

$$A_{2007} = \sum_{i=1}^{3} = p_i^0 \times q_i^0 = 1.20 \times 1000 + 5.00 \times 200 + 100.00 \times 2 = 2400$$

$$A_{2008} = \sum_{i=1}^{3} = p_i^1 \times q_i^1 = 1.30 \times 1100 + 5.50 \times 180 + 90.00 \times 2 = 2600$$

Die höheren Ausgaben sind sowohl auf Preisveränderungen als auch auf Mengenveränderugnen zurückzuführen. Sie sind an der Preisentwicklung interessiert.

→ Also könnte man sich sich die Frage stellen:

Was hätte man 2008 insgesamt bezahlen müssen, wenn man im Jahre 2008 mengenmäßig dasselbe gekauft hätte wie 2007?

Es wird also die Mengenstruktur des Basisjahres mit den aktuellen Preisen im Zeitpunkt t (Berichtsperiode) bewertet. Diese Frage beantwortet der **Preisindex von Laspeyres**, der folgendermaßen definiert ist:

Definition 2.22: Preisindex nach Laspeyres

$$P_t^L = \frac{\sum p_i^t \times q_i^0}{\sum p_i^0 \times q_i^0} \times 100$$

Im Beispiel gilt:

$$P_1^L = \frac{1.30 \times 1000 + 5.50 \times 200 + 90.00 \times 2}{1.20 \times 1000 + 5.00 \times 200 + 100.00 \times 2} \times 100 = 107.5$$

Demnach sind die Preise von 2007 bis 2008 um 7.5 % gestiegen.

Man könnte auch eine andere Frage stellen, um Informationen über die Preisentwicklung zu bekommen:

Was hätte man für die im Jahre 2008 umgesetzten Mengen mit den Preisen von 2007 bezahlen müssen?

Es wird also die aktuelle Mengenstruktur mit Preisen aus der Basisperiode bewertet.

Diese Frage beantwortet der **Preisindex von Paasche**, der folgendermaßen definiert ist:

Definition 2.23: Preisindex nach Paasche

$$P_t^P = \frac{\sum p_i^t \times q_i^t}{\sum p_i^0 \times q_i^t} \times 100$$

Im Beispiel gilt:

$$P_1^P = \frac{1.30 \times 1100 + 5.50 \times 180 + 90.00 \times 2}{1.20 \times 1100 + 5.00 \times 180 + 100.00 \times 2} \times 100 = 107.4$$

Demnach sind die Preise von 2007 bis 2008 um 7.4 % gestiegen.

In der Praxis wird der Preisindex von Laspeyres oft vorgezogen, da das einmal ermittelte Mengenschema des Basisjahres nur mit aktualisierten Preisen fortgeschrieben werden muss.
Es ist allerdings zu berücksichtigen, dass der Warenkorb des Basisjahres veraltet. Dann muss der Warenkorb angepasst werden und ein neues Basisjahr wird benötigt .

Kaufkraft

Um zwischen verschiedenen Währungen hin und her zu rechnen, benötigt man den entsprechenden **Wechselkurs**.[4] Der aktuelle Wechselkurs zwischen Euro und US-Dollar betrage 1 USD = 0,77 Euro oder 1 Euro =1,30 USD. Ein Einkommen von 40.000 Euro entspricht also 51.948 USD. Ein Einkommen von 40.000 USD sind dann entsprechend 30.800 Euro. Wechselkurse sind in der Regel sehr volatil.

Das bedeutet, dass sich die Verhältnisse schnell ändern können und aus 1 Euro vielleicht nur 1 US-Dollar wird. Die folgende Graphik zeigt den Verlauf der Umrechnung von US-Dollar zu Euro von 1998 bis Ende 2002.

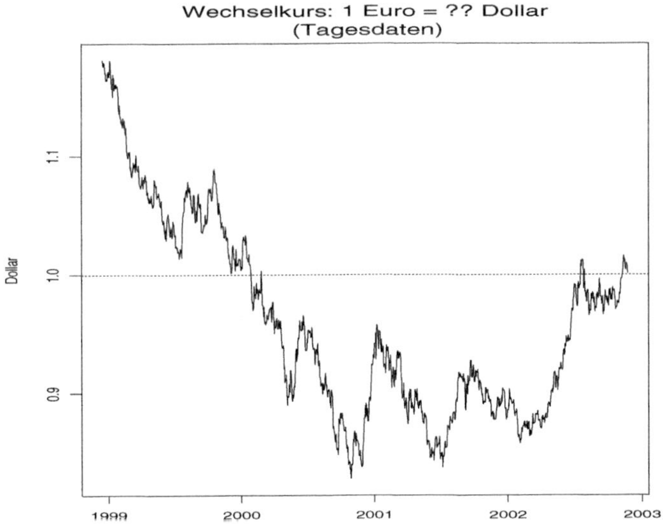

Abbildung 2.49: Verlauf Wechselkurs US-Dollar – Euro

Die höchste Notierung war ganz zu Beginn der Kurve, also Ende 1998. Für einen Euro gab es 1.181 USD. Die niedrigste Notierung war Ende 2000, dort

[4]Eine gute Quelle für aktuelle und historische Wechselkurse ist `www.oanda.com`

kaufte 1 Euro gerade mal 0.828 US$. Das Gespräch über die beiden Gehälter wäre an diesen Tagen folgendermaßen ausgefallen:

Ende 1998	40.000 US-Dollar = 33.869 Euro 40.000 Euro = 47.240 US-Dollar
Ende 2000	40.000 US-Dollar = 48.309 Euro 40.000 Euro = 33.120 US-Dollar

Spiegeln diese Zahlen die Verhältnisse gut wider? Es sind doch ziemlich große Unterschiede festzustellen. Vermutlich wird es aber nicht so sein, dass die **Kaufkraft** sich für die beiden Personen so sehr unterscheidet. Anders formuliert, keiner von beiden wird sich 1998 groß mehr/weniger leisten können als im Jahr 2000.
Die Wechselkurse spiegeln diese Kaufkraft nicht unbedingt wider.

Wechselkurse haben die Funktion, die Preise im In- und Ausland auf einen Nenner zu bringen.
Für einen deutschen Urlauber sollte demnach – bei einem gegebenen Wechselkurs von bspw. 0,77 Euro je US-US-Dollar – eine Jeans in New York mit 45 US-Dollar genauso teuer sein wie die gleiche Jeans, für die er zu Hause 60 Euro bezahlen muss.
Meist stellen die Wechselkurse eine solch identische Kaufkraft jedoch nicht her.
Dies liegt daran, dass neben den Preisunterschieden zwischen zwei Ländern Faktoren wie die aktuelle Konjunkturlage, unterschiedliche Zinsentwicklungen oder das Vertrauen in die Wirtschaftspolitik auf den Wechselkurs einwirken. Allein schon der Ankauf von viel **Rohöl** beeinflusst den Kurs des US-Dollars, da Rohöl in US-Dollar gehandelt wird.

An diese Stelle setzt die Idee der **Kaufkraftparität** an. Um aber die Abweichungen der Wechselkurse von der Kaufkraft zu ermitteln, sind in der Regel umfangreiche Berechnungen erforderlich. Stichwort: Warenkorb und Wägungsschema.

Kostet ein solcher Warenkorb zum Beispiel in Deutschland 500 Euro und in den USA 500 US-Dollar, dann beträgt der Wechselkurs, dem eine gleiche Kaufkraft zugrunde liegt, 1 Euro je US-US-Dollar.

Wird man aber einen für alle Länder identischen Warenkorb finden können? Eine verblüffend einfache Lösung für dieses Problem veröffentlicht das britische Wirtschaftsmagazin “The Economist” seit 1986 jeden April. Die Journalisten haben ein Konsumgut identifiziert, das es in weit mehr als 100 Ländern gibt, in mehr oder weniger derselben Beschaffenheit und Qualität, der **Big Mac**.

Die Kaufkraftparität ist ein Maß für die relative Kaufkraft verschiedener Länder. Sie wird durch die jeweils verschiedenen Kaufpreise desselben Gutes in verschiedenen Ländern berechnet. Diese werden dann auf eine Basiswährung bezogen.

In der folgenden Tabelle sind die Preise für den Big Mac für einige Länder dargestellt:

USA	2.54 US-Dollar
Euroland	2.57 Euro
Großbritannien	1.99 Pfund
Schweiz	6.30 SFr
Russland	35.00 Rubel

Die Kaufkraftparität (engl: **Purchasing Power Parity = PPP**) zwischen den USA und Euroland lässt sich folgendermaßen berechnen:

$$PPP = \frac{2,57 \text{ Euro}}{2,54 \text{ US-Dollar}} = 1,012 \frac{\text{Euro}}{\text{US-Dollar}}$$

Dies kann über folgende Formel mit dem gehandelten Wechselkurs verglichen werden:

$$\frac{PPP - \text{ Wechselkurs}}{\text{Wechselkurs}}$$

So lässt sich feststellen, ob eine Währung im Vergleich zu einer anderen Währung über- oder unterbewertet ist.

Aktuell entspricht 1 US-Dollar gerade 0,77 US-Dollar:

$$\frac{1,012 - 0,77}{0,77} = 0,314$$

Man könnte also daraus schließen, dass der Euro um 31 % überbewertet ist.

Die PPP-Theorie ist eine der älteren ökonomischen Theorien und sie besagt:

Langfristig sollte der Wechselkurs zwischen zwei Ländern gegen die Rate streben, welche die Preise für identische Güter und Dienstleistungen ausgleicht. Mit anderen Worten ein US-Dollar sollte in jedem Land die gleiche Menge an Waren kaufen können.

Die folgende Graphik zeigt den Big Mac-Index für ausgewählte Länder.

The hamburger standard

	Big Mac prices in local currency	in dollars	Implied PPP* of the dollar	Actual exchange rate: Jan 30th	Under (–)/over (+) valuation against the dollar, %
United States†	$ 3.54	3.54	–	–	
Argentina	Peso 11.50	3.30	3.25	3.49	-7
Australia	A$ 3.45	2.19	0.97	1.57	-38
Brazil	Real 8.02	3.45	2.27	2.32	-2
Britain	£2.29	3.30	1.55‡	1.44‡	-7
Canada	C$ 4.16	3.36	1.18	1.24	-5
Chile	Peso 1,550	2.51	438	617	-29
China	Yuan 12.5	1.83	3.53	6.84	-48
Cz. Republic	Koruna 65.94	3.02	18.6	21.9	-15
Denmark	DK 29.5	5.07	8.33	5.82	43
Egypt	Pound 13.0	2.34	3.67	5.57	-34
Euro Area§	€ 3.42	4.38	1.04**	1.28**	24
Hong Kong	HK$ 13.3	1.72	3.76	7.75	-52
Hungary	Forint 680	2.92	192	233	-18
Indonesia	Rupiah 19,800	1.74	5,593	11,380	-51
Israel	Shekel 15.0	3.69	4.24	4.07	4
Japan	¥290	3.23	81.9	89.8	-9
Malaysia	Ringgit 5.50	1.52	1.55	3.61	-57
Mexico	Peso 33.0	2.30	9.32	14.4	-35
New Zealand	NZ$ 4.90	2.48	1.38	1.97	-30
Norway	Kroner 40.0	5.79	11.3	6.91	63
Peru	Sol 8.06	2.54	2.28	3.18	-28
Philippines	Peso 98.0	2.07	27.7	47.4	-42
Poland	Zloty 7.00	2.01	1.98	3.48	-43
Russia	Ruble 62.0	1.73	17.5	35.7	-51
Saudi Arabia	Riyal 10.0	2.66	2.82	3.75	-25
Singapore	S$ 3.95	2.61	1.12	1.51	-26
South Africa	Rand 16.95	1.66	4.79	10.2	-53
South Korea	Won 3,300	2.39	932	1,380	-32
Sweden	SKR 38,0	4.58	10.7	8.30	29
Switzerland	CHF 6.50	5.60	1.84	1.16	58
Taiwan	NT$ 75.0	2.23	21.2	33.6	-37
Thailand	Baht 62.0	1.77	17.5	35.0	-50
Turkey	Lire 5.15	3.13	1.45	1.64	-12

* Purchasing-power parity; local price divided by price in the United States
† Average of New York, Chicago, Atlanta and San Francisco‡ Dollars per Pound
§ Weighted average of prices in euro area ** Dollars per Euro

Sources: McDonald's; The Economist

Abbildung 2.50: Big Mac-Index

Ein weiterer **interessanter (vergleichender) Gedanke** ist dieser: Wie lange muss man bei einem durchschnittlichen Nettolohn arbeiten, um sich in dem jeweiligen Land einen Big Mac leisten zu können?

Kurz gefasst!

- Sie haben verschiedene Typen von Kennzahlen kennengelernt, um wirtschaftliche Gegebenheiten zusammenzufassen.
- Sie haben die Preisindizes von Paasche und Laspeyres kennengelernt.
- Sie haben erste Eindrücke zur Messung der Kaufkraft bekommen.

Kapitel 3

Wahrscheinlichkeiten

In diesem Kapitel lernen Sie

- die Wahrscheinlichkeitsrechnung grundsätzlich kennen.
- dass ohne diese Sie Daten nicht korrekt bewerten bzw. modellieren könnten.
- Sie werden sehen, dass für die induktive Statistik die Wahrscheinlichkeitsrechnung eine notwendige Voraussetzung ist.

Sie sind bereits an einigen Stellen Wahrscheinlichkeiten begegnet, wenn auch die Bezeichnung noch nicht unbedingt explizit gefallen ist bzw. das Konzept eingeführt wurde. Neben der Argumentation mit Zahlen, Maßzahlen und Graphiken werden im öffentlichen Leben unterschwellig oder ganz direkt immer auch Wahrscheinlichkeitsaussagen transportiert.

→ Grundsätzlich und intuitiv:
Die Wahrscheinlichkeit sagt etwas darüber aus, mit welcher Gewissheit ein **Ereignis** eintritt.

Eine Sechs beim Würfeln: 1/6, also etwa 10-mal bei 60 Würfen oder?!
Kopf beim Münzwurf: 1/2, also etwa 30-mal bei 60 Würfen oder?!

Werden Prognosen für die Zukunft gemacht – die übliche Ankündigung des Wirtschaftswachstums, Wahlprognosen usw. – dann wurde im Hintergrund immer eine Wahrscheinlichkeit konstruiert, die den jeweiligen Prognosewert stützt, also die Möglichkeit einschätzt, dass die Prognose zutrifft. Diese Bewertung findet im Rahmen der induktiven Statistik statt.

> „Spielteilnahme ab 18 [...] Glücksspiel kann süchtig machen [...] Gewinnchancen 1 zu 140 Millionen“

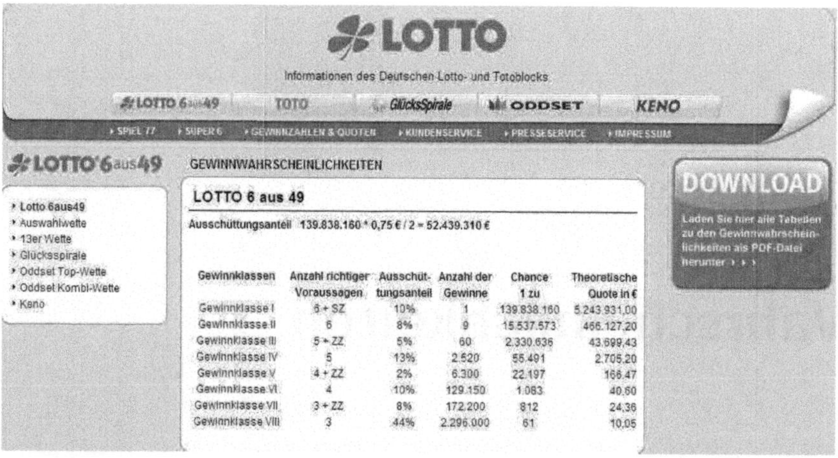

LOTTO

Informationen des Deutschen Lotto- und Totoblocks

LOTTO 6aus49 | TOTO | GlücksSpirale | ODDSET | KENO

SPIEL 77 | SUPER 6 | GEWINNZAHLEN & QUOTEN | KUNDENSERVICE | PRESSESERVICE | IMPRESSUM

LOTTO 6aus49

- Lotto 6aus49
- Auswahlwette
- 13er Wette
- Glücksspirale
- Oddset Top-Wette
- Oddset Kombi-Wette
- Keno

GEWINNWAHRSCHEINLICHKEITEN

LOTTO 6 aus 49

Ausschüttungsanteil 139.838.160 * 0,75 € / 2 = 52.439.310 €

Gewinnklassen	Anzahl richtiger Voraussagen	Ausschüttungsanteil	Anzahl der Gewinne	Chance 1 zu	Theoretische Quote in €
Gewinnklasse I	6 + SZ	10%	1	139.838.160	5.243.931,00
Gewinnklasse II	6	8%	9	15.537.573	466.127,20
Gewinnklasse III	5 + ZZ	5%	60	2.330.636	43.699,43
Gewinnklasse IV	5	13%	2.520	55.491	2.705,20
Gewinnklasse V	4 + ZZ	2%	6.300	22.197	166,47
Gewinnklasse VI	4	10%	129.150	1.083	40,60
Gewinnklasse VII	3 + ZZ	8%	172.200	812	24,36
Gewinnklasse VIII	3	44%	2.296.000	61	10,05

DOWNLOAD

Laden Sie hier alle Tabellen zu den Gewinnwahrscheinlichkeiten als PDF-Datei herunter

Abbildung 3.1: Lotto-Wahrscheinlichkeiten – `www.lotto.de`

So oder so ähnlich wird für das Lottospiel *6 aus 49* geworben. Mit der letzten Gewinnchance ist diejenige Wahrscheinlichkeit gemeint, die sechs Richtige mit Superzahl beschreibt. Abbildung 3.1 zeigt einen Screenshot von der Webseite des deutschen Lotto- und Totoblocks, die Gewinnwahrscheinlichkeiten sind aufgelistet. Und? Hilft das weiter? Haben Sie eine Vorstellung davon, wie unsere Chancen stehen, am nächsten Samstag den Jackpot zu knacken?

Exkurs zur Motivation: Eine Lotto-Analogie

Ich fahre mit dem Auto von Hamburg nach Rom. Das sind so etwa 1.400 km oder 140 Millionen cm. Irgendwo auf der Strecke halte ich an und lege einen Würfel mit Kantenlänge 1 cm an den Straßenrand.
Dann fahre ich zurück.

Ich biete in Hamburg folgendes Glücksspiel an: Gegen einen Wetteinsatz werden ein Spieler und ich dieselbe Strecke noch einmal fahren.
Dem Spieler sind die Augen verbunden, er muss sagen, wann ich anhalten soll. Wenn er seine Tür aufmacht und einen zweiten Würfel genau neben meinen, auf der Hinfahrt platzierten legt, dann hat er viel Geld gewonnen.

Finde ich wohl Spieler?
Erkennen Sie Lotto wieder?

Wahrscheinlichkeiten sind schwer zu greifen und oftmals noch schwerer korrekt zu formulieren. Dennoch erfreuen sie sich großer Beliebtheit als Vergleich, was wohl auch damit zusammenhängt, dass man sehr gut verdichtete Aussagen treffen kann und vor allem extremen Situationen ein *Label* verpassen kann. Was halten Sie von der Aussage in Abbildung 3.2?

Abbildung 3.2: Umgang mit Wahrscheinlichkeiten im Alltag

Im Folgenden nähern Sie sich den Wahrscheinlichkeiten und lernen, mit diesen angemessen umzugehen. Dazu ist es notwendig und unumgänglich, vorgelagerte, weil darauf aufbauende Konzepte kennenzulernen.

3.1 Zufallsvorgänge und Ereignisse

In diesem Kapitel lernen Sie

- wie Sie den Zufall beschreiben und modellieren können.
- die wichtigsten Grundkonzepte kennen.

Fangen Sie mit einem Würfel an. Der Würfel ist so beliebt, weil jeder schon mal einen in der Hand gehalten hat und weil nicht ganz so viel passieren kann – im Sinne von „Er hat nur sechs Seiten.“
Beim **Mensch ärgere dich nicht!** gibt es immer wieder Situationen, in denen Sie mit Ihrem nächsten Würfelwurf genau eine bestimmte Augenzahl erreichen wollen. Sei es, dass Sie hierdurch einen Ihrer Kegel in Sicherheit bringen oder einen fremden herauskegeln können. Nehmen Sie an, es sei eine Augenzahl von vier erforderlich.
Wie groß ist die Wahrscheinlichkeit, dass beim nächsten Wurf eine Vier kommt? Natürlich $1/6$, denn es gibt sechs verschiedene, gleich wahrscheinliche Möglichkeiten und nur eine liefert das gewünschte Ergebnis.
Stimmt das? Schauen Sie sich das einmal an. Die Wahrscheinlichkeitsrechnung als Theorie ist auf wundersame Weise mit der Empirie verbunden. Im Kapitel 5.1 lässt sich dazu einiges finden.
Beim Würfeln ist es sehr einfach, diesen Zufallsvorgang anzuschauen, zu simulieren, da Sie den Zufallsgenerator (den Würfel) einfach in die Hand nehmen und würfeln

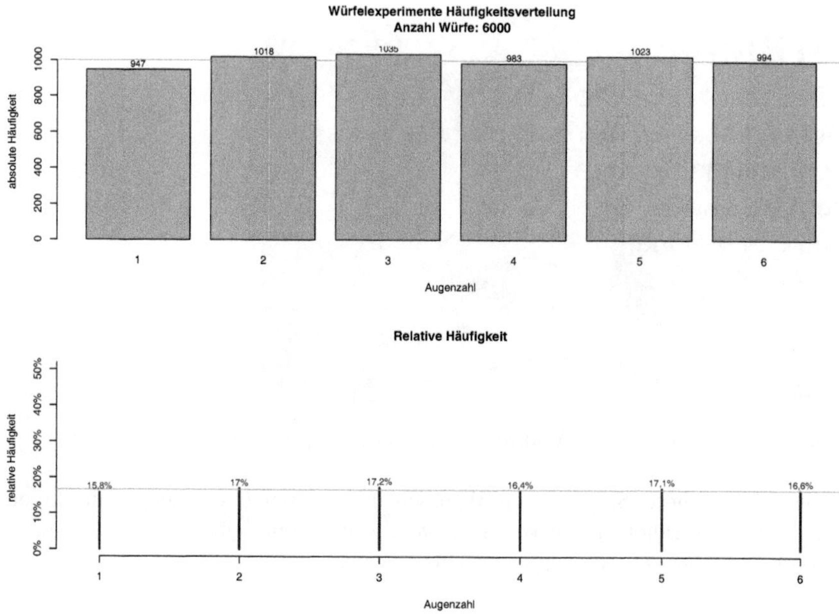

Abbildung 3.3: Ein Würfelexperiment – Verteilung der Augenzahlen

können. Haben Sie ein paar Mal gewürfelt, dann bekommen Sie mit der Zeit einen guten Eindruck davon, wie wahrscheinlich es ist, die Vier zu würfeln.
Leider ist das nicht immer so einfach. Schon beim Lotto fällt das heimische Ausprobieren schwer, und es würde sehr lange dauern, um brauchbare Ergebnisse per Hand zu simulieren.

Auch im Rahmen der Wahrscheinlichkeitsrechnung kann Ihnen der Computer gute Dienste leisten. Mit der entsprechenden Software lassen sich die Zufallsvorgänge exakt beschreiben. Im Anschluss kann simuliert werden. Abbildung 3.3 zeigt das Ergebnis von 6000 per Computer simulierten Würfelwürfen. Die absoluten und die relativen Häufigkeiten sind jeweils als Stabdiagramm dargestellt.
Und was sagen Sie? So ungefähr ist die Vorstellung – $1/6 = 16.67\ \%$ – ja eingetreten. Kommen Sie dichter dran, wenn Sie häufiger würfeln? Dazu erfahren Sie später mehr.

Sie wollen ein paar Begrifflichkeiten bzw. Konzepte kennenlernen, um ein Gerüst für die Wahrscheinlichkeitsrechnung aufzubauen.

- Ein Experiment mit zufälligem Ausgang wird als **Zufallsexperiment** bezeichnet.
  → *Der einmalige Wurf eines Würfels.*

- Die möglichen elementaren Ausgänge heißen **Ergebnisse oder Elementarereignisse**.
  → *Die verschiedenen Augenzahlen:* zum Beispiel $\{1\}$
- Die Menge dieser Ergebnisse heißt **Ergebnismenge** (Ereignisraum, Stichprobenraum) und wird oft mit Ω („Omega") bezeichnet, also alles, was passieren kann.
  → $\Omega = \{1, 2, 3, 4, 5, 6\}$
- Elementarereignisse werden durch einelementige Teilmengen der Ergebnismenge repräsentiert.
  → $\{1\}, \{2\}, \{3\}, \{4\}, \{5\}, \{6\}$
- Mehrere Elementarereignisse können zu nicht elementaren **Ereignissen** zusammengefasst werden.
- Ereignisse lassen sich ebenso durch (kurze) Aussagen charakterisieren und werden im Folgenden durch große Buchstaben abgekürzt.
  Ereignis A: *gerade Augenzahl* $\{2, 4, 6\}$

Sie haben natürlich die Mengenklammern bemerkt. Die **Mengenlehre** ist ein wichtiger Grundbaustein der Wahrscheinlichkeitsrechnung. Es ist sozusagen die Modellierungssprache. Mit ihrer Hilfe können Sie (präzise) das Zufallsexperiment formulieren, zu dem Sie Wahrscheinlichkeiten ermitteln möchten. Das folgt nun.

3.2 Die Wahrscheinlichkeit

In diesem Kapitel lernen Sie

- das Konzept *Wahrscheinlichkeit* kennen.
- die verschiedenen Blickwinkel und Definitionsmöglichkeiten kennen.

Am besten ist es, man nähert sich möglichst unauffällig und ohne große Ankündigungen den theoretischen Aspekten dieses Themas, daher:

- Jedem Elementarereignis wird als **Wahrscheinlichkeit** so eine Zahl zwischen 0 und 1 zugeordnet, dass die Summe der Wahrscheinlichkeiten gerade 1 ergibt.
- Die Wahrscheinlichkeit soll die oben erwähnte intuitive Gewissheit in Bezug auf das Eintreten widerspiegeln. Einfachst betrachtet, kann dies als Prozentzahl interpretiert werden.
- Für Wahrscheinlichkeit verwenden Sie den Buchstaben P (*probability*) verwenden.
- $P(\text{Würfel zeigt Augenzahl j}) = 1/6$ mit $j = 1, \ldots, 6$
- Im Folgenden werden Sie sich mit solchen Zufallsexperimenten beschäftigen, die eine **diskrete Ergebnismenge** aufweisen.
- endlich viele oder abzählbar unendlich viele Ergebnisse sind möglich.

Das war durchaus nachvollziehbar. Selbstverständlich, und das ist ja auch durchaus üblich in vielen Lehrbüchern, kann man an dieser Stelle ein theoretisches Feuerwerk entfachen und der Wahrscheinlichkeitsrechnung ein wasserdichtes Fundament verpassen.
Das ist allerdings nicht Ziel des vorliegenden Buches. Die allermeisten Studierenden, die sich mit Statistik beschäftigen, benötigen diese gründliche Fundamentlegung nicht. Lehrbücher mit einem anderen Konzept tun dies und können zurate gezogen werden. Hier soll der Hinweis genügen: Die Wahrscheinlichkeitsrechnung hat ein solches (axiomatisches) Fundament, auf das Sie sich verlassen können.
In der Regel ist die konkrete Kenntnis darüber nicht notwendig, da im (Berufs-) Alltag ein übergeordnetes Verständnis und die Einschätzung einfacher Wahrscheinlichkeitssituationen vollkommen ausreichend ist. Wichtig ist dagegen die Erkenntnis, dass der Mensch sich im Allgemeinen schwer damit tut, (korrekte) Entscheidungen unter Unsicherheit zu treffen und dass Bauchgefühl und Intuition keine verlässlichen Gehilfen sind.[1]
Viel spannender ist jetzt die Frage nach dem konkreten Zustandekommen dieser Wahrscheinlichkeiten. Beim Würfel wird immer wieder ohne Einspruch 1/6 als Wahrscheinlichkeit für die Elementarereignisse festgelegt. Woher kommt diese Zahl? Was rechtfertigt sie?
Im Folgenden sollen verschiedene Ansätz zur **Festlegung von Wahrscheinlichkeiten** vorgestellt werden.

1. **Klassische Wahrscheinlichkeit / Laplace-Wahrscheinlichkeit**[2]

- Wenn Sie an der Wahrscheinlichkeit für ein Elementarereignis interessiert sind, führt Sie eine logische Betrachtung des Würfelwurfs zu dem Schluss, dass es sechs verschiedene Seiten gibt und aus Symmetriegründen keine häufiger drankommen sollte.
- Anders formuliert: Es gibt sechs verschiedene Ergebnisse (Elementarereignisse) des Zufallsexperiments (fairer) Würfelwurf, die alle gleich wahrscheinlich sind.
- Wenn Sie also an der Wahrscheinlichkeit für das Eintreten von Ereignis A interessiert sind, dann müssen Sie Folgendes wissen:
- Wie viele Ergebnisse führen zu A, und wie viele Ergebnisse gibt es insgesamt:
$$P(A) = \frac{\text{Anzahl Ergebnisse in A}}{\text{Anzahl Ergebnisse in } \Omega} = \frac{|A|}{|\Omega|}$$
mit $|A|$ gleich der **Mächtigkeit der Menge** A, also der Anzahl Elemente in A.
- Wie groß ist also die Wahrscheinlichkeit für das Ereignis A: *gerade Augenzahl*?

[1]Vgl. Kapitel *1.1 Warum Statistik – Begegnungen*
[2]Pierre-Simon (Marquis de) Laplace, 1749-1827

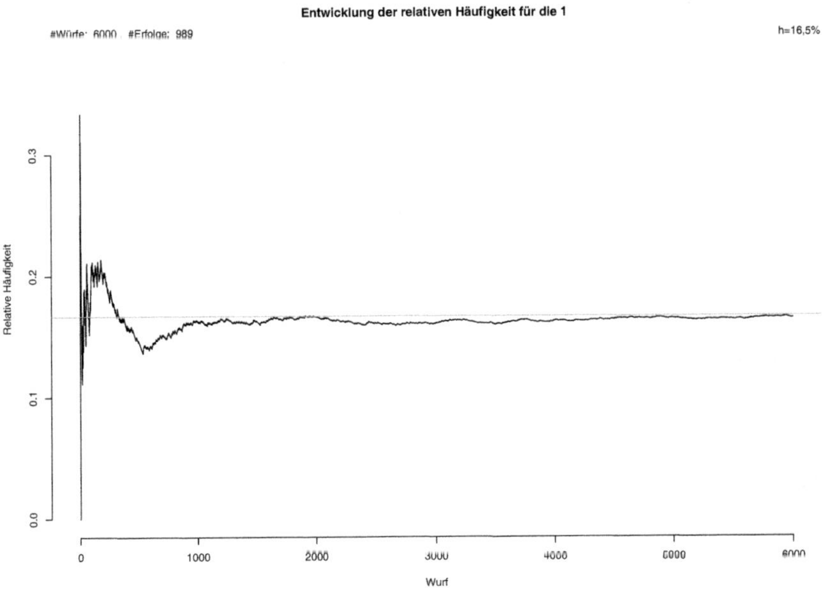

Abbildung 3.4: Ein Würfelexperiment – Entwicklung der relativen Häufigkeit für die Augenzahl 1

$\rightarrow A = \{2, 4, 6\}$

$$P(A) = \frac{3}{6} = 1/2$$

Der klassische Ansatz kann prinzipiell nur verwandt werden, wenn die Ergebnismenge endlich ist und alle Elementarereignisse gleich wahrscheinlich sind.

Man spricht auch vom **Gleichmöglichkeitsmodell**.

2. **Frequentistischer Ansatz**[3]

- Eine Möglichkeit, zu einer Bewertung eines Ereignisses im Rahmen eines Zufallsvorgangs zu gelangen, besteht darin, den Zufallsvorgang mehrmals unter identischen Bedingungen zu beobachten und zu zählen, wie oft das interessierende Ereignis eingetreten ist.
- Man sammelt also Erfahrungen über die Realisierungsmöglichkeiten eines Ereignisses durch Beobachten und Zählen.

[3]lat. frequentia: Häufigkeit

- Die Wahrscheinlichkeit P wird dann durch die relativen Häufigkeiten abgeschätzt. In Abbildung 3.4 sind 6000 durch einen Rechner simulierte Würfelwürfe dargestellt. Das interessierende Ereignis war die Augenzahl 1. Es ist die Entwicklung der relativen Häufigkeiten dieses Ereignisses dargestellt.
- Die Schwankungen um 1/6 scheinen immer geringer zu werden.
- Es liegt also nahe, die Wahrscheinlichkeit P durch die relative Erfolgshäufigkeit zu ersetzen – wenn Sie das Experiment N-mal durchführen und $n_N(A)$-mal das Ereignis A eingetreten ist, dann gilt:

$$P(A) \approx \frac{n_N(A)}{N}$$

- Allerdings wissen Sie an dieser Stelle nicht, ob das immer gilt, also für jeder Versuchsreihe.
- Die Frage ist also, können Sie sich auf den Zufall „verlassen"?

  Auf der Seite 195 werden Sie eine Antwort auf diese Frage bekommen und die Lücke schließen können.

3. **Subjektivistischer Ansatz**

- Das klingt zunächst einmal unseriös, nichts ist doch objektiver als eine berechenbare Wahrscheinlichkeit.
- Denken Sie einmal an die Ziegenwette auf der Seite 17 zurück. Stellen Sie sich vor, dass, nachdem der Moderator die Tür mit der Ziege geöffnet hat, eine dritte Person hinzukommt und lediglich weiß, dass hinter zwei Türen ein Auto und eine Ziege versteckt sind.

→ Für diese Person ist die (subjektive) Wahrscheinlichkeit in Bezug darauf, wo sich das Auto befindet, eine vollkommen andere, da ihr Informationen fehlen!

→ Darum geht es: Persönliche Einschätzungen, individuelles Wissen oder die Befragung eines Experten können helfen, die Wahrscheinlichkeit für das Eintreten eines Ereignisses zu bestimmen.

- Dabei handelt es sich um eine legitime und sehr häufige Form, sich über das Eintreten eines Ereignisses zu informieren.

→ *Wie wird sich die Wirtschaft entwickeln?*

- Beim Konzept der bedingten Wahrscheinlichkeit ist diese Form des Expertenwissens sehr bedeutsam.

4. **Axiomatische Definition**

- 1933 hat der Mathematiker Andrej N. Kolmogoroff (1903-1987) die Wahrscheinlichkeitsrechnung auf ein axiomatisches Fundament gesetzt.

- Drei Bedingungen muss das Wahrscheinlichkeitsmaß P demnach erfüllen. Übrigens werden Sie diese im weiteren Verlauf kennenlernen.[4]
- Damit können Sie sich auf die Wahrscheinlichkeitsrechnung „verlassen", da sie widerspruchsfrei ist. Sie können alle intuitiven Ableitungen aus den drei Grundaxiomen ableiten.
- Wie oben erwähnt, reicht die Kenntnis darüber in diesem Zusammenhang vollkommen aus.

Kurz gefasst!

- Als Basis der Wahrscheinlichkeitsrechnung dient das Konzept der **Menge**. Dies ist die Beschreibungssprache.
- Im Zuge dessen haben Sie die Konzepte **Zufallsexperiment, Ergebnisse, Ergebnismenge, Ereignis** kennengelernt.
- Der Begriff **Wahrscheinlichkeit** ist intuitiv eingeführt worden, einem Ergebnis wird eine Zahl zwischen Null und Eins zugewiesen.
- Es wurden Ihnen Ansätze zum Auffinden dieser Zahl, der Wahrscheinlichkeit, aufgezeigt.
- Das **Gleichmöglichkeitsmodell** hat in diesem Zusammenhang eine große Bedeutung.

3.3 Rechnen mit Wahrscheinlichkeiten

In diesem Kapitel lernen Sie

- wie Sie mit Wahrscheinlichkeiten rechnen können.
- wie Sie verschiedene Ergebnisse zusammenfassen können.
- wie Sie Ereignisse graphisch darstellen können.

Sie haben sich die notwendigen Voraussetzungen, Begrifflichkeiten und Konzepte erarbeitet, um mit Wahrscheinlichkeiten zu hantieren. Am Beispiel des Würfels sollen Rechenregeln entwickelt werden.

- Für das Eintreten der Ergebnismenge Ω gilt – diese wird auch als das *sichere Ereignis* bezeichnet:

[4] WS liegt zwischen Null und Eins, das sichere Ereignis hat WS 1, WS für die Vereinigung inkompatibler Ereignisse ist gleich der Summe der Einzel-WS.

$P(\Omega) = 1$

$\rightarrow \Omega = \{1, 2, 3, 4, 5, 6\}$ irgendetwas davon muss eintreten, wenn ich einen Würfel werfe.

- Dies lässt sich auch sehr einfach über den klassischen Ansatz zeigen:

→ Da alle möglichen Ergebnisse zum Eintreten von Ω führen, gilt in diesem Würfelfall: $P(\Omega) = 6/6 = 1$

- Es sei Ereignis $A = \{4\} \rightarrow P(A) = 1/6$, gemäß Gleichmöglichkeitsmodell – ein Ergebnis, nämlich $\{4\}$, führt zum Eintreten von A.
- Wie groß ist die Wahrscheinlichkeit, dass keine 4 gewürfelt wird?
- Sie sind also an $\bar{A}$ dem **Komplementärereignis zu** A interessiert: $\bar{A} = \{1, 2, 3, 5, 6\}$

→ Auszählen führt also zu $P(\bar{A}) = 5/6$

- Allgemein gilt:

$P(\bar{A}) = 1 - P(A)$

- Im Beispiel:

$$P(\bar{A}) = 1 - 1/6 = 5/6$$

- A und $\bar{A}$ können nicht gemeinsam auftreten, daher kann für $\bar{A}$ nur noch $1 - P(A)$ übrigbleiben, die sogenannte **Gegenwahrscheinlichkeit**.
- Übrigens ist das Komplementärereignis zu Ω das sogenannte **unmögliche Ereignis** $\varnothing$.
- $\varnothing$ bezeichnet auch eine leere Menge.
- Es gilt daher:

$P(\Omega) = 1 \quad \text{und} \quad P(\varnothing) = 0$
$\rightarrow P(\varnothing) = 1 - P(\Omega) = 1 - 1 = 0$

- Beim Würfelexperiment gilt $P(\{7\}) = 0$.
- Wahrscheinlichkeiten werden sehr oft über sogenannte **Aussagen** formuliert. Dies ist nicht verwunderlich, wenn Sie bedenken, dass (echte) Wahrscheinlichkeitsprobleme in größeren Zusammenhängen formuliert werden, oft genug zusammengesetzt sind und eben nicht als Einzelproblem daherkommen.
- Mit Hilfe der **Mengenlehre** lassen sich diese beschreiben. Es ist wichtig, eine solche Beschreibungssprache zu haben. Die Mathematik und auch die Statistik erfüllen diese Funktion. Mit ihrer Hilfe lässt sich eine Abstraktion vom eigentlichen konkreten Problem vornehmen, so dass von dieser neuen Position aus die Fragestellungen formuliert und gelöst werden können.

- Und mit Hilfe von sogenannten **Venn-Diagrammen** lassen sich Mengen- bzw. Aussagenoperationen einfach graphisch darstellen.[5]
- Es seien $A = \{1,2,3\}$ und $B = \{2,4,6\}$ zwei Ereignisse in Bezug auf ein Würfelexperiment.
- **Vereinigungsmenge:** Entweder A oder B tritt ein, die sogenannte ODER-Verknüpfung.
  $A \cup B = \{1,2,3,4,6\}$
  $\rightarrow A \cup \bar{A} = \Omega$

Abbildung 3.5: Venn-Diagramm zur Vereinigung

- **Schnittmenge:** A und B treten gleichzeitig ein, die sogenannte UND-Verknüpfung.
  $A \cap B = \{2\}$
  $\rightarrow A \cap \bar{A} = \varnothing$

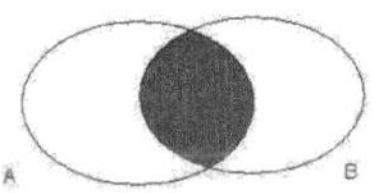

Abbildung 3.6: Venn-Diagramm zur Schnittmenge

- **Differenzmenge:** A tritt ein, aber nicht B, die sog MINUS-Verknüpfung.
  $A \setminus B = \{1,3\}$

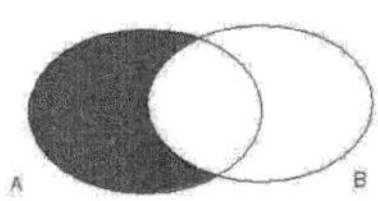

Abbildung 3.7: Venn-Diagramm zur Differenz

- Nun können auch **Wahrscheinlichkeitsaussagen** generiert werden.
- Vereinigung:

$$P(A \cup B) = P(A) + P(B) - P(A \cap B)$$

- Die Schnittmenge wird zweimal gezählt, daher muss sie einmal wieder abgezogen werden (VENN-Diagramm Abbildung 3.5).

[5] John Venn 1834-1923 , britischer Logiker.

→ Im Beispiel umfasst $A \cup B = \{1,2,3,4,6\}$ gerade fünf Ergebnisse.

→ Es muss also gelten $P(\{1,2,3,4,6\}) = 5/6$.

- $P(\{1,2,3\}) = 3/6$ und $P(\{2,4,6\}) = 3/6$, die Summe ist also 1.
- Für die Schnittmenge gilt $P(\{2\}) = 1/6$

→ $3/6 + 3/6 - 1/6 = 5/6$

- Sind A und B **schnittleer**, haben sie also kein gemeinsames Ergebnis, dann gilt:

$$A \cap B = \varnothing$$

- A und B werden dann auch als **disjunkt** bezeichnet (VENN-Diagramm).
- Da $P(\varnothing) = 0$ gilt, lässt sich in diesem schnittleeren Fall sagen:
  $P(A \cup B) = P(A) + P(B)$
- Beispiel A: *gerade Augenzahl* und B: *ungerade Augenzahl*.
- Der Mensch freut sich beim Mensch-ärgere-Dich-nicht-Spiel besonders dann, wenn er mehrere Sechsen hintereinander würfelt.
- Wie wahrscheinlich ist es, dass sich bei zwei Würfen bspw. zwei Sechsen einstellen?
  A_i = der i-te Würfel zeigt eine 6.
- Natürlich hilft hier auch das Gleichmöglichkeitsmodell weiter.
- Wenn Sie zwei Würfel gleichzeitig (oder zweimal hintereinander) würfeln, dann gibt es nur einen einzigen *Pasch 6* unter den 36 möglichen Ausgängen.
- Diese Ergebnismenge lässt sich noch einigermaßen hinschreiben.
- Wie viele Elemente hat die Ergebnismenge?

2. Würfel →	1	2	3	4	5	6
1. Würfel ↓ 1	1,1	1,2	1,3	1,4	1,5	1,6
2	2,1	2,2	2,3	2,4	2,5	2,6
3	3,1	3,2	3,3	3,4	3,5	3,6
4	4,1	4,2	4,3	4,4	4,5	4,6
5	5,1	5,2	5,3	5,4	5,5	5,6
6	6,1	6,2	6,3	6,4	6,5	**6,6**

Tabelle 3.1: Ergebnismenge beim zweimaligen Würfelwurf

- Ab drei Würfen sieht das anders aus.
- Wie viele sind es hier?

- Allgemein gilt folgender **Multiplikationssatz**: für das gemeinsame Auftreten der Ereignisse A und B

Sind zwei Ereignisse A und B **unabhängig** voneinander, dann gilt:

$$P(A \cap B) = P(A) \cdot P(B)$$

- Unabhängig heißt, dass das Eintreten des einen Ereignisses keinerlei Einfluss auf das Eintreten des anderen hat.

→ Man erinnere sich bitte an die Herleitung des Kontingenzkoeffizienten!

- Zwei Würfel beeinflussen sich nicht. Daher gilt:

$$P(A_1 \cap A_2) = P(A_1) \cdot P(A_2) = 1/6 \cdot 1/6 = 1/36$$

- Im Beispiel von Seite 143 gilt das natürlich nicht.
- Hier wird nur ein Würfel geworfen. Dazu werden verschiedene Ereignisse betrachtet.
- Wenn A eingetreten ist, hat das sehr wohl einen Einfluss auf B. Hier können Sie im Gegenteil mit **bedingten Wahrscheinlichkeiten** rechnen.
- Angenommen Sie wissen, dass Ereignis $B = \{2, 4, 6\}$ eingetreten ist.
- Wie groß ist jetzt die Wahrscheinlichkeit, dass $A = \{1, 2, 3\}$ auch eingetreten ist?
- Bei getrennter Betrachtung gilt:

  $P(A) = 3/6$ und $P(B) = 3/6$ und $P(A \cap B) = 1/6$.
- Nun bekommen Sie aber die Information, dass B eingetreten ist. Das hat einen großen Einfluss auf die Beantwortung der Frage, ist auch A eingetreten. Die Bezugsgrößen haben sich geändert. Ω spielt keine Rolle mehr. B ist jetzt die entscheidende Bezugsgröße!
- Sie interessiert $P(A|B)$, also die Wahrscheinlichkeit für das Ereignis A unter der Bedingung, dass B eingetreten ist, die sogenannte **bedingte Wahrscheinlichkeit**:

Definition 3.1: Bedingte Wahrscheinlichkeit

$$P(A|B) = \frac{P(A \cap B)}{P(B)}$$

- Im Beispiel:

$$P(A|B) = \frac{1/6}{3/6} = 1/3$$

- Sie haben etwas gelernt, Sie haben eine Zusatzinformation erhalten. Diese verändert grundsätzlich die Wahrscheinlichkeit für das Eintreten eines Ereignisses (vgl. das **Ziegenproblem**).

- Nun können Sie auch **Unabhängigkeit** definieren, nämlich, dass das Eintreten des einen Ereignisses keinen Einfluss auf das andere hat – als bedingte Wahrscheinlichkeit geschrieben:

Definition 3.2: Unabhängigkeit

$$P(A|B) = P(A)$$

- Man stelle sich einen Vertreter vor, der zehn Besuche am Tag schafft und mit Wahrscheinlichkeit 0.2 einen erfolgreichen Abschluss bei einem Besuch schafft.

→ Die Vertriebsleitung könnte die A-priori-Wahrscheinlichkeit interessieren, dass *A: mindestens 2 erfolgreiche Abschlüsse* getätigt werden. Die konkrete Wahrscheinlichkeit $P(A)$ dafür werden Sie im Kapitel *4.3.2 Binomialverteilung* kennenlernen. Im Moment reicht aus, sie wird echt größer als Null und echt kleiner als 1 sein.

→ Nun ruft die Vertriebschefin mittags beim Vertreter an und erfährt, dass er bereits am Vormittag *B: drei erfolgreiche Termine* hatte. Somit muss die Frage nach dem Ereignis A umformuliert werden zur A-posteriori-Wahrscheinlichkeit $P(A|B) = 1$.

→ Es gilt offensichtlich nicht $P(A|B) = P(A)$.

- Zusätzliche Kenntnisse B den Ausgang eines Zufallsexperimentes (zehn Hausbesuche durch einen Vertreter) betreffend, können gravierende Auswirkungen auf A-priori-Wahrscheinlichkeiten haben.

- Dagegen: Wie groß ist die Wahrscheinlichkeit, *A: eine 6 zu würfeln*, wenn Sie wissen, dass Sie bereits *B: mit einer Münze Zahl geworfen* haben? Offensichtlich hat B keinerlei Einfluss auf das Eintreten von A. Die beiden Ereignisse sind unabhängig, daher gilt $P(A|B) = P(A)$.

→ Aus den beiden letzten Formeln ergibt sich dann auch der **Multiplikationssatz für unabhängige Ereignisse** auf der Seite 145.

Definition 3.3: Multiplikationssatz der Unabhängigkeit

Aus der Definition für bedingte Wahrscheinlichkeit sowie der zur Unabhängigkeit ergibt sich durch Gleichsetzung folgende Gleichung – bei Unabhängigkeit gilt:

$$P(A) = \frac{P(A \cap B)}{P(B)} \Rightarrow P(A \cap B) = P(A) \cdot P(B)$$

- Vergleichen Sie noch einmal das Beispiel *Geschlecht* vs. *Titanic*: Wie wurden die Häufigkeiten unter Unabhängigkeit berechnet!
- *A: Wie groß ist die Wahrscheinlichkeit, bei zwei Würfen eines Würfels mindestens eine 6 zu haben?*
- Verschiedene Wege führen zum Ziel.

→ Natürlich können die **für** A **günstigen Ausgänge** gezählt werden. Das sind gerade 11.

- Bei zwei Würfeln geht das noch so gerade (vgl. Tabelle 3.1).
- Oft lassen sich Fragen dieser Art einfacher über das **Gegenereignis** beantworten:

→ $\bar{A}$: *Wie wahrscheinlich ist es, dass bei zwei Würfen keine 6 vorkommt?*

$$P(\bar{A}) = \frac{5}{6} \cdot \frac{5}{6} = \frac{25}{36}$$

$$\rightarrow P(A) = 1 - P(\bar{A}) = 1 - \frac{25}{36} = \frac{36}{36} - \frac{25}{36} = \frac{11}{36}$$

- *A: Wie groß ist die Wahrscheinlichkeit, bei vier Würfen eines Würfels mindestens eine 6 zu haben?*

→ Hier möchten Sie nicht mehr die Ergebnismenge aufschreiben (= 1296 Ergebnisse).

$$P(\bar{A}) = \left(\frac{5}{6}\right)^4 = \frac{625}{1296}$$

$$\rightarrow P(A) = 1 - P(\bar{A}) = 1 - \frac{625}{1296} = 0,51775$$

- Sie würden also wenigstens eine 6 bei vier Würfen erwarten.
- Und viermal die 6 bei vier Würfen?

$$\rightarrow P(\text{4 mal Sechs bei 4 Würfen}) = \left(\frac{1}{6}\right)^4 \approx 0.001$$

- Alles dazwischen ist zunächst einmal wesentlich komplizierter.
- Beim Bernoulli-Prozess bzw. bei der Binomial-Verteilung werden Sie diese Frage beantworten können.

Kurz gefasst!

- Sie haben verschiedene Rechenvorschriften kennengelernt: Gegenwahrscheinlichkeit, Vereinigung, Unabhängigkeit, bedingte Wahrscheinlichkeit.
- Mit Hilfe von Venn-Diagrammen können Sie Ereignisse graphisch darstellen.

Exkurs zur Motivation: Das Ziegenproblem

Auf der Seite 17 wurde die Ziegenwette vorgestellt. Es gibt verschiedene Möglichkeiten, das optimale Verhalten zu eruieren. Eine ist, Ω aufzuschreiben. Das geht nicht immer, hier klappt es:
Angenommen, der Kandidat hat im 1. Schritt Tor 1 ausgewählt, was kann passieren – dies ist keine Einschränkung, die Tabelle ist strukturgleich für alle drei möglichen Fälle:

Auto	Moderator	nie wechseln	immer wechseln
1	2 oder 3	1	0
2	3	0	1
3	2	0	1

Tabelle 3.2: Ziegenproblem – Was kann passieren?

Jede Zeile beschreibt eine gleich wahrscheinliche (1/3), aber sich gegenseitig ausschließende Situation, nämlich wo steht das Auto (Spalte 1). Spalte 2 zeigt, welche Tür der Moderator aufmachen kann. In den beiden letzten Spalten ist vermerkt, welche Strategie gewinnen (1) bzw. verlieren würde (0).
Die Summe der beiden letzten Spalten ist 1 bzw. 2. Aufgrund des Gesetzes von der Vereinigung dürfen Sie die beiden Zahlen mit 1/3 multiplizieren und erhalten die gesuchten Wahrscheinlichkeiten: Die Strategie hat eine zweimal so große Wahrscheinlichkeit (2/3)!
Auf der Seite 197f wird gezeigt, wie Sie dieses Ergebnis auch per Simulation erzielen können. Und im Rahmen der Aufgaben zu diesem Kapitel soll einmal versucht werden, die entsprechenden bedingten Wahrscheinlichkeiten zu formulieren.

3.4 Totale Wahrscheinlichkeit

In diesem Kapitel lernen Sie

- wie Sie Ω zerlegen können, um bisher unerreichte Wahrscheinlichkeiten auszurechnen.
- wie Sie mit dieser Technik auf heikle Fragen ehrliche Antworten bekommen.

Das Konzept der totalen Wahrscheinlichkeit soll an einem Beispiel hergeleitet werden, welches darüber hinaus noch einmal die Stärken der Wahrscheinlichkeitsrechnung darlegen, die Sie sich (leider) erarbeiten müssen, da sie einem für gewöhnlich nicht in den Schoß fallen.
Es soll mit statistischen Mitteln der Frage nachgegangen werden, wie Sie unter Wahrung von Anonymität ehrliche Antworten auch zu sehr heiklen Themen bekommen können. Als Beispiel soll hier die Steuerehrlichkeit dienen. Der folgende zweistufige Versuchsaufbau zeigt auf, wie eine solche anonyme Befragung durchgeführt werden kann.

1. Ein Befragter führt ein Zufallsexperiment durch, dessen Ergebnis nur er kennt: Er wirft zweimal hintereinander eine Münze.
2. Ist beim ersten Wurf Kopf gefallen, soll er folgende Frage 1 beantworten:
   Frage 1: Haben Sie bei Ihrer letzten Steuerklärung Teile Ihres Einkommens bzw. Ihrer Vermögenswerte nicht angegeben?

   Ansonsten soll er Frage 2 beantworten:
   Frage 2: Erschien beim zweiten Münzwurf Kopf?

Das war alles. Jeder Befragte wirft die Münze zweimal, gibt aber nur eine Antwort, *Ja* oder *Nein*. Der Fragesteller weiß nicht, auf welche Frage der Befragte geantwortet hat. Wie Sie mit diesem einfachen Experiment zu einem aussagekräftigen Ergebnis über die Steuerehrlichkeit der Gesamtbevölkerung kommen, zeigen die nachstehenden Ausführungen.

Zwei Ereignisse werden definiert:

- Ereignis F1: Frage 1 wird beantwortet.
- Ereignis J: Die Frage (egal welche) wird mit *Ja* beantwortet.

Die folgenden Wahrscheinlichkeiten sind unter der Voraussetzung, einen fairen Würfel zu verwenden, (trivialerweise) bekannt:

$$P(F1) = \frac{1}{2}, \quad P(\overline{F1}) = \frac{1}{2}, \quad P(J|\overline{F1}) = \frac{1}{2}$$

Leider ist die gesuchte Wahrscheinlichkeit nicht dabei. Sie sind schließlich daran interessiert, die Wahrscheinlichkeit für *Ja*, gegeben es wurde Frage 1 beantwortet,

zu erfahren, $= P(J|F1)$. *Ja*, gegeben es wurde Frage 2 beantwortet, ist mit 1/2 immerhin schon bekannt.
Wie lässt sich die gesuchte Wahrscheinlichkeit berechnen bzw. über die erhobenen Daten schätzen? Der **Trick** besteht in der genauen Analyse, wie das Ereignis J zustande kommen kann. Die Antwort *Ja* kann in zwei Fällen gegeben werden, entweder auf Frage 1, sofern Ereignis F1 eingetreten ist, oder auf Frage 2, wozu das Komplementärereignis eingetreten sein muss.
Mit Hilfe der Mengenlehre kann das Ereignis J also so zusammengesetzt werden:

$$J = (J \cap F1) \cup (J \cap \overline{F1})$$

Diese Zerlegung des Ereignisses lässt sich gut an einem Venn-Diagramm erkennen, vgl. Abbildung 3.8. Das Ereignis J kann entsprechend der angegebenen Beziehung nur im Zusammenhang mit F1 oder $\overline{F1}$ eintreten, was durch die Schnittmenge ausgedrückt wird. Ferner muss für die Gültigkeit der Beziehung der Ereignisraum Ω durch die beiden Ereignisse F1 und $\overline{F1}$ **vollständig zerlegt** werden. Da diese im vorliegenden Fall zueinander komplementär und damit disjunkt sind, sodass $F1 \cap \overline{F1} = \emptyset$ gilt, ist dies erfüllt – mehr kann sozusagen nicht passieren.

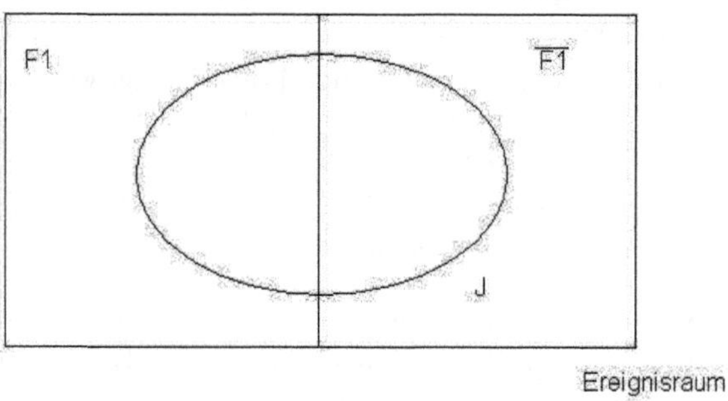

Abbildung 3.8: Totale Wahrscheinlichkeit

Nun kann die Wahrscheinlichkeit für J unter Nutzung des Satzes (bzw. Axioms) von der Vereinigung so bestimmt werden – vgl. S. 143, hier gilt, wie erwähnt, die Schnittleere der Ereignisse:

$$P(J) = P(J \cap F1) + P(J \cap \overline{F1})$$

Soweit so gut. Nun fehlen allerdings noch die Wahrscheinlichkeiten für die Schnittmengen. Dazu wird die Definition der bedingten Wahrscheinlichkeit benötigt (vgl. Seite 145):

$$P(A|B) = \frac{P(A \cap B)}{P(B)}$$

Damit lassen sich die Wahrscheinlichkeiten für die Schnittmengen so ausdrücken:

$$P(A \cap B) = P(A|B) \cdot P(B)$$

Setzten Sie $A = J$ und $B = F1$ bzw. $B = \overline{F1}$, so ergibt sich aus der aufgestellten Beziehung:

$$P(J) = P(J|F1) \cdot P(F1) + P(J|\overline{F1}) \cdot P(\overline{F1})$$

Dies ist nichts anderes als der Satz von der **totalen Wahrscheinlichkeit**. Alle Wahrscheinlichkeiten, die zum Eintreten eines Ereignisses, hier J, führen können, werden auch berücksichtigt, da der Ereignisraum vollständig zerlegt wurde.
Anders formuliert heißt das: Wenn die unbekannte Wahrscheinlichkeit eines bestimmten Ereignisses – hier J – ermittelt werden soll, dann kann diese Wahrscheinlichkeit unter bestimmten Umständen in mehrere kleinere Häppchen zerlegt werden. Das funktioniert, wenn das gesuchte Ereignis als Konsequenz bestimmter Vorereignisse eintritt $\rightarrow$ *Ja* kann nur geantwortet werden, wenn entweder Frage 1 oder Frage 2 gestellt wurden.
Die Zerlegung des Ereignisses und die totale Wahrscheinlichkeit haben Sie damit in die Lage versetzt, unter Wahrung völliger Anonymität den Anteil der Steuersünder zu ermitteln.
Es gilt nämlich unter Verwendung der bekannten Wahrscheinlichkeiten:

$$P(J|F1) = \frac{P(J) - P(J|\overline{F1}) \cdot P(\overline{F1})}{P(F1)} = \frac{P(J) - 0.25}{0.5} = 2 \cdot P(J) - 0.5$$

P(J) ist nichts anderes als der Anteil aller *Ja*-Antworten, den kann man auszählen.
Für unsere Zwecke reicht die folgende Definition der totalen Wahrscheinlichkeit – das Ereignis A kann an die n Zerlegungen der Ereignisse B_n geheftet werden. Die B_n bilden eine Partition des zugrunde liegenden Wahrscheinlichkeitsraums Ω, das heißt, sie bilden eine vollständige und disjunkte Zerlegung von Ω. Für $n = 2$ ist die Zerlegung beschränkt auf B und $\overline{B}$:

Definition 3.4: Totale Wahrscheinlichkeit

$$P(A) = \sum_n P(A|B_n) \cdot P(B_n) \quad P(B_n) > 0 \ \forall n$$

3.5 Satz von Bayes

In diesem Kapitel lernen Sie

- mit Hilfe der bedingten Wahrscheinlichkeit die eigentlich interessierenden Wahrscheinlichkeiten berechnen zu können.
- am Beispiel der Medizin, welche Bedeutung dieses Konzept in der Realität hat.

An dieser Stelle könnte man ein völlig neues Buch beginnen, das die Bayes-Statistik zum Thema hat. Hier soll aber lediglich der erwähnte Satz vorgestellt werden, benannt übrigens nach Thomas Bayes (1702-1761), der zwar vor allem ein englischer Pfarrer war dessen Name aber unsterblich mit dem Bayestheorem verbunden ist.[6]
Grundsätzlich geht es um die Frage, inwiefern neu gewonnene Erkenntnisse, bereits bekannte Wahrscheinlichkeiten für Ereignisse beeinflussen. Die Frage nach der Wahrscheinlichkeit, eine 6 zu würfeln, wird natürlich trivialerweise durch die Information beeinflusst, dass auf jeden Fall eine ungerade Augenzahl gewürfelt wurde.
Die sogenannte **a-priori Wahrscheinlichkeit** $P(6) = 1/6$ kann dann durch die **a-posteriori Wahrscheinlichkeit** $P(6|ungeradeAugenzahl) = 0$ ersetzt werden. Letztere ist eine bedingte Wahrscheinlichkeit.
Der Satz von Bayes kann aber noch mehr. Die Zutaten sind bedingte Wahrscheinlichkeiten und der Satz von der totalen Wahrscheinlichkeit.
Eine wichtige Anwendung des Satzes von Bayes findet sich in der Medizin. Beim sogenannten Screening kommen Tests zum Einsatz, die anzeigen sollen, ob ein Mensch eine bestimmte Krankheit hat oder nicht, sich in einem bestimmten Zustand befindet oder eben nicht.
Sollte sich zum Beispiel die gesamte Bevölkerung verpflichtend einem Test zu einer bestimmten Krankheit XYZ unterziehen? Aus vielen Gründen ist die klare Antwort NEIN. Ein wichtiges Argument liefert die Wahrscheinlichkeitsrechnung mit dem Satz von Bayes.
Die Wahrscheinlichkeit für das Ereignis A, nämlich, dass ein zufällig ausgewählter Mensch an der Krankheit XYZ leide, betrage:

$$P(A) = 0.0002$$

also im Schnitt 1 von 5000. Ein Screeningtest soll zutage bringen, wer Krankheitsträger ist.
Das Ereignis B tritt ein, falls der Sreeningtest bei einer Person positiv ausgefallen ist, die Krankheit laut Test also vorliegt.

[6] Sein somit wichtigstes Werk *Essay Towards Solving a Problem in the Doctrine of Chances.* wurde erst zwei Jahre nach seinem Tod veröffentlicht.

Der Hersteller des Tests versichert, dass jener das Vorliegen einer Krankheit zu 99 % erkennt, also die sogenannte **Sensitivität:**

$$P(B|A) = 0.99$$

beträgt. Lediglich in 1 % der Fälle produziert der Test einen Fehlalarm:

$$P(B|\overline{A}) = 0.01$$

Die sogenannte **Spezifizität** $1 - P(B|\overline{A})$ liegt damit ebenfalls bei 99 %, also die richtige Beurteilung der Gesunden.
Nun ist es allerdings so, dass Sie gerade nicht wissen, wer gesund ist und wer nicht. Dafür wollen Sie den Test schließlich durchführen. Das bedeutet, die folgende Wahrscheinlichkeit ist die interessante – der Test ist positiv, wie wahrscheinlich ist es, dass die Person krank ist:

$$P(A|B) = ?$$

Der Satz von Bayes erlaubt gewissermaßen das Umkehren von Schlussfolgerungen unter Ausnutzung der vorhandenen Informationen:

Definition 3.5: Satz von Bayes

$$P(A|B) = \frac{P(B|A) \cdot P(A)}{P(B)} \quad \text{mit } P(B) = P(B|A) \cdot P(A) + P(B|\overline{A}) \cdot P(\overline{A})$$

Diese Formel fällt natürlich nicht vom Himmel. Sie ergibt sich aus den Definitionen zur bedingten Wahrscheinlichkeit und zur totalen Wahrscheinlichkeit. Bedingte Wahrscheinlichkeit:

$$P(A|B) = \frac{P(A \cap B)}{P(B)}$$

Weil aber

$$P(A \cap B) = P(B \cap A) \quad \text{und} \quad P(B|A) := \frac{P(B \cap A)}{P(A)}$$

gilt, gelangen Sie zur folgenden Beziehung:

$$P(A|B) = \frac{P(B|A) \cdot P(A)}{P(B)}$$

Die Wahrscheinlichkeit für das Eintreten des Ereignisses B (ein positiver Test), $P(B)$, wird über die mittlerweile bekannte **totale Wahrscheinlichkeit** berechnet, da dies in der Praxis meist nicht anders möglich ist. Die Wahrscheinlichkeit wird dann über die beiden möglichen Zustände A und $\overline{A}$), also eine Person ist krank oder gesund, errechnet:

$$P(B) = P(B \cap A) + P(B \cap \bar{A}) = P(B|A) \cdot P(A) + P(B|\bar{A}) \cdot P(\bar{A})$$

Nun soll gerechnet werden – wie gut sind die Aussagen des Tests im tatsächlichen Einsatzfall, also bei Nichtkenntnis darüber, ob die getestete Person krank oder gesund ist:

$$P(A|B) = \frac{0.99 \cdot 0.0002}{0.99 \cdot 0.0002 + 0.01 \cdot 0.9998} = 0.019$$

Das Ergebnis ist gleichermaßen überraschend wie erschreckend. Wahrscheinlich ist die getestete Person nicht krank (>98 %), obwohl der Test positiv ausgefallen ist. Lediglich in knapp 2 % der Fälle ist die positiv getestete Person auch wirklich krank. Damit ist klar, dass ein solches Screening niemals generell für eine gesamte Population zum Einsatz kommen darf.
Wie kann das sein? Das Verhältnis zweier Zahlen ist entscheidend: $P(A)$ ist mit 0.0002 sehr viel kleiner als die Wahrscheinlichkeit, einen Fehlalarm zu produzieren, $P(B|\overline{A}) = 0.01$.
Die Spezifizität zu verbessern, ist eine Frage der Technik und ggf. eine Kostenfrage. Der größte Hebel ist fraglos, $P(A)$ zu erhöhen. Konkret bedeutet das, zum Beispiel lediglich Risikogruppen zu berücksichtigen. Die Graphik 3.9 zeigt eindrucksvoll die große Wirkung, die eine Erhöhung von $P(A)$ auf die gesuchte Wahrscheinlichkeit ausübt. Man beachte, dass in der Graphik lediglich Werte bis maximal 5 % für $P(A)$ berücksichtigt sind. Dennoch führt sie zu einer sehr signifikanten Verbesserung der Testergebnisse.

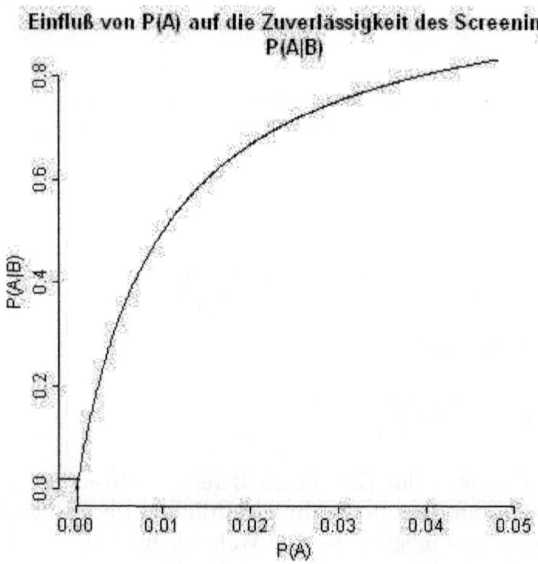

Abbildung 3.9: Satz von Bayes – Einfluss $P(A)$

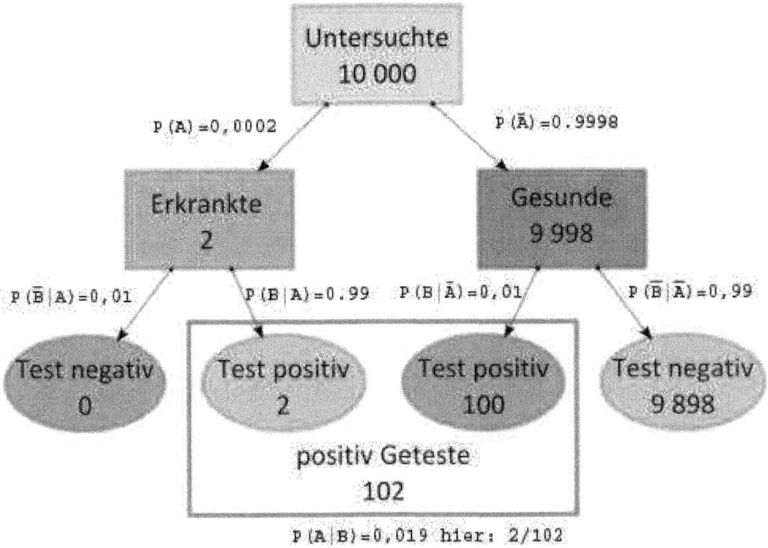

Abbildung 3.10: Baumdarstellung – Satz von Bayes

In der Graphik 3.10 ist das Phänomen, das der Satz von Bayes per Formel offenlegt, noch einmal graphisch als sogenanntes **Baumdiagramm** dargestellt. In diesem dichotomen Fall ist das eine gute und angemessene Darstellung.[7]

Kurz gefasst!

- Die totale Wahrscheinlichkeit erlaubt es Ihnen, eine vollständige Zerlegung des Wahrscheinlichkeitsraumes durchzuführen.
- Durch Vertauschen von Bedingung und bedingtem Ereignis lassen sich entgegengesetzte Wahrscheinlichkeiten ausrechnen, Satz von Bayes.
- Der Satz von Bayes ist in der Regel auf die totale Wahrscheinlichkeit angewiesen.

3.6 Aufgaben

1. Ergebnis einer kanadischen Studie: **Linkshänder leben im Schnitt sieben Jahre kürzer als Rechtshänder**.
   Kanadische Wissenschaftler haben festgestellt, dass mit zunehmendem Alter, der Anteil der Linkshänder rapide abnimmt. So sind von den unter 20-Jährigen

[7]Darstellung in Anlehnung an den entsprechenden Wikipedia-Eintrag.

etwa 13 % linkshänder, von den 80+-Jährigen sind es nur noch 1 %.
Aus dieser Tatsache schlussfolgerten sie, dass Linkshänder wohl nicht so lange leben wie Rechtshänder.

Können Sie der Argumentation folgen oder haben Sie bedenken?

2. Linda ist 31 Jahre alt. Sie ist ledig, extrovertiert und intellektuell absolut brilliant.

   Sie hat einen Abschluss in Philosophie. Als Studentin hat sie sich gegen Diskriminierung und soziale Ungerechtigkeit engagiert. Sie hat auch an Demonstrationen gegen Kernkraft teilgenommen.

   (a) Was ist wahrscheinlicher?

      A: Linda ist Bankangestellte
      B: Linda ist Bankangestellte und aktiv in der Frauenbewegung

   (b) Begründen Sie ihre Antwort.

   (c) Bei einer umfangreichen Befragung im Rahmen einer Studie von KAHNEMAN und TVERSKY gaben 99 % an, dass Alternative B wahrscheinlicher ist. Kommentieren Sie Ihre Einschätzung, und vergleichen Sie diese mit der Einschätzung einer so großen Mehrheit.

3. In einer Vorlesung für Erstsemester sitzen 250 Studierende, von denen 100 weiblich sind. 200 Studierende besitzen einen eigenen PC. Von den Frauen besitzen 80 einen eigenen PC.

   (a) Hat das Geschlecht hier einen Einfluss auf den Umstand, einen Computer zu besitzen oder nicht?

      Eine Person wird zufällig ausgewählt. Benutzen Sie zur Begründung die folgenden Ereignisse:

      W: die Person ist weiblich
      C: die Person besitzt einen eigenen PC

   (b) Berechnen Sie $P(C)$ und $P(C|W)$.

4. Bei einer Prüfung sind 25 % der Prüflinge in Mathematik, 15 % in Statistik und 10 % in Statistik und Mathematik durchgefallen. Einer der Prüflinge wird zufällig ausgewählt.

   Wie groß ist die Wahrscheinlichkeit, dass er oder sie:

   (a) in mindestens einem der beiden Fächer durchgefallen ist?
   (b) nur in Mathematik durchgefallen ist?
   (c) in keinem Fach durchgefallen ist?
   (d) in genau einem Fach durchgefallen ist?

→ **Hinweis:** Definieren Sie sich entsprechende Ereignisse und, verwenden Sie die kennengelernten Mengenoperationen: **Vereinigung, Schnittmenge, Differenz, Komplementärereignis.**

5. Eine faire Münze wird zweimal geworfen. Betrachten Sie die folgenden Ereignisse:

   A: im 1. Wurf erscheint ZAHL
   B: im 2. Wurf erscheint ZAHL
   C: es erscheint genau einmal ZAHL

   (a) Welche Ereignispaare sind unabhängig?

6. Beim Lotto **6 aus 49** gibt es bekanntlich $\binom{49}{6} = 13.983.816$ verschiedene Möglichkeiten, diese sechs Kugeln zu ziehen.[8]

   (a) Stellen Sie sich einmal vor, jemand spielt 80 Jahre lang jede Woche eine Reihe Lotto. Wie groß ist die Wahrscheinlichkeit, dass diese Person wenigstens einmal 6 Richtige hat?

   (b) Was passiert, wenn (theoretisch) jemand 13.983.816-mal Lotto spielt, also so viele zufällig ausgefüllte Lottoscheine abgibt.
   Wie groß ist die Wahrscheinlichkeit für wenigstens einmal 6 Richtige?

   (c) Wie groß ist die Wahrscheinlichkeit, den Jackpot zu knacken? Dazu wird ja noch die Superzahl, also eine Zahl zwischen 0 und 9 gezogen.

   (d) Stellen Sie sich vor, Sie sitzen bei der Ziehung live vor dem Fernseher und stellen nach sechs gezogenen Kugeln fest, Sie haben **6 Richtige**.
   Wie groß ist denn NUN die Wahrscheinlichkeit, den Jackpot zu knacken? Argumentieren Sie dies auch mit Hilfe von bedingten Wahrscheinlichkeiten.

7. Auf der Seite 12 im Punkt 1.1 wird die Lottowahrscheinlichkeit mit einer Autofahrt von Hamburg nach Rom beschrieben. Nehmen Sie einmal an, die Entfernung betrage 1400 km, das sind 140 Millionen cm. Vergleichen Sie das mit den eben berechneten Wahrscheinlichkeiten, den Jackpot zu knacken. Können Sie ein Experiment formulieren, das mit Hilfe der Autofahrt die praktische Unmöglichkeit illustriert, den Jackpot zu knacken?

8. Werfen Sie noch einmal einen Blick in den Exkurs-Kasten von der Seite 10, dort ging es um eine Jahrmarktwette.

   (a) Versuchen Sie, das Problem darüber zu lösen, dass Sie sich überlegen was alles passieren kann, um dann zu den passenden Wahrscheinlichkeiten zu gelangen.

   (b) Versuchen Sie anschließend, das Problem mit Hilfe bedingter Wahrscheinlichkeiten zu lösen.

---

[8] Akzeptieren Sie dies einmal kurz. Im Folgenden Kapitel wird die Aussage klar!

9. Lesen Sie den Artikel *Mit Statistik zur Wahrheit* ([Tiemann2010]). Versuchen Sie, die Argumentation nachzuvollziehen.

10. Aus dem Dossier *Die Welt im Internet*[9] aus dem Spektrum der Wissenschaft wird ein Programm vorgestellt, *„das in digitalen Bildern von Menschen mit recht hoher Treffsicherheit Unbekleidete erkennt."* Sie sollen sich hier nicht um die konkrete, technische Umsetzung kümmern, sondern um die Aussagen und die Fähigkeiten. Hier sind die (abgedruckten) Fakten und Folgerungen aus Testläufen:

    (a) Von 4854 Bildern mit Menschen erkannte das Programm in 43 % die Nackten.

    → *„Ein ziemlich gutes Ergebnis für eine so komplexe Bildanalyse."*

    (b) Auf 4289 Bildern mit ausschließlich angezogenen Personen wurden nur 4 % fälschlich als nackt gewertet.

    → *„Der Gegentest verlief ebenfalls erfolgreich."*

    Bewerten Sie diese Zahlen mi den Ihnen bekannten wahrscheinlichkeitstheoretischen Hilfsmitteln auch vor dem Hintergrund, dass Facebook mittlerweile Gesichter erkennen kann.

[9] Spektrum der Wissenschaft, Dossier 01/98 S. 27

Kapitel 4

Verteilungen

In diesem Kapitel lernen Sie

- dass Sie, um Daten angemessen modellieren zu können, Verteilungen benötigen.
- die Brücke zwischen der Empirie und der Theorie durch das Konzept der Zufallsvariable kennen.
- werden Sie konkrete Verteilungen kennenlernen und anwenden.

Bisher haben Sie sich im Rahmen der Wahrscheinlichkeitsrechnung mit **Ereignissen** befasst, die sich durch Experimente mit ungewissem Ausgang (Zufallsexperiment) ergeben. Zum Beispiel *Ein Würfelwurf*. Die Ergebnismenge ist: $\Omega = \{1, 2, 3, 4, 5, 6\}$.
Sie haben dann nach der Wahrscheinlichkeit bestimmter Ereignisse gefragt. Zum Beispiel die Wahrscheinlichkeit für mindestens einmal Sechs beim mehrmaligen Würfelwurf. Das haben Sie hinbekommen.
In gewisser Weise ist es relativ unhandlich, mit Ereignissen zu hantieren und zu rechnen. Man ist festgelegt auf die Formulierung des Ereignisses. Leichte Abweichungen von der Formulierung (zweimal die Sechs) machen das Ergebnis unbrauchbar.
Das Konzept der **Zufallsvariable** ist daher in gewisser Weise als Verallgemeinerung zu verstehen. Sie werden dies im Folgenden kennenlernen.

4.1 Zufallsvariablen

Wichtig ist auch hier die Unterscheidung zwischen **stetigen und diskreten Zufallsvariablen**. Genau wie in der Datenanalyse ergeben sich daraus Konsequenzen, was den Umgang und die Behandlung der Zufallsvariable betrifft.

Sie müssen es in diesem Rahmen mit der mathematischen Korrektheit nicht ganz so genau nehmen. Wichtig ist es, dass die Konzepte verstanden und angewandt werden können.

Definition 4.1: Zufallsvariable

Eine **Zufallsvariable** X ist eine **Abbildung** von Ω in die reellen Zahlen.

Oder anders formuliert: Für jedes Ergebnis eines Zufallsvorgangs nimmt X einen bestimmten Wert, eine bestimmte Zahl – an je nach inhaltlicher Gestaltung der Zufallsvariable. Das heißt, die konkrete **Abbildung** kann sich erst durch einen konkreten Kontext ergeben.

Definition 4.2: Diskrete Zufallsvariable

X ist eine **diskrete Zufallsvariable**, wenn die Ergebnismenge Ω endlich ist. Genaugenommen darf Ω unendlich abzählbar groß sein, damit X noch eine diskrete Zufallsvariable ist.

Dazu das übliche Würfelbeispiel: Beim viermaligen Würfelwurf interessiert vielleicht die Zufallsvariable X: *Anzahl sechs, die gewürfelt wurde.* Daraus ergibt sich sofort und ohne größeres Problem, dass X die Werte $0, 1, 2, 3, 4$ annehmen kann. Sie sind (natürlich) an Wahrscheinlichkeiten, Durchschnittswerten und Streuungen interessiert. All das kann für eine Zufallsvariable angegeben werden. Für jedes Konstrukt in der Theorie, also der Welt der Zufallsvariablen und Modelle, gibt es ein Pendant in der Empirie. Die folgende Tabelle fasst dies schon einmal kurz zusammen:

Empirie	Theorie
relative Häufigkeit h()	Wahrscheinlichkeit
Mittelwert $\bar{x}$	Erwartungswert
Stichprobenvarianz s^2	Varianz
emp. Verteilungsfunktion $\hat{F}(x)$	Verteilungsfunktion

Tabelle 4.1: Vergleich Konzepte Theorie vs. Empirie

Die Konzepte aus der Theorie sollen an dem folgenden Beispiel einer **diskreten Zufallsvariable** erarbeitet werden: X: *Anzahl der Mädchen in Familien mit zwei Kindern.*

Wertebereich: Das erste, was Sie sich anschauen sollten, ist: Welche Werte kann X eigentlich grundsätzlich annehmen? Darauf baut alles auf. Manchmal, wenn es wenige sind, können Sie diese Werte aufschreiben. Manchmal kann man sie mit

Symbolen erfassen – $X \in \mathbb{R}$. Und manchmal ist es ausreichend zu wissen, wie viele es sind.
Bei unserem Beispiel gilt: X kann die Werte $0, 1, 2$ annehmen, denn Folgendes kann nur passieren, denn dies sind die vier gleich wahrscheinlichen Ergebnisse des Zufallsexperimentes *Zwei Kinder*:

$$\{JJ\} \to X = 0,$$
$$\{JM\} \to X = 1,\ \{MJ\} \to X = 1,$$
$$\{MM\} \to X = 2$$

Wahrscheinlichkeiten: Natürlich sind Sie an der **Wahrscheinlichkeit von** X interessiert. Sie möchten die Ergebnisse des Zufallsexperimentes bzw. Ihr durch die Zufallsvariable expliziertes Interesse bewerten können.
Wie wahrscheinlich ist es, dass X einen bestimmten Wert x annimmt:

Definition 4.3: Wahrscheinlichkeitsfunktion

$P(X = x)$ heißt **Wahrscheinlichkeitsfuntkion von** X

Es gilt:

$$P(x) \geq 0 \text{ für alle } x \in \mathbb{R} \text{ und } \sum_{x|P(x)>0} P(X = x) = 1$$

Das kennen Sie bereits aus der Empirie: *Eine Wahrscheinlichkeitsfunktion darf nicht negativ werden und die Summe aller Wahrscheinlichkeiten, also wenn man jedes Ergebnis berücksichtigt, muss 1 werden.*[1]
Statt Wahrscheinlichkeiten von Ereignissen abzufragen, können Sie sich auch für Wahrscheinlichkeiten von **Realisationen von Zufallsvariablen** interessieren. Es gibt verschiedene Möglichkeiten, diese zu notieren. Die folgende Schreibweise ist eher kompakter Natur:

$$P_{\text{X: Anzahl 6 bei 4 Würfen}}(X = 2) = ?$$

$$P_{\text{X: Anzahl Mädchen bei 2 Kindern}}(X = 1) = ?$$

Die Wahrscheinlichkeitsfunktion für X: *Anzahl der Mädchen in Familien mit 2 Kindern* sieht so aus:

$$P(X = x) = \begin{cases} 0.25 & \text{für } x = 0 \\ 0.5 & \text{für } x = 1 \\ 0.25 & \text{für } x = 2 \\ 0 & \text{sonst} \end{cases}$$

[1] Die Formulierung $\sum_{x|P(x)>0} P(X = x)$ heißt übersetzt: Addiere jede Wahrscheinlichkeit auf, aber berücksichtige nur diejenigen Stellen x, bei denen sich eine positive Wahrscheinlichkeit ergibt.

Die Verteilungsfunktion: Die **Verteilungsfunktion** $F_X()$ von X spielt vor allem bei **stetigen Zufallsvariablen** eine entscheidende Rolle. Im diskreten Fall ist sie für Sie eher uninteressant. Das gleiche haben Sie übrigens schon in der Empirie bemerkt. Im diskreten Fall haben Sie die relativen Häufigkeiten, die Ihnen alle Fragen beantworten können. Ähnlich ist es hier.
Bei den diskreten Zufallsvariablen ist die Wahrscheinlichkeitsfunktion das Maß der Dinge. Der Vollständigkeit halber soll die Verteilungsfunktion allgemein aber an dieser Stelle eingeführt werden.

Definition 4.4: Verteilungsfunktion

$$F_X(x) = P(X \leq x)$$

Die Definition ist vollkommen analog zu den kumulierten relativen Häufigkeiten. Beim Würfelbeispiel: Wie groß ist die Wahrscheinlichkeit, höchstens zweimal die 6 bei viermaligem Würfelwurf zu bekommen:

$$F_X(2) = P(X \leq 2) = ?$$

Für die Anzahl Mädchen können Sie $F_X()$ leicht aufschreiben, es gilt (vgl. dazu die WS-Funktion auf der Seite 161):

$$F_X(x) = \begin{cases} 0 & \text{für } x < 0 \\ 0.25 & \text{für } 0 \leq x < 1 \\ 0.75 & \text{für } 1 \leq x < 2 \\ 1 & \text{für } x \geq 2 \end{cases}$$

Erwartungswert: In der Tabelle 4.1 ist es bereits deutlich geworden: Der **Erwartungswert** einer Zufallsvariable entspricht inhaltlich dem Mittelwert, genaugenommen dem arithmetischen Mittel. Daher ist er inhaltlich auch genauso zu interpretieren: Welchen Wert nimmt X im Durchschnittt an?

Definition 4.5: Erwartungswert (diskret)

$$E(X) = \sum_{x|P(x)>0} x \cdot P(X = x)$$

Die Analogie zum arithmetischen Mittel bzw. zum gewichteten arithmetischen Mittel wird durch die Definition noch einmal ganz deutlich: Jede mögliche Realisation der Zufallsvariable wird mit ihrer Eintrittswahrscheinlichkeit gewichtet. Das ganze wird dann aufaddiert.

Für die Anzahl Mädchen gilt:

$$E(X) = 0 \cdot 0,25 + 1 \cdot 0,5 + 2 \cdot 0,25 = 1$$

Sie würden also im Mittel 1 Mädchen erwarten

Varianz: Wie bei der Empirie so gilt auch hier, die Lage alleine ist nicht ausreichend um in diesem Fall eine Zufallsvariable angemessen bewerten zu können. Die Varianz einer Zufallsvariable X ist daher ganz analog zur mittleren quadratischen Abweichung d_x^2 definiert.

Definition 4.6: Varianz

$$Var(X) = E\left([X - E(X)]^2 \right)$$

Der Erwartungswert-Operator übernimmt hier das Summenzeichen und das Teilen durch n, wie Sie es von d_x^2 kennen. Das konkrete Ausrechnen geht auch hier einfacher – ebenfalls analog zu den empirischen Daten:

Definition 4.7: Varianz – Rechenformel

$$Var(X) = E(X^2) - E(X)^2$$

$$\text{mit } E(X^2) = \sum_{x|P(x)>0} x^2 \cdot P(X = x)$$

Für das Beispiel *Anzahl Mädchen* gilt also:

$$E(X^2) = 0^2 \cdot 0.25 + 1^2 \cdot 0.5 + 2^2 \cdot 0.25 = 1.5$$

Damit ergibt sich für die Varianz, die auch gerne als σ_X^2 (sprich: „sigma quadrat") bezeichnet wird:

$$\sigma_X^2 = Var(x) = 1.5 - 1^2 = 0.5$$

Um zu den Einheiten zurückzukehren, muss, wie im empirischen Fall, die Wurzel aus der Varianz gezogen werden. Das Ergebnis ist die **Standardabweichung**. Diese ist genauso zu interpretieren wie das d_x bzw. s_x.

Definition 4.8: Standardabweichung

$$\sigma_X = \sqrt{Var(x)}$$

Für das Beispiel ergibt sich als Standardabweichung $\sigma_X = \sqrt{0.5}$.

Kurz gefasst!

- Sie kennen jetzt die Zufallsvariable als ein geeignetes Instrument zur Betrachtung von Wahrscheinlichkeiten.
- Sie kennen diskrete und stetige Zufallsvariablen.
- Sie haben in diesem Zusammenhang die Konzepte Wahrscheinlichkeitsfunktion, Verteilungsfunktion, Erwartungswert und Varianz kennengelernt.

4.2 Die (Daten-)Welt als Modell?

Sie haben gewissermaßen das Rüstzeug kennengelernt, um **real existierende Situationen zu modellieren**. Das ist wichtig, um aus beobachteten Daten durch **Induktion** über die Daten hinausreichende Erkenntnisse zu gewinnen. Deswegen gibt es die Disziplin Statistik.
Sie werden im Folgenden diskrete und stetige Modelle kennenlernen. Ausführlich vorgestellt werden in diesem Rahmen dabei nur die wichtigsten. Es werden weitere genannt und in den jeweiligen Kontext gesetzt. Die Feinheiten und konkreten Anwendungen gehen über den hier gesetzten Rahmen hinaus.
Stellen Sie sich vor, Sie wären für die Vertriebsleitung in einem Unternehmen zuständig. Damit wäre es zum Beispiel Ihre Verantwortung, die Größe und den Einsatz des Außendienstes zu planen und zu steuern. Dafür brauchen Sie Planzahlen.
Angenommen, jeder Außendienstler müsste wenigstens einen Auftrag pro Tag abschließen, um die entstehenden Kosten zu decken. Wie wahrscheinlich ist es denn, dass das auch passiert? Um Ziele zu setzen, müssen Sie wissen, was Sie pro Außendienstmitarbeiter an Aufträgen pro Monat erwarten können und wie groß die mögliche Abweichung davon ist.
Wonach klingt das? Das klingt nach Wahrscheinlichkeiten, Erwartungswerten und Varianzen bzw. Standardabweichungen. Die Frage ist nur wovon? Welche Zufallsvariable X modelliert die gerade geschilderte Situation? Genauer, wie ist eine Zufallsvariable zu definieren, um korrekte Antworten auf die gerade gestellten Fragen zu bekommen? Das sollen Sie sich ansehen.
Sie werden dabei feststellen, dass die Kunst des **Abstrahierens** Ihnen dabei zu Hilfe eilt. Wenn Sie von dem Außendienstmitarbeiter, also dem konkreten Kontext, abstrahieren, dann stellen Sie fest, dass im Grunde ein und dieselbe Zufallsvariable eine sehr große Menge an Situationen abdecken kann. Das macht die Sache einfacher.

4.3 Spezielle diskrete Modelle

In diesem Kapitel lernen Sie

- Wahrscheinlichkeitssituationen angemessen zu modellieren.
- den Bernoulliprozess sowie die Binomialverteilung zur Modellierung bestimmter diskreter Prozesse kennen.
- die Normalverteilung zur Modellierung vieler stetiger Prozesse kennen.

4.3.1 Bernoulliexperiment

Oft sind Sie bei einem Zufallsexperiment am Eintreten eines ganz bestimmten Ereignisses interessiert:

Wird eine 6 gewürfelt? Wurde ein Mädchen geboren? Habe ich im Lotto gewonnen? Wird ein Kredit zurückbezahlt? Entspricht ein Produkt den Qualitätsanforderungen? Wird ein Auftrag abgeschlossen? Usw.

Das Eintreten eines solchen Ereignisses A bezeichnet man als **Erfolg**. Das Nicht-Eintreten, also $\bar{A}$, entsprechend als **Misserfolg**.
Das Aufteilen in zwei **disjunkte** Möglichkeiten, zwei mögliche Ergebnisse, nennt man auch **dichotomisieren**. Dieses Vorgehen vereinfacht die Analyse natürlich ungemein. Selbstverständlich gehen Informationen verloren, aber das muss keine Rolle spielen, wenn ich zum Beispiel nur wissen möchte *6 oder keine 6* beim Mensch-ärgere-dich-nicht-Spiel.
Grundsätzlich haben Sie damit nichts Neues gelernt, nur eine verschärfte Sichtweise. Sie sollen die erste spezielle Zufallsvariable bzw. Verteilung kennenlernen, die **Bernoulliverteilung** – benannt nach Jakob Bernoulli (1655-1705).
Basis dafür ist der sogenannte **Bernoullivorgang**, das eben eingeführte Dichotomisieren. Es gilt:

Definition 4.9: Bernoullivorgang – Bernoulliverteilung
Ein Zufallsexperiment habe genau zwei mögliche Ausgänge A und $\bar{A}$.
Es sei:

$$P(A) = p \quad \text{und} \quad P(\bar{A}) = 1 - p$$

Dies nennt man **Bernoullivorgang**.
Die Zufallsvariable X nimmt den **Wert 1 beim Erfolg, also dem Eintreten von A an**, den Wert 0 bei $\bar{A}$.
Die Zufallsvariable X ist dann bernoulliverteilt mit p.

$$X \sim bern(p) \; P(X = 1) = p, P(X = 0) = 1 - p$$

Diese Verteilung nennt man auch **Null-Eins-Verteilung**, warum, ist offensichtlich. Sie haben damit *einen* Würfelwurf oder *einen* Vertreterbesuch modelliert. Offensichtlich sind Sie aber an mehreren, nämlich an n aufeinanderfolgenden Versuchen interessiert.

Definition 4.10: Bernoulliprozess

Man Beobachtet n Bernoullivorgänge nacheinander und es gelten die folgenden Voraussetzungen:

- Die n Vorgänge sind unabhängig voneinander.
- Die Erfolgswahrscheinlichkeit p ist jeweils konstant.

Dann spricht man von einem **Bernoulliprozess** der Länge n.

Die getroffen Annahmen sind nicht sehr restriktiv. Schauen Sie sich noch einmal die Beispiele im Kasten auf der Seite 165 an. Das trifft auf alle zu. Sogar auf den Vertreter, auch wenn man hier ggf. konstatieren könnte, dass zwei erfolgreiche Vertragsabschlüsse hintereinander ihn oder sie vielleicht beflügeln, die umgekehrte Situation vielleicht demoralisierend wirkt. Dazu lässt sich aber auch sagen, dass das über das Jahr verteilt entsprechend ausgleichend wirkt, sodass die Annahme durchaus gerechtfertigt scheint.
Das Ereignis A: *Augenzahl Sechs beim einmaligen Würfelwurf* ist ein Bernoullivorgang,und es gilt $P(A) = P(X = 1) = 1/6$. Wird der Würfel dann aber viermal hintereinander geworfen und das Ereignis A interessiert, dann spricht man von einem Bernoulliprozess, entsprechend der eben angeführten Definition.
Offensichtlich ist dann natürlich die Frage nach der **Summe der Erfolge** bei n Versuchen, also zum Beispiel die Anzahl Sechs bei vier Würfen, eine gern gestellte. Der Bernoulliprozess ist die Basis für die **Binomialverteilung**. Diese erlaubt es uns, die gestellten Fragen für all solche Situationen zu beantworten.

4.3.2 Binomialverteilung

Die Binomialverteilung, die Sie kennenlernen werden, ist sicherlich eine der wichtigsten diskreten Verteilungen. Sie baut, wie Sie eben herausgearbeitet haben, auf dem Bernoullivorgang auf. Sehr viele reale Datensituationen können mit diesem Modell bearbeitet werden.
Das Schöne und das Verständnis Fördernde ist, dass Sie sie vollständig und mit einfachen Mitteln herleiten können, so wie auch der Bernoulliprozess erarbeitet wurde.
Sie sollen folgende Zufallsvariable eines Bernoulliprozesses mit $p = 1/6$ und $n = 4$ betrachten:

$$S = \text{Anzahl Sechs beim viermaligen Würfelwurf}$$

Offensichtlich kann S die Werte $0, 1, 2, 3, 4$ annehmen. Sie kennen auch bereits zwei konkrete Wahrscheinlichkeiten. Sie können den **Multiplikationssatz** von der Seite 145 anwenden – die Anwendungen sind erfüllt, da es es sich um einen Bernoulliprozess handelt. Die Wahrscheinlichkeit für keinen Erfolg und für vier Erfolge bereiten Ihnen keine Schwierigkeiten:

$$P(S=0)=\left(\frac{5}{6}\right)^4 \approx 0,48 \quad \text{und} \quad P(S=4)=\left(\frac{1}{6}\right)^4 \approx 0.001$$

Leider sind die Realisationen dazwischen etwas schwieriger zu berechnen. Aber dafür sollen Sie die **Binomialverteilung** kennenlernen.

Definition 4.11: Binomialverteilung

S sei eine diskrete Zufallsvariable, die folgende Werte annehmen kann:
$S = 0, 1, 2, \dots, n$
Sie habe die folgende Wahrscheinlichkeitsfunktion:

$$P(S=s)=\binom{n}{s}\cdot p^s \cdot (1-p)^{n-s}$$

Dabei ist $\binom{n}{s}$ der sogenannte **Binomialkoeffizient** – sprich „n über s“:

$$\binom{n}{s}=\frac{n!}{(n-s)!\cdot s!} \quad \text{mit} \quad n! = 1\cdot 2\cdot 3\cdot \ldots \cdot n$$

Dann ist S binomialverteilt mit den Parametern n und p:

$$S \sim binom(n,p)$$

Die Schreibweise $S \sim \ldots$ haben Sie bereits kennengelernt. So notierten Sie allgemein die Verteilung einer Zufallsvariablen. Mit $n!$ ist die sogenannte **Fakultät** gemeint, man sagt „n Fakultät“.

Definition 4.12: Fakultät

Es sei n eine natürliche Zahl.
Die Fakultät von n berechnet sich als Produkt aller natürlicher Zahlen kleiner oder gleich n:

$$n! = 1\cdot 2\cdot \ldots \cdot (n-1)\cdot n$$

Bevor die Formel für die Wahrscheinlichkeitsfunktion herleiten, seien zwei Rechenregeln angegeben. Für den Erwartungswert und die Varianz gibt es jeweils eine Formel:

Definition 4.13: Erwartungswert und Varianz der Binomialverteilung
S sei eine binomialverteilte Zufallsvariable: $S \sim binom(n,p)$.
Dann gelten für den Erwartungswert:

$$E(S) = n \cdot p$$

und für die Varianz:

$$Var(S) = n \cdot p \cdot (1-p)$$

Schauen Sie sich das einmal ausführlich an, denn so ohne Weiteres ist das nicht nachvollziehbar. Nehmen Sie einmal an, Sie haben beim viermaligen Wurf eines fairen Würfels folgendes beobachtet, A, also das interessierende Ereignis, der Erfolg, sei eine gewürfelte 6.

$$\bar{A}\; A\; \bar{A}\; \bar{A}$$

Es wurde also insgesamt genau eine 6 gewürfelt, es ist ein Erfolg beobachtet worden. Sie können diese Situation durch Realisationen der Parameter der Binomialverteilung beschreiben, es gilt $S = 1$, $n = 4$, $p = 1/6$.
Da Unabhängigkeit als Voraussetzung gilt, ist die Wahrscheinlichkeit für genau **diese spezielle Beobachtung** gerade – erinnern Sie sich noch einmal an den Multiplikationssatz von Seite 145:

$$\begin{aligned} P(\text{Erfolg an 2. Stelle}) &= (1-p) \cdot p \cdot (1-p) \cdot (1-p) \\ &= (1-p)^3 \cdot p^1 \\ &= 1-p)^{4-1} \cdot p^1 \\ &= (1-p)^{n-s} \cdot p^s \\ &= \left(\frac{5}{6}\right)^{4-1} \cdot \left(\frac{1}{6}\right)^1 \end{aligned}$$

Wenn Sie einmal in den Definitionskasten zur Binomialverteilung schauen, dann stellen sie fest, dass das der Wahrscheinlichkeitsfunktion doch schon recht nah kommt. Es fehlt lediglich der Binomialkoeffizient.
Der kommt. Denn das Problem ist, und das macht die Berechnung etwas mühseliger, dass Sie ganz grundsätzlich daran interessiert sind, was die Wahrscheinlichkeit für $S = 1$ ist. Der aufgelistete Fall war nur eine Möglichkeit von mehreren.
S nimmt den Wert 1 nämlich nicht nur bei der gezeigten Konstellation an, sondern bei all diesen Ergebnissen – unser Fall ist der an zweiter Stelle aufgeführte:

1 :	$A\; \bar{A}\; \bar{A}\; \bar{A}$
2 :	$\bar{A}\; A\; \bar{A}\; \bar{A}$
3 :	$\bar{A}\; \bar{A}\; A\; \bar{A}$
4 :	$\bar{A}\; \bar{A}\; \bar{A}\; A$

Tabelle 4.2: Darstellung ein Erfolg bei vier Versuchen

Die entscheidende Frage ist, **auf wie viele Arten kann es passieren, genau einen Erfolg bei vier Versuchen zu beobachten?**
Hier können Sie es noch zählen, es sind vier, und alle sind gleich wahrscheinlich mit der oben hergeleiteten Wahrscheinlichkeit. Nun müssen Sie sich noch einmal die Regel von der **Vereinigung** auf der Seite 143 vor Augen führen, denn alle vier Fälle sind natürlich disjunkt. Daher können die vier Wahrscheinlichkeiten einfach aufaddiert werden. Und da sie alle exakt gleich groß sind, gilt:

$$P(S = 1) = 4 \cdot \left(\frac{5}{6}\right)^3 \cdot \left(\frac{1}{6}\right)^1 \approx 0,386$$

Diesen Faktor 4 rechnet der Binomialkoeffizient für Sie aus. Auf wie viele Arten können Sie $S = 1$ Erfolg bei $n = 4$ Versuchen beobachten? Daher muss gelten:

$$4 = \binom{4}{1} \stackrel{!}{=} \frac{4!}{(4-1)! \cdot 1!} = \frac{24}{3! \cdot 1!} = 4$$

Entscheidend ist hier die Frage, an welcher Position kann das A stehen, also wann können Sie einen Erfolg beobachten beim viermaligen Würfelwurf: an den Positionen 1 bis 4. Das war ja noch relativ einfach. Wie demonstriert, berechnet genau das der Binomialkoeffizient:
Ich habe vier Positionen zu vergeben ($n = 4$), auf wie viele verschiedene Arten, kann ich einen Erfolg verbuchen. Wie viele verschiedene Sequenzen aus einmal A und dreimal $\bar{A}$ können Sie erzeugen? Die Antwort ist ebenfalls vier und natürlich die Lösung für unser Problem.
Bei zwei Erfolgen stellt sich dieselbe Frage: Wenn ich viermal würfle, auf wie viele Arten, kann ich zwei Erfolge an den Positionen 1 bis 4 unterbringen:

1	2	3	4
A	A	$\bar{A}$	$\bar{A}$
A	$\bar{A}$	A	$\bar{A}$
A	$\bar{A}$	$\bar{A}$	A
$\bar{A}$	A	A	$\bar{A}$
$\bar{A}$	A	$\bar{A}$	A
$\bar{A}$	$\bar{A}$	A	A

Tabelle 4.3: Darstellung: zwei Erfolge bei vier Versuchen

Es gibt genau sechs Möglichkeiten, zwei Erfolge bei vier Versuchen zu verbuchen:

$$\binom{4}{2} = \frac{4!}{(4-2)! \cdot 2!} = \frac{24}{2! \cdot 2!} = 6$$

Oder noch mal anders formuliert: Wie viele verschiedene Positionen (für die beiden Erfolge) kann ich bei zweimaligem Ziehen ohne Zurücklegen ($S = 2$) aus einer Urne mit den Zahlen $1 \ldots 4$, ($n = 4$) ziehen – analog zur Darstellung in Tabelle 4.3:

$$(1,2), (1,3), (1,4), (2,3), (2,4), (3,4)$$

Auf wie viele Arten kann ich zwei verschieden Zahlen aus vier verschiedenen Zahlen ziehen (ohne Zurücklegen)?
Oder: Wie viele verschiedene Sequenzen aus 2 mal A und 2 mal $\bar{A}$ können Sie erzeugen? All das sind synonyme Formulierungen. Und das beantwortet der Binomialkoeffizient.
Damit ist auch klar, dass $\binom{4}{0} = 1$ und $\binom{4}{4} = 1$ sein muss. Davon gibt es jeweils nur eine einzige Möglichkeit.
Damit kennen Sie die Wahrscheinlichkeitsfunktion von S: *Anzahl 6 beim viermaligen Würfelwurf:*

$$P(S = s) = \binom{4}{s} \cdot \left(\frac{1}{6}\right)^s \cdot \left(\frac{5}{6}\right)^{4-s}, \quad \text{für } s = 0, \ldots, 4$$

$$\begin{aligned}
P(S = 0) &= \binom{4}{0} \cdot \left(\frac{1}{6}\right)^0 \cdot \left(\frac{5}{6}\right)^4 \\
P(S = 1) &= \binom{4}{1} \cdot \left(\frac{1}{6}\right)^1 \cdot \left(\frac{5}{6}\right)^3 \\
P(S = 2) &= \binom{4}{2} \cdot \left(\frac{1}{6}\right)^2 \cdot \left(\frac{5}{6}\right)^2 \\
P(S = 3) &= \binom{4}{3} \cdot \left(\frac{1}{6}\right)^3 \cdot \left(\frac{5}{6}\right)^1 \\
P(S = 4) &= \binom{4}{4} \cdot \left(\frac{1}{6}\right)^4 \cdot \left(\frac{5}{6}\right)^0
\end{aligned}$$

Tabelle 4.4: Wahrscheinlichkeitsfunktion $S \sim binom(n = 4, p = 1/6)$

S	P(S=s)
0	0.482
1	0.386
2	0.116
3	0.015
4	0.001

Tabelle 4.5: Konkrete Wahrscheinlichkeiten zu $S \sim binom(n = 4, p = 1/6)$

Der Vollständigkeit halber seien noch der **Erwartungswert**:

$$E(S) = 4 \cdot 1/6 = 2/3 = 0.67$$

und die **Varianz**:

$$Var(S) = 4 \cdot 1/6 \cdot 5/6 = 20/36 = 0.556$$

berechnet.

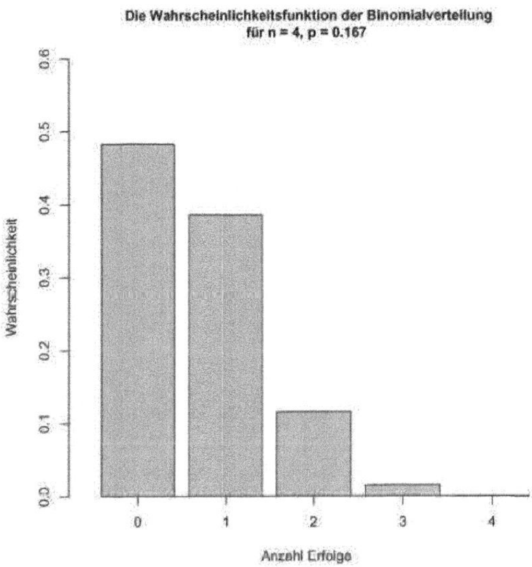

Abbildung 4.1: WS-Funktion der Binomialverteilung

Die Binomialverteilung wird sehr viel verwandt, immer dann, wenn Sie am Eintreten eines bestimmten Ereignisses interessiert sind. Sie haben auch gesehen, dass der Würfelwurf zwar als Initialbeispiel gedient hat, aber dann kaum noch erwähnt wurde. Es ist egal, ob ein Würfel n-mal geworfen wird, ein Vertreter am Tag n Hausbesuche macht oder n Produkte auf Qualität untersucht werden. Das ist die Stärke von Modellen. Sie können vom konkreten Kontext immer wieder abstrahieren ohne den Nachteil, diesem nicht gerecht zu werden.

Übrigens können Sie mit Hilfe des Binomialkoeffizienten auch die Wahrscheinlichkeit für **6 Richtige im Lotto** bestimmen.
Man kann auf $\binom{49}{6}$ Arten sechs Kugeln aus 49 ohne Zurücklegen ziehen. Das sind genau 13983816. Versuchen Sie nicht, diese Zahl über die Definition auszurechnen. Vermutlich hat Ihr Taschenrechner folgende Taste, die so oder ähnlich beschriftet

ist: nCr. Das C steht dabei für *Combination*. Der Binomialkoeffizient rechnet die Anzahl der Kombinationen von r Erfolgen bei n Versuchen aus.
Zurück zu den *6 Richtigen*: Eine Reihe von den knapp 14 Millionen möglichen wird tatsächlich gezogen. 1/13.983.816 ist also die Wahrscheinlichkeit. Das ist nichts anderes als die Anwendung des klassischen Wahrscheinlichkeitsmodells (vgl. Seite138).
Und 5 Richtige? Die Binomialverteilung hilft hier leider so NICHT weiter, die Lage ist etwas komplizierter.

4.3.3 Weitere Möglichkeiten

Selbstverständlich gibt es viele weitere diskrete spezielle Verteilungsmodelle. In diesem Rahmen soll es bei der Bernoulli- und Binomialverteilung bleiben. Damit kommen Sie schon ein gutes Stück voran.
Es sei aber dennoch auf einige weitere Verteilungen hingewiesen, welche sich natürlicherweise anschließen würden. Zum Beispiel in [WolNaeTie2006] können Sie sich ausführlich dazu informieren.

Geometrische Verteilung: Diese entspringt auch dem Bernoulliprozess. Die Frage ist, **wie lange muss man auf einen Erfolg warten?** Die geometrische Verteilung ist eine diskrete Warteverteilung.
Die Wahrscheinlichkeitsfunktion für jene herzuleiten, ist nicht weiter schwer. Nehmen Sie an, Sie wollen den Würfel so lange werfen, bis eine 6 erscheint, es sei $p = 1/6$. Und Sie fragen sich, wie wahrscheinlich ist es, dass im 4. Wurf das erste Mal die 6 erscheint, dann gilt offensichtlich – denn die dreimal vorher darf keine 6 gefallen sein:

$$P(\text{Erfolg beim 4. Wurf} = \left(\frac{5}{6}\right)^3 \cdot \frac{1}{6}$$

Definition 4.14: Geometrische Verteilung
W sei eine diskrete Zufallsvariable und kann folgende Werte annehmen:
$W = 1, 2, 3, \ldots$
W hat die Wahrscheinlichkeitsfunktion

$$P(W = w) = (1-p)^{w-1} \cdot p$$

W heißt geometrisch verteilt mit Parameter p

$$W \sim geometrisc(p)$$

Ferner gilt:

$$E(W) = \frac{1}{p} \text{ und } Var(W) = \frac{1-p}{p^2}$$

Man sagt übrigens, die geometrische Verteilung hat **kein Gedächtnis**. Überlegen Sie doch einmal, worauf das anspielt und was die Konsequenzen sind. Hinweis: Werfen Sie noch mal einen genauen Blick auf die Voraussetzungen des Bernoulliprozesses!

Hypergeometrische Verteilung: Diese Verteilung soll nur kurz erwähnt werden. Im Grunde ist diese völlig analog zur Binomialverteilung zu sehen, außer, dass die **Unabhängigkeit nicht gegeben ist**.
Bei der ausführlichen Vorstellung der Binomialverteilung wurde der Vergleich zum Kugelziehen aus einer Urne vorgenommen. Bei Unabhängigkeit wird mit Zurücklegen gezogen. Die vorherige Ziehung hat keinen Einfluss auf die folgende Ziehung, da alle Kugeln wieder in der Urne sind.
Beim Lotto wird **ohne Zurücklegen** gezogen, das heißt, es herrscht sehr wohl Abhängigkeit zwischen den sechs Ziehungen an einem Samstag. Wenn als erste Kugel die 5 gezogen wurde, kann sie nicht mehr gezogen werden. Auch die Wahrscheinlichkeiten für alle anderen Kugeln ändern sich. Zunächst hat jede Kugel die Chance $1/49$, dann $1/48$ bzw. Null, dann $1/47$ bzw. Null usw.
Die hypergeometrische Verteilung ist das passende Modell, um eine Lottoziehung zu modellieren. Wenn Sie also die Wahrscheinlichkeit für 5 Richtige bestimmen wollen, dann nehmen Sie die hypergeometrische Verteilung.

Poisson-Verteilung: Auch diese soll nur der Vollständigkeit halber erwähnt werden. Sie ist ebenfalls eine Zählverteilung. Mit ihr können Sie sehr gut **seltene Ereignisse** modellieren, zum Beispiel Serverausfälle oder auch Anrufe in einem Callcenter. Sie können ein Beispiel dazu in [Tiemann2011] nachlesen.
Die Poisson-Verteilung entsteht übrigens bei einer **Grenzbetrachtung**. Ausgangspunkt ist der Bernoulliprozess bzw. die Binomialverteilung. Wenn Sie die Erfolgswahrscheinlichkeit gegen Null streben lassen, $p \to 0$, und gleichzeitig den Erwartungswert konstant bei λ halten, also $np \to \lambda$, dann entsteht eine Grenzverteilung, diese ist die Poisson-Verteilung.
Sie heißt auch **Verteilung der seltenen Ereignisse** – p ist klein!

4.4 Spezielle stetige Modelle

In der Empirie hatten Sie ja das ein oder andere Problem, ein Merkmal der stetigen bzw. der diskreten Welt zuzuordnen. Das Merkmal *Anzahl Bücher* ist offensichtlich diskret, denn es ist eine Zählvariable. Dennoch war es günstiger, die Daten mit Hilfe einer stetigen Betrachtungsweise zu analysieren, es wurden Klassen gebildet.
In der Theorie ist es eindeutig. Wenn eine Zufallsvariable überabzählbar viele Realisationsmöglichkeiten liefert, dann haben Sie es mit einer **stetigen Zufallsvariable** zu tun. In diesem Fall müssen Sie sich auch unbedingt daran halten, sonst gehen die Wahrscheinlichkeitsaussagen schief.

Im Rahmen dieser Einführung werden Sie vornehmlich die sogenannte **Normalverteilung** kennenlernen. Der Name deutet es ja bereits an, dass sie nicht ganz unbedeutend sein kann. Wie auch bei den diskreten Modellen, wird es einen Ausblick auf weitere stetige Modelle geben, denn offensichtlich gibt es davon viele.

4.4.1 Normalverteilung

Das wichtigste Verteilungsmodell ist die Normalverteilung, die von **Gauß** vorgeschlagen wurde. Vielleicht erinnern Sie sich noch an die DM-Zeit. Die folgende Abbildung zeigt einen alten 10 DM-Schein. Auf diesem ist Carl Friedrich Gauß (1777-1855) abgebildet und eben die **Dichtefunktion der Normalverteilung**.

Abbildung 4.2: Ein alter 10 DM-Schein

Das hat verschiedene Gründe. Zunächst einmal ist zu klären, warum es es die Normalverteilung überhaupt gibt, also zu welchem ursprünglichen Zweck sie hergeleitet worden ist. Die Normalverteilung ist von Gauß zur Modellierung von **Messfehlern** entwickelt worden. Bei der wiederholten Messung (Schätzung) einer Größe Y stellt man fest, dass die einzelnen Messungen (Schätzungen) unterschiedliche Werte ergeben – lassen Sie doch einmal zehn Ihrer Freunde die Breite eines Zimmer abschätzen. Wie können Sie diesen Tatbestand modellieren? Ein sehr einfaches Modell ist dieses:

$$Y = \mu + X$$

Dabei ist μ (sprich „müh") der wahre Wert der zu messenden Größe und X der Messfehler. Nun ist es so, dass man eine Reihe sinnvoller Annahmen für die Messfehler annehmen kann, zum Beispiel diese:

- Die Messfehler sollten nicht systematisch sein.
  Daraus ergibt sich, dass das **Zentrum eines Modells für Messfehler die Null** sein sollte.
- Positive Messfehler sollten die gleiche Verteilung besitzen wie negative Messfehler.
  Daraus ergibt sich, dass die Verteilung für Messfehler symmetrisch um das Zentrum sein muss. Das Zentrum konnte bereits als die Null identifiziert werden.

- Die Wahrscheinlichkeit für das Auftreten eines Messfehlers sollte mit zunehmender Entfernung vom Zentrum abnehmen. Die entsprechende Dichtefunktion muss also zunehmend flacher an den Rändern werden.

Dies sind wohl die entscheidenden Annahmen. Mit der richtigen Mathematik kann man daraus die Dichtefunktion der Normalverteilung herleiten. Schauen Sie sich noch einmal den 10 DM-Schein an. Die Dichtefunktion, die Sie dort sehen, erfüllt die drei Voraussetzungen. je höher die Dichtefunktion, desto dichter, desto wahrscheinlicher sind Beobachtungen aus diesem Bereich. Der **Modus** ist das gerade das Zentrum, welches gleichzeitig das Symmetriezentrum bildet.
Auf dem 10 DM-Schein ist sogar die Formel abgebildet. In Rahmen dieses Buches wird auf die Formel verzichtet. Sie sollen die Normalverteilung anwenden. Interessanterweise benötigen Sie dazu die Formel nicht. Aber der Reihe nach.
Warum ist die Normalverteilung so wichtig? Es gibt eine Reihe von Symptomen und eine wichtige Ursache, die Sie jetzt vorgestellt bekommen.

1. Viele **Datensituationen** lassen sich durch die Normalverteilung (NV) **modellieren**.

   Im Folgenden ist das Merkmal *Körpergröße* als Histogramm dargestellt. Die Normalverteilung ist durch die passende Dichteverteilung in die Graphik mit eingetragen. Sie sehen, das passt ganz gut. Vergleichen Sie das einmal mit den Annahmen. Das Zentrum hier liegt übrigens bei $\bar{x} = 168$ cm, die Standardabweichung hat den Wert $s = 7.4$ cm.

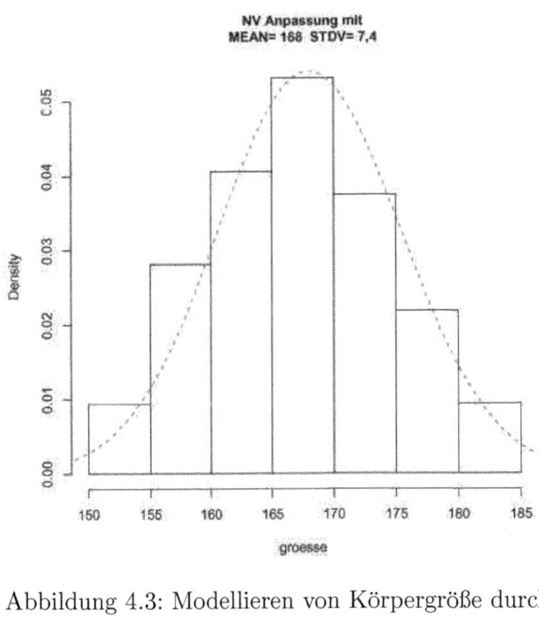

Abbildung 4.3: Modellieren von Körpergröße durch die Normalverteilung

2. **Abweichungen zu einem Modell**

Fehler, die Residuen, Abweichungen Messfehler usw. lassen sich (in der Regel) sehr gut durch die Normalverteilung anpassen. In der folgenden Abbildung ist das Regressionsbeispiel auf der Seite 100 dargestellt. Die Graphik links unten ist neu. Dort ist das Histogramm der Residuen abgebildet, die passende Normalverteilung ist mit ihrer Dichtefunktion wieder darübergelegt. Man kann gut erkennen, dass die Normalverteilung die Verteilung der Residuen sehr gut wiedergibt.

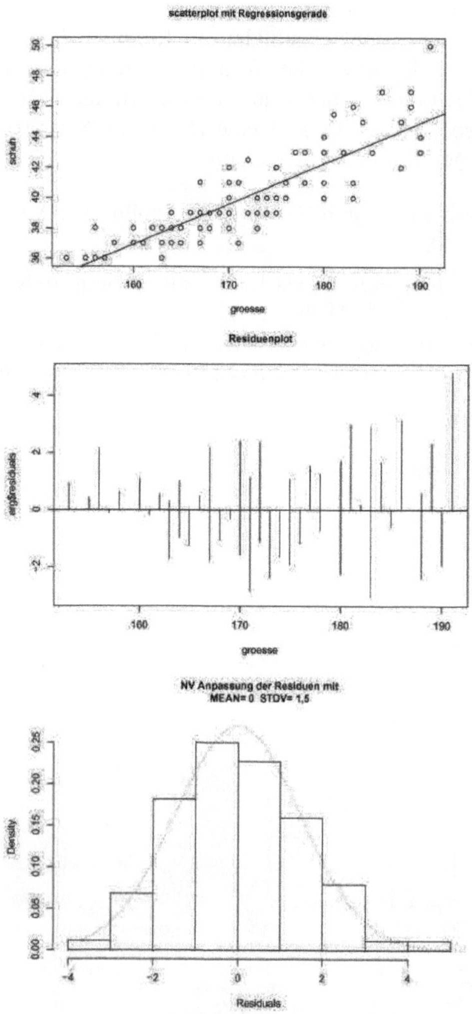

Abbildung 4.4: Residuen einer Regression und die Normalverteilung

3. Die Ursache: Viele **Prozesse streben gegen die Normalverteilung.**

   Das klingt etwas seltsam. Aber dieser Umsatz ist als **Zentraler Grenzwertsatz** bekannt und bewiesen. Sie werden im nächsten Kapitel weitere solcher Prozesse kennenlernen.

   Was strebt gegen die Normalverteilung? Es sind, ganz allgemein gesprochen, Summen oder auch Zählprozesse. Dazu ein Beispiel (vgl. auch Aufgabe 4 auf Seite 205). Nehmen Sie ein Telefonbuch und wählen Sie 20 beliebige Telefonnummern aus – sechs Stellen sollten die Nummern schon haben. Nehmen Sie von jeder die erste Ziffer und erstellen Sie ein Stabdiagramm zur Häufigkeit. Die Stäbe werden ungefähr alle gleich hoch sein.

   Addieren Sie die Ziffernfolge jeder Telefonnummer auf, und erstellen Sie vom Ergebnis ein Histogramm. Die folgende Graphik zeigt das Ergebnis davon am Rechner simuliert mit 10 000 Telefonnummern, die ersten paar davon sehen Sie am rechten Rand aufgelistet.

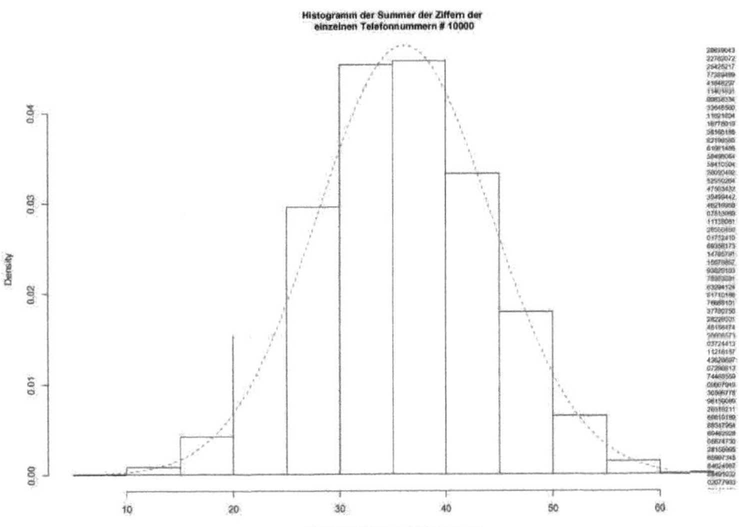

Abbildung 4.5: Ziffernsummen und Normalverteilung

Sie müssen zugeben, das ist doch relativ erstaunlich. Diesen Umstand (Addition) sehen Sie sehr oft in der Natur, auch wenn nicht immer Addition dransteht. Bedenken Sie eine Differenz ist im Grunde auch nur eine Addition mit negativem Vorzeichen, eine Multiplikation ist eine vereinfachte Schreibweise für eine Summe usw.

Das ist der Grund, warum die Normalverteilung so wunderbar passt.

Wie finden Sie die **passende** Normalverteilung? Die drei Beispiele eben haben bereits gezeigt, dass die Normalverteilung für die unterschiedlichsten Datensituationen passend gemacht werden kann. Die Normalverteilung und damit das Aussehen der Dichte wird durch **zwei Parameter** festgelegt:

Definition 4.15: Parameter der Normalverteilung

Die stetige Zufallsvariable sei Normalverteilt mit den Parametern μ und σ^2

$$X \sim N(\mu, \sigma^2) \text{ mit } x \in \mathbf{R}$$

Dann gilt für X:

$$E(X) = \mu \text{ und } Var(X) = \sigma^2$$

Das heißt, Sie legen die Normalverteilung so fest, dass sie zur Datensituation optimal passt und das geht so – man nennt das auch **Spezifizieren**:

- Lageparameter $E(X) = \mu$
  → abschätzen durch $\bar{x}$, das arithmetische Mittel
- Streuungsparameter $Var(x) = \sigma^2$
  → abschätzen durch s_x^2, die Stichprobenvarianz

Tabelle 4.6: Festlegung der Parameter der NV

So bestimmen Sie die am besten passende Normalverteilung, denn es gibt schließlich unendlich viele Wahlmöglichkeiten für die beiden Parameter der Normalverteilung. Man kann sogar mathematisch zeigen, dass $\bar{x}$ und s_x^2 in der Tat die besten **Schätzer** sind.
Der Verteilungsfunktion kommt in der stetigen Welt eine sehr prominente Bedeutung zu. Alle Wahrscheinlichkeitsfragen werden mit ihrer Hilfe beantwortet. Sie werden sehen, dass es im stetigen Fall keine Wahrscheinlichkeitsfunktion mehr gibt. Die **Verteilungsfunktion** ist entsprechend der kennengelernten Definition daher grundsätzlich keine Unbekannte mehr – wie Sie konkret Fragen beantworten, sehen Sie gleich:

$$F_X(x) = P(X \leq x)$$

Ein wichtiger Spezialfall der Normalverteilung ist die sogenannte **Standardnormalverteilung**. Üblicherweise wird diese Zufallsvariable mit Z bezeichnet, sie ist folgendermaßen spezifiziert:

$$Z \sim N(\mu = 0,\ \sigma^2 = 1)$$

In der folgenden Graphik ist die **Dichte der Standardnormalverteilung** dargestellt.

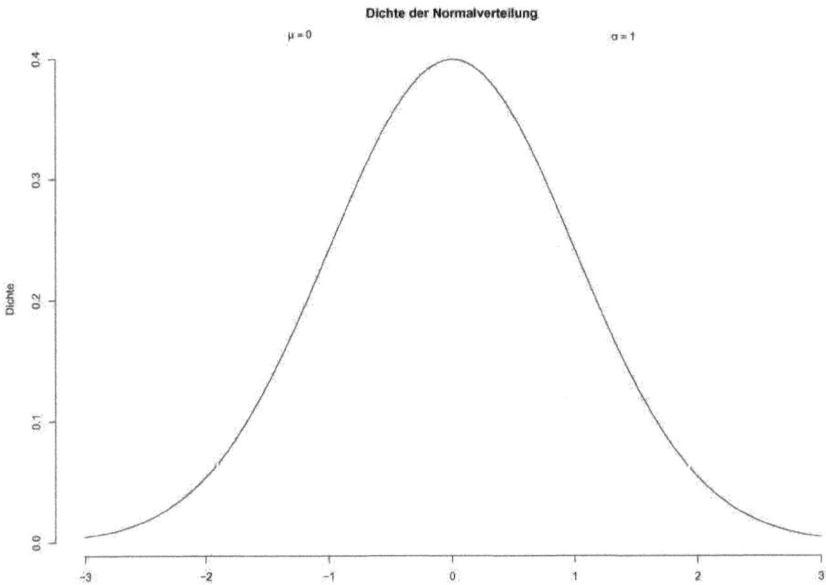

Abbildung 4.6: Dichte der Standardnormalverteilung

Die Standardnormalverteilung ist von so zentraler Bedeutung, da **jede Normalverteilung auf eben jene zurückgeführt** wird, um Wahrscheinlichkeitsfragen zu beantworten.
Bei **stetigen Zufallsvariablen** werden Wahrscheinlichkeiten immer über Intervalle abgefragt. Die Wahrscheinlichkeit für einen diskreten Punkt ist in der stetigen Welt IMMER Null: $P(X = x) = 0$. Was passiert, wenn Sie jedem möglichen diskreten Punkt eine noch so kleine positive Wahrscheinlichkeit zuordnen würden, um eine Wahrscheinlichkeitsfunktion zu erzeugen?
Die fundamentale Voraussetzung, dass die Summe aller Wahrscheinlichkeiten 1 ergibt, wäre offensichtlich verletzt. Denn es gibt – Sie sind in der stetigen Welt – überabzählbar viele Realisationen. Das würde dazu führen, dass die Summe der Wahrscheinlichkeiten gegen Unendlich läuft. Das darf nicht sein.
Im Stetigen repräsentiert die Fläche unter der Dichtefunktion, genau wie im Histogramm, die Wahrscheinlichkeit. Beim Histogramm konnten Sie die Flächenstücke addieren, im stetigen Fall müssen Sie **integrieren**. Das entspricht der Summation. Also gilt offensichtlich – $f_X()$ sei die Dichtefunktion einer stetigen Zufallsvariable

X, zum Beispiel der Normalverteilung:

$$\int_{-\infty}^{+\infty} f_X(x)dx = 1$$

Und für einen diskreten Punkt x gilt offensichtlich:

$$P(X = x) = \int_{x}^{x} f_X(x)dx = 0$$

Daraus folgt zwingend, dass es im stetigen Fall **keine Wahrscheinlichkeitsfunktion** geben kann, nur Dichtefunktionen.
Noch einmal: Die entsprechende **Fläche unter der Dichtefunktion** ist dann gerade die gesuchte Wahrscheinlichkeit (vgl. Häufigkeitsdichte beim Histogramm).
Die Verteilungsfunktion $F_X()$ ist daher die **Integralfunktion der Dichtefunktion**, daher auch die Buchstabenwahl, f und F. Es werden schließlich Flächenstücke bis zur Stelle x aufaddiert: $F_X(x) = P(X \leq x)$
Die gesamte Fläche unter einer Dichtefunktion ist immer gerade 1. Das entspricht genau der Aussage, dass die Summe der Wahrscheinlichkeiten einer Wahrscheinlichkeitsfunktion immer 1 ergibt. Die Integralfunktion – zum Berechnen einer Fläche – ist das stetige Pendant zur Summenfunktion im diskreten Fall. Es werden sozusagen kleine Flächenstücke aufaddiert.
Die **Verteilungsfunktion** ist das entscheidende Instrument, um **Wahrscheinlichkeitsfragen** zu beantworten. Das klingt gut. Das Problem ist nur, dass aufgrund des Aussehens der Dichtefunktion **keine Stammfuktion** zu dieser existiert. Im Wesentlichen ist das Problem, dass in der Dichte der Term e^{x^2} auftaucht, dieser bereitet die Probleme.
Selbstverständlich lassen sich über Näherungsverfahren beliebig genaue Angaben zum **Wert eines bestimmten Integrals** machen. Dafür brauchen Sie aber bestimmte Software, die ist nicht immer vorhanden. Als die Rechner grundsätzlich so noch nicht zur Verfügung standen, hat man sich damit beholfen, dass die Verteilungsfunktion der Standardnormalverteilung tabelliert wurde. Jede andere Normalverteilung lässt sich durch **Standardisieren** auf diese zurückführen.
Die Verteilungsfunktion hat der Standardnormalverteilung einen speziellen Buchstaben, $\Phi(Z)$ (sprich „Phi“):

Definition 4.16: Verteilungsfunktion der Standardnormalverteilung

$$P(Z \leq z) = F_Z(z) = \Phi(z), \text{ mit } Z \sim N(0,1)$$

Diese Wahrscheinlichkeiten sind, wie eben erwähnt, tabelliert.
Aufgrund der Symmetrieeigenschaften gilt:

$$\Phi(z) = 1 - \Phi(-z)$$

Die Beziehung zwischen jeder beliebigen Normalverteilung X und der Standardnormalverteilung Z ist folgende, es sei $X \sim NV(\mu, \sigma^2)$:

$$F_X(x) = \Phi\left(\frac{x - \mu}{\sigma}\right)$$

Dies ist die sogenannte **Standardisierung**. Das funktioniert immer und wird mit empirischen Daten gemacht, um Vergleichbarkeit herzustellen. Von allen Beobachtungen eines Merkmals X wird der Mittelwert abgezogen, anschließend wird durch die Standardabweichung geteilt.
Wenn also eine Wahrscheinlichkeitsaussage zu einer normalverteilten gemacht werden soll, dann wird diese auf die Standardnormalverteilung zurückgeführt. Und diese Wahrscheinlichkeiten können Sie nachschauen (vgl. dazu im Anhang Seite 233).

Ein Hinweis: Im Falle der NV ist es immer empfehlenswert, sich **Wahrscheinlichkeitssituationen anhand der Dichtefunktion** vor Augen zu führen, das heißt diese, wie gleich demonstriert werden wird, aufzuzeichnen.

Dazu sollen Sie ein Beispiel aus der Produktionstheorie anschauen.

Bei einem Produktionsprozess wird ein Industriekleber maschinell in Eimer abgefüllt.

Die tatsächliche Füllhöhe X lässt sich gut durch eine Normalverteilung mit den Parametern $\mu = 1000ml$ und $\sigma = 10ml$ modellieren.

1. Liegt die Füllhöhe zwischen 980 und 1020 ml, darf die Produktion in den Handel.
2. Liegt die Füllhöhe unter 980 ml liegt ein gravierender Produktionsfehler vor.
3. Auch bei einer Höhe von mehr als 1020 ml muss eingegriffen werden.

Wie groß sind die jeweiligen Wahrscheinlichkeiten?
Bei einem Produktionsprozess, wie hier dem Abfüllvorgang, kann man keine Punktlandung erreichen. Was ist die Begründung? Den Erwartungswert und die Streuung können Sie über die Installation von Messanlagen realisieren.
Die Größe der Varianz bei Ihrem Prozess, ist durch die Güte der Messanlage determiniert.
Es ist abzuwägen:

- **Wie genau will ich oder muss ich messen können?**
- **Wie viel Geld bin ich bereit, für eine entsprechende Anlage auszugeben?**

Diese Situation ist eine absolut realistische Unternehmerentscheidung, wenn auch natürlich deutlich vereinfacht. Zudem ist die Varianz aus Darstellungsgründen sicherlich zu groß gewählt. Aber das Grundproblem besteht.
Schauen Sie sich die entscheidenden Wahrscheinlichkeiten einmal an. Anhand der graphischen Aufbereitung der Fragestellung mit Hilfe der Dichtefunktion wird das Berechnen klarer.

1. **Zum Intervall:**

$$\begin{aligned}
P(980 \leq X \leq 1020) &= F_X(1020) - F_X(980) \\
&= \Phi\left(\frac{1020-1000}{10}\right) - \Phi\left(\frac{980-1000}{10}\right) \\
&= \Phi(2) - \Phi(-2) \\
&= \Phi(2) - (1 - \Phi(2)) \\
&= 0.977 - (1 - 0.977) \\
&= 0.977 - 0.023 = 0.954
\end{aligned}$$

In 95.4 % der Fälle sind die Abfüllhöhen in Ordnung. Dies ist folgendermaßen aus der **Tabelle zur Verteilungsfunktion der Standardnormalverteilung** abzulesen. Die Zeilen unterscheiden sich in der Stelle vor dem Komma und in der ersten Nachkommastelle. Die Spalten unterscheiden sich dann in der 2. Nachkommastelle von 0 bis 9. Im Folgenden ist der für Sie relevante Ausschnitt zu sehen. Die gesamte Tabelle finden Sie auf der Seite 233. Die Wahrscheinlichkeit bis zur Stelle 2 ist nachzuschlagen.

z	**0**	0.01	0.02	0.03	0.04	0.05	0.06	0.07	0.08	0.09
...	...	...	...	...	...	...	...	...	...	...
1.8	0.964	0.965	0.966	0.966	0.967	0.968	0.969	0.969	0.970	0.971
1.9	0.971	0.972	0.973	0.973	0.974	0.974	0.975	0.976	0.976	0.977
2.0	**0.977**	0.978	0.978	0.979	0.979	0.980	0.980	0.981	0.981	0.982
2.1	0.982	0.983	0.983	0.983	0.984	0.984	0.985	0.985	0.985	0.986
2.2	0.986	0.986	0.987	0.987	0.987	0.988	0.988	0.988	0.989	0.989
...	...	...	...	...	...	...	...	...	...	...

Tabelle 4.7: Relevanter Ausschnitt aus NV-Tabelle zum aufgeführten Beispiel

Die vorgerechnete Situation ist in der folgenden Graphik ausführlich dargestellt. Oben ist die Normalverteilung $X \sim N(1000, 10^2)$ dargestellt, unten die Standardnormalverteilung. Man kann sehr gut das Standardisieren nachvollziehen. Die Stelle 1020 entspricht genau der Stelle 2.

Es ist ebenfalls sehr gut zu erkennen, warum Sie **Obergrenze minus Untergrenze** rechnen müssen – für die Werte der Verteilungsfunktion natürlich –, wenn Sie die Wahrscheinlichkeit für ein durch diese Grenzen definiertes Intervall berechnen möchten.

$F_X(1020)$ gibt die Wahrscheinlichkeit von minus Unendlich bis zur 1020. $F_X(980)$ jene von minus Unendlich bis 980. Ziehen Sie die beiden voneinander ab, bleibt das Intervall.

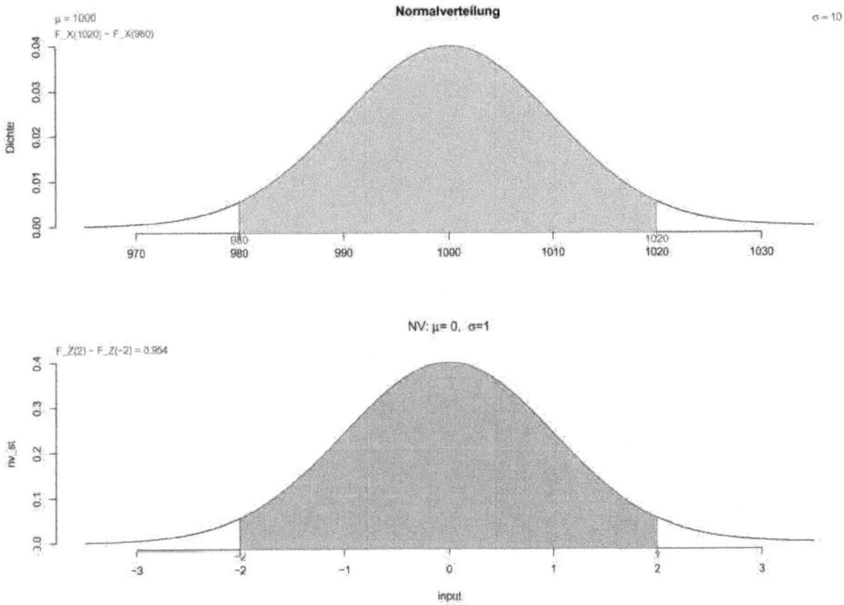

Abbildung 4.7: NV-Wahrscheinlichkeit für die Situation: Intervall

2. **Weniger als 980 ml:**

$$
\begin{aligned}
P(x \leq 980) &= F_x(980) \\
&= \Phi\left(\frac{980 - 1000}{10}\right) \\
&= \Phi(-2) \\
&= 1 - \Phi(2) \\
&= 1 - 0.977 = 0.023
\end{aligned}
$$

In 2.3 % der Fälle sind zu starke Abweichungen nach unten in der Produktion zu erwarten. Dies konnte gleich direkt als Ergebnis der Normalverteilung abgelesen werden. In der nachfolgenden Graphik ist auch dieser Fall dargestellt.

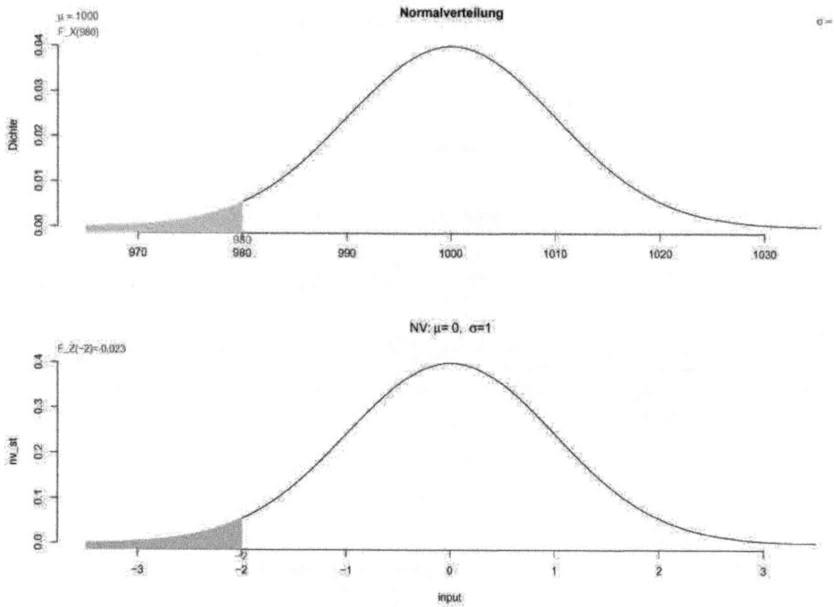

Abbildung 4.8: NV-Wahrscheinlichkeit für die Situation: Kleiner

3. **Mehr als 1020 ml:**

$$\begin{aligned} P(x > 1020) &= 1 - P(X \leq 1020) \\ &= 1 - F_x(1020) \\ &= 1 - \Phi\left(\frac{1020 - 1000}{10}\right) \\ &= 1 - \Phi(2) \\ &= 1 - 0.977 = 0.023 \end{aligned}$$

In 2.3 % der Fälle sind zu starke Abweichungen nach oben in der Produktion zu erwarten. Der Vollständigkeit halber ist auch dieser Fall in der nächsten Abbildung graphisch aufbereitet dargestellt.

Die Wahrscheinlichkeiten verdeutlichen noch einmal die Symmetrieeigenschaft der Normalverteilung. Im Falle der Normalverteilung herrscht **perfekte Symmetrie**.

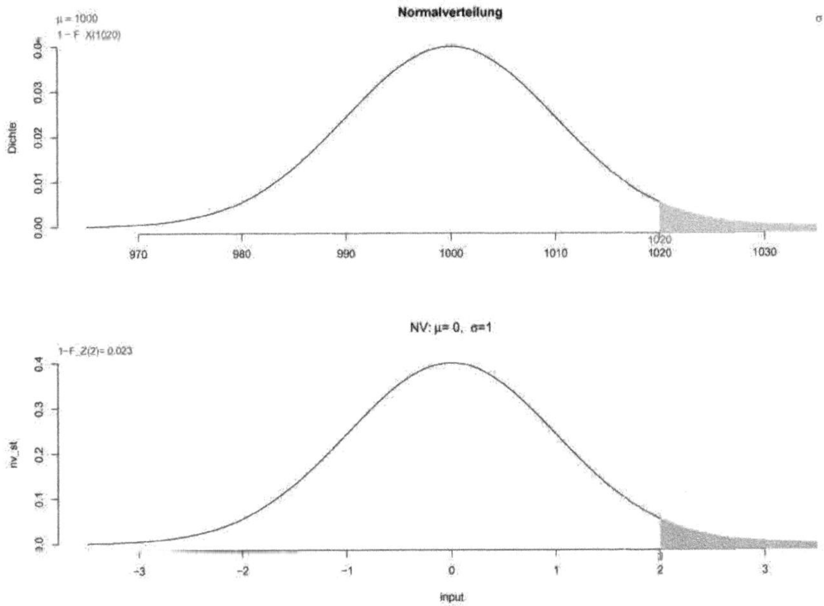

Abbildung 4.9: NV-Wahrscheinlichkeit für die Situation: Größer

Links und rechts vom Zentrum (= Median, Modus, Mittelwert) liegt bei gleichen Abständen zu diesem jeweils gleich viel Wahrscheinlichkeitsmasse. Daher ist es nicht verwunderlich, dass die 4.6 %, die außerhalb des Intervalls aus der 1. Aufgabenstellung lagen, sich gleichmäßig zu je 2.3 % links von der Untergrenze und rechts von der Obergrenze aufteilen.

In der abschließenden Tabelle sind Wahrscheinlichkeiten der Standardnormalverteilung für bestimmte Intervalle angegeben. Dabei wird von der Null nach links und rechts in gleich Schritten gegangen und zwar in Vielfachen der Standardabweichung. Diese Intervalle nennt man auch **Schwankungsintervalle**.

von	bis	Wahrscheinlichkeit
-1	1	68.3 %
-2	2	95.4 %
-3	3	99.7 %
-3.5	3.5	99.95 %

Tabelle 4.8: Schwankungsintervalle der Standardnormalverteilung

Damit wird auch deutlich, warum in der Tabelle zur Normalverteilung auf der Seite 233 nur Werte von 0 bis 3 tabelliert sind. Jenseits der 3 passiert nicht mehr viel.
Die NV spielt in der Inferenzstatistik eine wichtige Rolle. Viele Tests setzen voraus, dass die Daten aus einer Normalverteilung stammen.

4.4.2 Weitere stetige Modelle

An dieser Stelle sollen noch kurz drei weitere Verteilungen vorgestellt werden. Selbstverständlich gibt es unzählige mehr. Diese sind aber kein Gegenstand dieser Einführung.

t-Verteilung: Die t-Verteilung ist für Sie wichtig, da sie die entscheidende Rolle beim sogenannten t-Test spielen wird, den Sie noch kennenlernen werden. Die Dichtefunktion der t-Verteilung sieht prinzipiell genauso aus wie die der Normalverteilung. Sie ist ebenfalls symmetrisch um Null.
Die t-Verteilung hat einen Parameter, die sogenannten **Freiheitsgrade**, in der Regel angegeben durch den Buchstaben k.

Definition 4.17: t-Verteilung

Die stetige Zufallsvariable T sei t-verteilt mit Parameter $k = 1, 2, 3, \ldots$

$$T \sim t(k) \text{ mit } T \in \mathbf{R}$$

Es gilt:

$$E(T) = 0$$

Die Varianz benötigen Sie zum Verständnis nicht.
Je größer k ist, desto mehr nähert sich die t-Verteilung der Standardnormalverteilung an.

William Gosset (1876-1937) publizierte unter dem Pseudonym **Student** die t-Verteilung. Die t-Verteilung ist daher auch als **Student's t-Verteilung** bekannt. Gosset arbeitete in der Agrarbranche. Er hat die Verteilung entwickelt, um die bestmögliche Gerstenqualität zu erzeugen. Sein Arbeitgeber hatte es nicht erlaubt, dass Mitarbeiter Papiere zu Studien veröffentlichen. Daher musste er ein Pseudonym wählen.
Im Rahmen des t-Tests werden Sie sehen, inwiefern die t-Verteilung bei solchen und ähnlichen Fragestellungen weiterhilft.

χ^2-Verteilung: Diese ist aus demselben Grund für Sie wichtig. Sie benötigen Sie im Rahmen eines statistischen Tests, den Sie kennenlernen werden. Auch die χ^2-Verteilung (sprich „chiquadrat") hat einen Parameter, nämlich die Freiheitsgrade, ebenfalls durch den Buchstaben k gekennzeichnet.

Definition 4.18: χ^2-Verteilung
Die stetige Zufallsvariable U sei χ^2-verteilt mit Parameter $k = 1, 2, 3, \ldots$

$$U \sim \chi^2(k) \text{ mit } U \geq 0$$

Es gilt

$$E(U) = k$$

Auch hier benötigen Sie die Varianz nicht.
Diese Verteilung ist ebenfalls mit der Standardnormalverteilung eng verbunden.

Exponentialverteilung: Im Anschluss an die Binomialverteilung, eine Zählverteilung interessierender Ereignisse, haben Sie kurz die geometrische Verteilung kennengelernt. Diese ist die Warteverteilung im Bernoullimodell.
Die Poisson-Verteilung haben Sie auch als Zählverteilung bestimmter Ereignisse kennengelernt. Die **Warteverteilung** der Poisson-Verteilung ist gerade die Exponentialverteilung. Offensichtlich sind die Wartezeiten im Poisson-Fall stetiger Natur, denn die Exponentialverteilung ist eine stetige Verteilung.
Das sollten Sie zumindest einmal gehört haben. Alles weitere zu den hier genannten oder noch anderen Verteilungen können Sie zum Beispiel bei [WolNaeTie2006] nachlesen.

Kurz gefasst!

- Modelle dienen dazu, die Datenwelt zu verstehen und Erkenntnisse zu generieren.
- Sie haben den Bernoulliprozess und die Binomialverteilung als diskrete Modelle kennengelernt.
- Die Normalverteilung kennen Sie als wichtigstes stetiges Modell.
- Neben den ausführlich vorgestellten wurden weitere diskrete und stetige Modelle eingeführt.

4.5 Aufgaben

1. Angenommen Mädchen- und Jungengeburten seien gleich wahrscheinlich. Stellen Sie sich eine weitläufig befreundete Familie mit 2 Kindern vor:

   (a) Wie wahrscheinlich ist es, dass diese Familie zwei Mädchen hat?

   (b) Sie erinnern sich dunkel, dass in der Familie in der Tat auf jeden Fall ein Kind ein Mädchen ist.
   Wie wahrscheinlich ist es dann, dass die Familie zwei Mädchen hat?

(c) Sie erinnern sich noch etwas genauer: Das erste Kind ist ein Mädchen. Wie wahrscheinlich ist es nun, dass die Familie zwei Mädchen hat?

2. Man bietet Ihnen das folgende Glücksspiel an: Sie bezahlen einen Einsatz von x Cent, dann dürfen Sie zweimal würfeln. Werfen Sie mindestens einmal eine 6, dann erhalten Sie als Gewinn 100 Cent.

   (a) Wie groß ist die Wahrscheinlichkeit, dass Sie gewinnen?

   (b) Sie dürfen so oft spielen, wie Sie möchten. Welchen Einsatz wären Sie höchstens bereit zu bezahlen, um langfristig nicht zu verlieren?
   → **Hinweis:** Erstellen Sie eine Gewinnfunktion in Abhängigkeit von (x).

3. Tversky und Kahneman fragten Personen, welche der beiden folgenden Alternativen sie vorzögen.

   Alternative A: *Man erhält eine sichere Auszahlung von $ 240.*

   Alternative B: *Mit Wahrscheinlichkeit* 0.25 *erhält man eine Auszahlung von $ 1000 und mit Wahrscheinlichkeit* 0.75 *keine Auszahlung.*

   (a) Entscheiden Sie sich spontan für eine der beiden Alternativen.

   (b) Berechnen Sie geeignete Maßzahlen, um Ihre Entscheidung zu unterstützen.

   (c) 84 % der von Tversky und Kahneman befragten Personen entschieden sich für Alternative A.
   Vergleichen Sie diesen Umstand mit Ihren eigenen Erkenntnissen aus den beiden vorherigen Aufgabenpunkten. Versuchen Sie, eine Begründung für die hohe Prozentzahl zu finden.

   (d) Hilft es Ihnen bei der Beantwortung der letzten Frage, den Begriff *risikofreudig* zu verwenden?

4. Im Anschluss fragten Tversky und Kahneman die Personen, welche der beiden folgenden Alternativen sie vorzögen.

   Alternative A: *Man hat einen sicheren Verlust von $ 750.*

   Alternative B: *Mit Wahrscheinlichkeit 0.75 verliert man $ 1000 und mit Wahrscheinlichkeit 0.25 nichts.*

   (a) Entscheiden Sie sich spontan für eine der beiden Alternativen.

   (b) Berechnen Sie geeignete Maßzahlen, um Ihre Entscheidung zu unterstützen.

   (c) In diesem Fall entscheiden sich 87 % Prozent der Befragten für Alternative B.
   Vergleichen Sie auch diesen Umstand mit Ihren eigenen Erkenntnissen aus den beiden vorherigen Aufgabenpunkten. Versuchen Sie, eine Begründung für die hohe Prozentzahl zu finden.

(d) Hilft es Ihnen bei der Beantwortung der letzten Frage, den Begriff **risikofreudig** zu verwenden?

5. Eine faire Münze wird zweimal geworfen.

   (a) Erstellen Sie die Ergebnismenge Ω.

   (b) Die Zufallsvariable X sei definiert als *Anzahl Kopf*. Bestimmen Sie die Wahrscheinlichkeitsfunktion von X.

   (c) Bestimmen Sie $E(X)$ und $Var(X)$.

6. Eine faire Münze wird zehnmal geworfen.

   (a) Erstellen Sie NICHT die Ergebnismenge Ω. Warum nicht? Wie groß ist Ω, wie viele verschiedene Ergebnisse gibt es denn?

   (b) Die Zufallsvariable X sei definiert als *Anzahl Kopf*.

   Bestimmen Sie die Wahrscheinlichkeitsfunktion von X. Wählen Sie dazu ein geeignetes Modell aus.

   (c) Bestimmen Sie $E(X)$ und $Var(X)$.

   (d) Wie groß ist die Wahrscheinlichkeit, höchstens zweimal Kopf zu beobachten?

   (e) Wie groß ist die Wahrscheinlichkeit, mindestens achtmal Kopf zu beobachten?

   (f) Wie groß ist die Wahrscheinlichkeit, genau fünfmal Kopf zu beobachten?

7. Zum Binomialkoeffizienten.

   (a) Beschreiben Sie mit Ihren eigenen Worten, was der Binomialkoeffizient, zum Beispiel $\binom{10}{2}$, aussagt.

   (b) Argumentieren Sie, warum $\binom{n}{0}$ und $\binom{n}{n}$ gerade 1 sein müssen.

   (c) Auf wie viele Arten kann man aus 10 Personen 2 für einen Ausschuss auswählen?

   (d) Auf wie viele Arten kann man aus 10 Personen 8 für einen Ausschuss auswählen?

   (e) Warum gilt $\binom{10}{2} = \binom{10}{8}$?

8. Um im Internet *sicher* miteinander kommunizieren zu können, muss eine verschlüsselte Verbindung aufgebaut werden. *Klassischer Weise* benötigen zwei Personen, die miteinander geheim kommunizieren möchten, genau einen gemeinsamen Schlüssel – ob im Internet oder nicht.

   Im Internet kommunizieren aber sehr, sehr viele Personen miteinander *geheim*. Denken Sie an all die verschlüsselten Verbindungen, wenn Sie Ihr Internet Banking machen oder online einkaufen.

Zeigen Sie mit Hilfe des Binomialkoeffizienten, warum im Zeitalter des Internets die geheime Kommunikation mit einem geheimen Schlüssel für jeweils zwei kommunizierende NICHT mehr funktioniert.

Bedenken Sie auch, dass diese Schlüssel ja irgendwie (geheim) ausgetauscht werden müssen.

(a) Wie viele Schlüssel braucht man denn, wenn n-Personen jeweils paarweise miteinander geheim kommunizieren möchten

(b) Und wie entwickelt sich diese Zahl in Abhängigkeit der Personenzahl?

9. Leiten Sie den Erwartungswert und die Varianz einer bernoulliverteilten Zufallsvariable her.
Hinweis: Benutzen Sie dafür die Definitionen des Erwartungswertes bzw. der Varianz (S. 162f).

10. Zeigen Sie, dass für den Erwartungswert einer binomialverteilten die angegebene Formel $n \cdot p$ zutreffend ist.
Hinweis: Benutzen Sie dafür die Definition des Erwartungswertes (S. 162).

11. Stiftung Warentest hat die Beratungsqualität von Apotheken unter die Lupe genommen. Der Tagespresse vom 27.2.2004[2] war zu entnehmen:

> *50 Apotheken in Berlin, Köln und München bekamen zwei Besuche von anomymen Testern. ... Die Verbraucherschützer haben zunächst einen Kunden losgeschickt, der ein Schnupfenmittel kaufen wollte. In 21 Apotheken wurden die Prüfer schlecht beraten. ...*

Sie sollen den Test als Bernoulliprozess auffassen. Das interessierende Erfolgsereignis ist

A: Die Beratung war in Ordnung.

(a) Wie groß ist die Erfolgswahrscheinlichkeit $p = P(A)$? Diese soll durch den oben erwähnten Befund abgeschätzt werden.

(b) Wie ist die Zufallsvariable S: *Anzahl erfolgreiche Beratungen* verteilt?

(c) Wie groß ist die Wahrscheinlichkeit, dass Sie bei dieser Konstellation mehr als 45 gute Beratungen beobachten können, also $P(S > 45)$?

(d) Der Präsident der Bundesvereinigung Deutscher Apotheken hält dagegen, ... *dass die Stichprobe viel zu klein ist. In Wahrheit liegt die Wahrscheinlichkeit, eine gute Beratung zu bekommen, bei mindestens 90 %.*

(e) Berechnen Sie $E(S)$ und $V(S)$ mit der behaupteten Erfolgswahrscheinlichkeit.

---

[2] Neue Westfälische

(f) Halten Sie es für möglich bzw. wahrscheinlich, dass, falls die Behauptung stimmt, man nur 29 gute Beratungen bei 50 Versuchen erwischt? Verwenden Sie in Ihrer Argumentation auch die gerade eben errechneten Maßzahlen.

(g) Wie groß ist nun die Wahrscheinlichkeit, dass Sie mehr als 45 gute Beratungen beobachten können, also $P(S > 45)$, bei $n = 50$ Versuchen?

12. Sie sollen eine Anzahl n von Kreditverträgen aus derselben Risikoklasse betrachten. In dieser Klasse gilt, dass die Rückzahlungswahrscheinlichkeit an die Bank bei 75 % liegt.

(a) Erstellen Sie eine bernoulliverteilte Zufallsvariable, die diese Situation gut modelliert.

(b) Die $n = 10$ Verträge sind unabhängig voneinander. Die Zufallsvariable S sei definiert als *Anzahl zurückgezahlter Kredite.*

(c) Mit wie vielen zurückgezahlten Verträgen kann die Bank rechnen?

(d) Wie groß ist die Wahrscheinlichkeit, dass die Bank alle Kredite zurückbezahlt bekommt?

(e) Wie groß ist die Wahrscheinlichkeit, dass die Bank gar keinen Kredit zurückbezahlt bekommt?

(f) Wie groß ist die Wahrscheinlichkeit, dass Sie mindestens acht Kredite zurückbezahlt bekommt?

(g) Wie groß ist die Wahrscheinlichkeit, dass Sie höchstens sieben Kredite zurückbezahlt bekommt?

(h) Es sei $n = 1000$. Bei so einer großen Anzahl von Bernoulliwiederholungen, können Sie den **zentralen Grenzwertsatz** ausnutzen. Es gilt[3]

$$S \approx NV\left(\mu = n \cdot p,\ \sigma^2 = n \cdot p \cdot (1 - p)\right)$$

(i) Welche Anzahl erwarten Sie also? Und mit welcher Streuung ist zu rechnen?

(j) Vergleichen Sie die Maßzahlen, mit denen bei $n = 10$.

(k) Wie groß ist die Wahrscheinlichkeit, mindestens 800 Kredite zurückzubekommen?

(l) Wie groß ist die Wahrscheinlichkeit, höchstens 700 Kredite zurückzubekommen?

(m) Vergleichen Sie diese Wahrscheinlichkeiten mit den analogen bei $n = 10$ Versuchen.

[3] $\approx$ heißt, S ist nur approximativ normalverteilt, das heißt, je größer n, desto mehr nähert sich S der Normalverteilung.

13. Ein Produzent von Kakaopulver weiß aus Erfahrung, dass das Füllgewicht seiner 125g-Packung einer Normalverteilung mit $\mu = 125$ g und einer Standardabweichung von $\sigma = 5$ g unterliegt.
X: *Gewicht in Gramm* $\rightarrow X \sim NV(125, 5^2)$

    (a) Wie groß ist die Wahrscheinlichkeit, dass eine Packung genau 125 g wiegt?

    (b) Wie groß ist die Wahrscheinlichkeit, dass eine Packung zwischen 120 g und 130 g wiegt?

    (c) Wie groß ist die Wahrscheinlichkeit, dass eine Packung weniger als 110 g wiegt?

    (d) Zeichnen Sie die drei Situationen grob in die entsprechende Dichtefunktion ein.

    (e) Welches Gewicht unterschreitet eine Packung mit einer Wahrscheinlichkeit von 0,05?

    Hinweis: Wenn $X \sim NV(125, 5^2)$, dann können Sie durch Standardisierung $\frac{x-125}{5}$ auf die bekannte Tabelle der Standardnormalverteilung zurückgreifen.
    Der umgekehrte Weg klappt auch: Wenn Sie diejenige Stelle gefunden haben, die von einer standardnormalverteilten Zufallsvariable Z in 5 % der Fälle unterschritten wird (der 5 %-Punkt, $Z_{0,05}$ dazu müssen Sie sich die Werte anschauen, die IN der Tabelle stehen), dann können Sie so in die Kakao bzw. X Welt zurückkommen:

$$X_{0,05} = z_{0,05} \cdot 5 + 125$$

14. Eine Reifenfirma untersucht die Lebensdauer X eines neu entwickelten Reifens. Dabei zeigt sich, dass die ermittelte Lebensdauer der Reifen gut durch eine Normalverteilung mit den Parametern $\mu = 36000$ km und $\sigma = 4000$ km angenähert werden kann.

    Hinweis: Zur Beantwortung der Fragen kann es hilfreich sein, sich die Situationen in die Dichte der Normalverteilung einzuzeichnen.

    (a) Wie groß ist die Wahrscheinlichkeit dafür, dass ein zufällig ausgewählter Reifen höchstens 48000 km hält?

    (b) Wie groß ist die Wahrscheinlichkeit dafür, dass ein zufällig ausgewählter Reifen länger als 36000 km hält? Argumentieren Sie diese Wahrscheinlichkeit auch anhand der Dichte der Normalverteilung.

    (c) Wie groß ist die Wahrscheinlichkeit, dass ein zufällig ausgewählter Reifen genau 36000 km hält?

    (d) Wie groß ist die Wahrscheinlichkeit, dass ein zufällig ausgewählter Reifen länger als 32000 km und weniger als 40000 km hält?

Weiter Weg zur Zwei

Ein kurioses Gesetz der Wahrscheinlichkeitstheorie kann Finanzbeamten helfen, Steuersünder aufzuspüren.

Ein abgegriffenes Handbuch in einer Bibliothek brachte den amerikanischen Physiker Frank Benford auf den Einfall seines Lebens. Die vorderen Seiten, plötzlich sah er es, wiesen die weitaus stärksten Lesespuren auf. Benford stutzte. Das Buch enthielt nichts als Logarithmentabellen – damals, vor den Zeiten des Taschenrechners, eine gebräuchliche Rechenhilfe. Vorn standen all jene Zahlen, die mit einer Eins anfingen; dort schlugen die Leute augenscheinlich am häufigsten nach.

Warum diese eigenartige Vorliebe für die Eins? Den Physiker beschlich ein wunderlicher Verdacht.

Die nächsten Jahre wendete Benford dafür auf, der Sache auf den Grund zu gehen. Er beschaffte sich Zahlenkolonnen aller Art und studierte sie: Statistiken der amerikanischen Baseball-Liga, alle Zahlen aus einer Ausgabe des „Reader's Digest", das Atomgewicht der Elemente und Stromrechnungen von den pazifischen Salomon-Inseln. Am Ende hatte er 20.229 Datensätze überprüft. Das Ergebnis bestätigte seine Ahnung: Die Wirklichkeit scheint der Eins den Vorzug zu geben. Fast jede dritte Zahl fängt mit ihr an. Je größer jedoch die Ziffer, desto seltener steht sie an erster Stelle.

1938 veröffentlichte Benford seine Entdeckung, dazu die Formel, mit der sich die Wahrscheinlichkeit jeder Anfangsziffer errechnen lässt. Für die Eins beträgt sie demnach gut 30 Prozent, für die Zwei knapp 18, für die Neun nur 4,6 Prozent.

Diese Formel, seither „Benfords Gesetz" genannt, bezaubert die Zahlenforscher bis heute. Die Einwohnerzahlen der 3.141 US-Bezirke, die Größe der Dateien auf einer beliebigen Computerfestplatte, die Anzahl der Aktien, die täglich an der New Yorker Börse umgesetzt werden: Wo immer gezahlt wird, so scheint es, waltet BenfordsGesetz.

Nur was es nutzt, das zu wissen, war lange fraglich – bis der US-Wissenschaftler Mark Nigrini entdeckte, dass auch die Zahlen in Steuererklärungen dem seltsamenGesetz folgen. Jedenfalls, wenn sie nicht gefälscht sind. Knapp 200.000 Steuererklärungen hat Nigrini im Computer analysiert. Tatsächlich: Fast jeder dritte Betrag fing mit einer Eins an. Nigrini witterte einen eleganten Trick, Betrügern auf die Schliche zu kommen: Wer betrügt, denkt sich irgendwelche Zahlen aus, und für ausgedachte Zahlen gilt Benfords Gesetz nicht.

Nigrini entwickelte eine Software, die Abweichungen von Benfords Gesetz aufspürt. Um die Ergebnisse zu verfeinern, beachtet sie neben den ersten Ziffern auch noch die zweiten.

Den ersten Test bestand das Programm schon vor einigen Jahren: New Yorker Steuerfahnder speisten es mit sieben Fällen nachgewiesenen Betruges. Bei allen schlug das Programm Alarm. Nichts Verdächtiges offenbarten hingegen die Steuererklärungen der Familie Clinton aus 16 Jahren, die Nigrini ebenfalls überprüfte.

Wenn aber ein Betrüger von Benfords Gesetz erfährt und seine Zahlen flugs anpasst? Nigrini hält das für ausgesprochen schwierig. Ein in sich plausibler Steuerbetrug, in dem auch noch genügend Einsen an erster Stelle vorkommen, von den zweiten Ziffern zu schweigen, sei nicht so schnell fabriziert.

Der große Vorteil des Benford-Tests besteht in seiner Automatisierbarkeit. Menschliche Steuerprüfer können bestenfalls Stichproben durchleuchten. Computer dagegen fressen sich im Nu durch sämtliche Zahlenkolonnen eines Großunternehmens.

Fordern sie Unregelmäßigkeiten zutage, so ist zwar noch nichts bewiesen, sagt Nigrini. „Aber dann sollte sich jemand die Sache genauer ansehen."

Die Steuerbehörden mehrerer amerikanischer Bundesstaaten verwenden bereits Nigrinis Software, darunter Kalifornien und Delaware. Auch etliche Großunternehmen, von Texaco bis Philip Morris, haben ihre interne Buchhaltung damit ausgerüstet.In Deutschland ist die Software bei den Wirtschaftsprüfern Schitag Ernst & Young im Einsatz. In mehreren Fällen seien damitschon krumme Transaktionen aufgedeckt worden, sagt der EDV-Spezialist Stefan Joggerst.

Seinen Nutzen hat das Wissen um die Vorherrschaft der Eins damit bewiesen. Dennoch ist es selbst vielen Mathematikern nicht ganz geheuer. Vor den unbestechlichen Gesetzen der Wahrscheinlichkeit, so sind sie es gewohnt, sind eigentlich alle Zahlen gleich. Die Skala der Zahlen steigt gleichmäßig von Null bis Unendlich.

Warum verteilen sich nicht alle Beträge gleichmäßig darüber?

Die Eins ist auf dieser Skala von der Zwei nicht weiter entfernt als die Fünf von der Sechs. Für die wirklichen Dinge allerdings, die gezählt, gemessen und gewogen werden, kann der Weg von der Eins zurZwei sehr lang sein: Um ihn zurückzulegen, müssen sie um das Doppelte wachsen.Einer Fünf fehlt dagegen nur ein Fünftel,um zur Sechs zu werden.

Nigrinierklärt es am Beispiel des Deutschen Aktienindex: Angenommen, er stünde gerade bei 1.000 Punkten, dann müssten sich die Aktienkurse im Schnitt verdoppeln,ehe der Dax die 2.000 erreicht. So lange bliebe die führende Eins erhalten, so lange erschiene sie auf allen Listen. Stünde der Dax aber bei 5.000 Punkten, so müssten die Werte nur noch um 20 Prozent steigen,ehe mit 6.000 die Fünf als erste Ziffer abgelöst wird. Noch kleiner ist im Verhältnis der Schritt von 9.000 nach 10.000. Dann aber erscheint wieder die Eins an erster Stelle, und sie bleibt so lange, bis der Index sich auf 20.000 abermals verdoppelt.

Was wächst oder schrumpft, verharrt deshalb relativ lange im Bereich der führenden Eins.

Das Gesetz gilt allerdings auch für viele Größen, die sich nicht wesentlich ändern im Lauf der Zeit, zum Beispiel für die Fläche von Gewässern. Ob man sie inQuadratmetern misst, in Quadratmeilen oder in Hektar, immer tritt die Eins vorneweg gehäuft auf.

Das hat den Zahlenforschern lange zu schaffen gemacht. Ein Blick auf die Weltverhältnisse löste auch dieses Rätsel: Der Physiker Don Lemons verwies 1986 in einem Aufsatz auf einen Umstand, den die Wissenschaft bis dahin kaum beachtet hatte: Es gibt einfach mehr Pfützen als Tümpel, mehr Tümpel als Ozeane. Folglich gibtes wahrscheinlich auch mehr Gewässer zwischen 10 und 20 Hektar als zwischen 20 und 30, mehr zwischen 100 und 200 als zwischen 200 und 300 – undso fort.

Damit ist Benfords Gesetz vollends auf dem Weg zur Weltenformel. Denn es gibt auch mehr Kieselsteine als Felsbrocken und überhaupt mehr kleine Dinge als große. Warum sich dies so verhält, ist wieder eine andere Frage.

Manfred Dworschak (Spiegel 47/1998)

Abbildung 4.10: Spiegelartikel zu Benfords Gesetz

(e) Wie groß ist die Wahrscheinlichkeit, dass ein zufällig ausgewählter Reifen länger als 36000 km und weniger als 40000 km hält?

(f) Welche Lebensdauer wird von 95% der Reifen nicht überschritten?

15. Lesen Sie den Spiegelartikel auf der Seite 193. Hier wird eine sehr praktische Anwendung für das sogenannte Benford-Gesetz beschrieben, also die Häufigkeiten für die erste Ziffer (vgl. dazu auch [Tiemann2003], S. 194f).

Kapitel 5

Induktive Statistik

5.1 Grenzwertsätze – Empirie vs. Theorie

In diesem Kapitel lernen Sie

- dass alles, was Sie bisher kennengelernt haben, wichtig ist und zum Einsatz kommen wird. Ziel ist es, aus Daten Schlussfolgerungen ziehen.
- wichtige Grenzwertsätze kennen, welche noch einmal die Verbindung zwischen Empirie und Theorie untermauern.
- den statistischen Test kennen und werden konkrete Tests anwenden.

„Es ist mir noch heute rätselhaft, dass man herausbringt, was 60 Millionen Menschen denken, wenn man zweitausend befragt. Erklären kann ich das nicht. Es ist eben so.“ ELISABETH NOELLE-NEUMANN, *Meinungsforscherin*

Wenn man das so liest, kann man in der Tat ins Grübeln kommen. Aber lassen Sie mich dieses Phänomen etwas alltagstauglicher umformulieren: Ist ein Würfel **fair** oder wurde da etwas manipuliert?
Wie gehen Sie vor? Theoretisch könnten Sie den Würfel natürlich ganz genau vermessen und so prüfen, ob alles seine Ordnung hat. Aber eben nur theoretisch. Praktisch machen Sie etwas anderes: **Sie würfeln**.
Und dieses (ausnahmsweise) intuitiv richtige Vorgehen, entspricht genau dem, was bereits auf der Seite 13 als **induktives Vorgehen** eingeführt wurde: Sie möchten über eine Grundgesamtheit, die Sie in ihrer Gesamtheit niemals erfassen können — denn dazu wären dann wohl unendlich viele Würfe notwendig —, etwas Bedeutsames erfahren. Sie brauchen eine Stichprobe.

Oder um es mit Lew Tarassow zu sagen: **„Damit sich die Wahrscheinlichkeit offenbart, müssen Sie den Würfel sehr oft rollen lassen und verfolgen, wie oft eine Vier fällt.“**[1]
Der Würfel **offenbart** seine Charakteristika, Sie müssen sie ihm aus der Nase ziehen, Sie müssen etwas dafür tun. Damit sind die Funktionsweisen der Grenzwertsätze bereits ganz gut beschrieben.

Die **Grenzwertsätze für Folgen von Zufallsvariablen** sind in einem gewissen Sinn das *i*-Tüpfelchen auf der Wahrscheinlichkeitsrechnung. Diese erlauben erst ein induktives Vorgehen oder auch Simulationsexperimente.
Sie verbinden auf wundersame Weise die Empirie mit der Theorie. Wir wollen drei dieser Gesetze kennenlernen.

5.1.1 Das Gesetz der großen Zahlen

Lax formuliert sagt das Gesetz aus, dass mit zunehmendem Stichprobenumfang

- **Mittelwerte** gegen **Erwartungswerte**
- und **relative Häufigkeiten** gegen **Wahrscheinlichkeiten**

streben. Das ist keine Kleinigkeit, sondern eröffnet im Gegenteil sehr mächtige Spielräume.
Wenn ich also Beispielsweise den wahren Anteil der SPD-Wähler in meiner Grundgesamtheit wissen möchte — sozusagen die Wahrscheinlichkeit, einen SPD-Wähler zu erwischen, wenn ich zufällig in die Grundgesamtheit greife —, dann (Achtung Frau Noelle-Neumann), so das Gesetz, muss ich eine gewisse Anzahl von Personen aus meiner Grundgesamtheit berücksichtigen. Die relative Häufigkeit der SPD-Wähler in meiner Stichprobe strebt dann gegen den wahren, aber unbekannten und in seiner Gänze nicht eruierbaren Anteil.
Leider sagt das Gesetz so zunächst einmal nichts darüber aus, welchen Umfang die Stichprobe haben sollte, um eine hinreichend genaue Approximation zu erzielen. Über die Geschwindigkeit dieser sogenannten **stochastischen Konvergenz** wissen Sie erst einmal nichts.

Erinnern Sie sich noch an das Ziegenproblem auf der Seite 17? Im Rahmen der Wahrscheinlichkeitsrechnung haben Sie sich bereits mit dem paradoxen Umstand befasst, dass die Strategie Wechseln zu einer doppelt so großen Wahrscheinlichkeit (2/3), das Auto zu gewinnen, führt. Das Gesetz der großen Zahlen eröffnet noch einen weiteren Weg, diese 67 % Wahrscheinlichkeit zu ermitteln: Man simuliert das Ziegenproblem.
Natürlich können Sie die Ziegenspiele einfach mit drei Bechern und einem Matchboxauto selber durchspielen. Hier soll der Rechner eingesetzt werden und das Ziegenproblem spielen.

[1] Vgl. [Tarassow98]

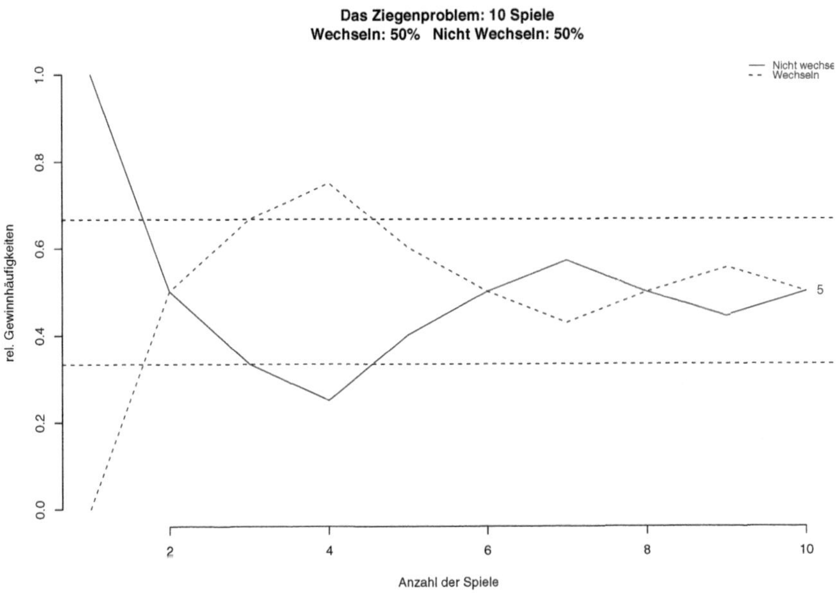

Abbildung 5.1: Entwicklung der relativen Gewinnhäufigkeiten nach 10 Ziegenspielen

Graphik 5.1 zeigt die Entwicklung der relativen Gewinnhäufigkeiten für die beiden Strategien **Wechseln** und **Nicht-Wechseln** nach 10 absolvierten Ziegenspielen — in 10 verschiedenen, vom Computer zufällig gewählten Konstellationen, wurde man also vor die Wahl gestellt, entweder bei der Originalwahl zu bleiben oder zu wechseln.

Der Computer merkt sich, welche Strategie wann gewonnen hätte und stellt diese Entwicklung mit einem Linienzug dar.

Nach 10 Spielen haben beide Strategien jeweils fünfmal gewonnen. Entweder haben Sie sich vorhin grob verrechnet, und die intuitive 50:50 Feststellung ist doch richtig, oder das Experiment gibt Ihnen bereits einen ganz guten Eindruck davon, dass die stochastische Konvergenz, also das Streben der relativen Häufigkeiten gegen die Wahrscheinlichkeiten, mit etwas mehr Geduld bedacht werden muss.

Denn wie oft würden Sie einen Würfel werfen, um festzustellen, ob die Sechs auch oft genug gefällt? Sicherlich mehr als zehnmal.

Bevor Sie das Ziegenspiel öfter spielen, sollen Sie sich kurz die Wirkungsweise vor Augen führen. Jedes Beobachten der Strategie **Wechseln** bei einem Ziegenspiel kann als **Bernoulliexperiment** aufgefasst werden.

Sie spielen n voneinander unabhängige Ziegenspiele nacheinander. Es interessiert, ob die Strategie **Wechseln** erfolgreich war oder nicht. Das sollen Sie mit einer Zufallsvariable X_i modellieren:

$$X_i \sim bern(p = 2/3),\ i = 1, \dots, n$$

Für jedes X_i gilt

$$E(X_i) = p,\quad V(X_i) = p \cdot (1-p) = \sigma^2$$

Nach n Spielen stellen Sie

$$S = \sum_{i=1}^{n} X_i$$

Erfolge fest. Natürlich ist S binomialverteilt. Es interessiert die relative Gewinnhäufigkeit $h_S = S/n$, denn die soll gegen 2/3 streben.
Die relative Häufigkeit h_S hat zwei wichtige Eigenschaften:

- **Erwartungswert** $E(h_s)$

$$E(h_S) = E(S/n) = 1/n \cdot E(S) = 1/n \cdot E\left(\sum_{i=1}^{n} X_i\right) =$$

$$= 1/n \cdot \sum_{i=1}^{n} E(X_i) = 1/n \cdot n \cdot p = p$$

  Wie gehofft ist der Erwartungswert von h_S gerade $p = 2/3$. Damit taugt er für unser Experiment, er ist **erwartungstreu**.

- **Varianz** $V(h_s)$

$$\sigma_{h_S}^2 = V(h_S) = V(S/n) = \frac{1}{n^2} \cdot V(S) = \frac{1}{n^2} \cdot V\left(\sum_{i=1}^{n} X_i\right) =$$

$$= \frac{1}{n^2} \cdot \sum_{i=1}^{n} V(X_i) = \frac{1}{n^2} \cdot n \cdot p \cdot (1-p) = \frac{p \cdot (1-p)}{n} = \frac{\sigma^2}{n}$$

  Die Varianz hat die entscheidende Eigenschaft, dass sie umso kleiner wird, je mehr Ziegenspiele Sie spielen.

Die Standardabweichung gibt bekanntermaßen die durchschnittliche Entfernung vom Erwartungswert an, und diese Entfernung wird mit zunehmendem Stichprobenumfang immer kleiner — sie strebt sogar gegen Null, wenn $n \to \infty$:

$$\sigma_{h_S} = \sqrt{\frac{\sigma^2}{n}} = \frac{\sigma}{\sqrt{n}}$$

Dies ist das sogenannte $\sqrt{n}$-Gesetz, welches Eigenschaften von Mittelwerten und relativen Häufigkeiten (das sind auch Mittelwerte) beschreibt:

Definition 5.1: $\sqrt{n}$-Gesetz

Wenn Sie n identisch und unabhängig verteilte Zufallsvariablen X_i mit Varianz σ^2 beobachten, dann gilt für die Standardabweichung des Mittelwertes $\bar{X}$:

$$\sigma_{\bar{X}} = \frac{\sigma}{\sqrt{n}}$$

Anders formuliert heißt das, unsere relative Häufigkeit schmiegt sich immer dichter an den Sie interessierenden Erwartungswert. Und der ist gerne auch mal unbekannt. Dann führt das Experiment zum gewünschten Erkenntnisgewinn. Unter Verwendung des Gesetzes können Sie sich tatsächlich durch Wiederholung eine **unbekannte Größe herleiten**.

Das heißt, die Simulation führt zwangsläufig zum gewünschten Ziel — natürlich nur dann, wenn unser Experiment auch so gestaltet ist, dass es tatsächlich das gewünschte Phänomen korrekt abbildet.

Wenn Sie gar nichts über das σ wissen, dann können Sie zumindest folgende Aussage treffen: Wenn der Fehler um $1/10$ verkleinert werden soll, dann muss ich $10^2 = 100$ mal mehr Versuche berücksichtigen.

Und in diesem Fall? Sie kennen die Rahmenbedingungen. Hier ist die erwartete Entfernung von $p = 2/3$, der erwartete Fehler, gerade

$$\sqrt{\frac{2/3 \cdot 1/3}{10}} = 0.15$$

Damit liegt das Experiment durchaus im Rahmen der Genauigkeitserwartung. Sie können um den Erwartungswert 0.67 ein Intervall der Länge 0.15 legen: 0.67 ± 0.15. Die im Experiment mit zehn Spielen beobachteten 0.5 liegen am unteren Rand.

Wenn Sie $n = 1000$ Ziegenspiele spielen, dann erwarten Sie, dass die relative Häufigkeit deutlich dichter an den $2/3$ bzw. $1/3$ liegt. Der Fehler ist dann um den Faktor 10 kleiner, denn Sie haben 100-mal mehr Spiele durchgeführt:

$$\sqrt{\frac{2/3 \cdot 1/3}{1000}} = 0.015$$

Graphik 5.2 zeigt alle 1000 Ziegenspiele. Wie Sie sehen, pendeln sich die relativen Häufigkeiten sehr schön bei den Wahrscheinlichkeiten ein.

Während am Anfang die Kurven noch recht *zickig* daherkommen — das liegt an den noch hohen Varianzen der relativen Häufigkeiten, bei 10 Spielen herrschte ja sogar Ausgeglichenheit — ist ab $n = 200$ wohl klar, wohin die Reise gehen wird. Auch die errechnete Entfernung wird spielend eingehalten. Die Graphik zeigt Ihnen recht anschaulich das **Gesetz der großen Zahlen** bei der Arbeit.

Das Gesetz der großen Zahlen gibt es in verschiedenen Formulierungen. Sie werden das schwache Gesetz kennenlernen, das auf der **Tschebyscheffschen Ungleichung** beruht. Mit dieser Ungleichung ist für jede Zufallsvariable ein Intervall

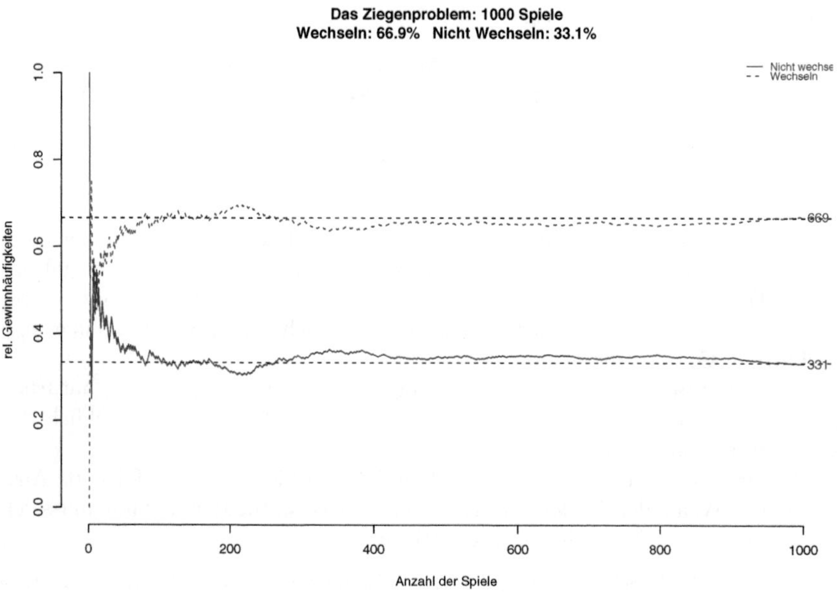

Abbildung 5.2: Entwicklung der relativen Gewinnhäufigkeiten nach 1000 Ziegenspielen

für den Erwartungswert formuliert, dessen Größe bzw. die Wahrscheinlichkeit, dass der Erwartungswert sich innerhalb dieses auch realisiert, abhängig von der Varianz ist — an dieser Stele greift dann das $\sqrt{n}$–Gesetz.

Wenn Sie sukzessive das Ziegenspiel spielen und Sie mit der Zufallsvariablen X_i den Erfolg notieren, dann haben Sie es mit einer **Folge von Zufallsvariablen** zu tun. Das Gesetz macht nun eine Aussage über solche Folgen:

Definition 5.2: Tschebyscheff Gesetz der großen Zahlen (schwaches Gesetz)

$$\lim_{n\to\infty} P\left(|\bar{X}_n - \mu| < \epsilon\right) = 1 \text{ für } \epsilon > 0$$

Mit zunehmendem Stichprobenumfang konvergiert das arithmetische Mittel gegen den Erwartungswert μ. Dabei handelt es sich um eine **Konergenz in Wahrscheinlichkeiten**, daher auch die Bezeichnung schwache Konvergenz.
Genaugenommen steht in dem Ausdruck, dass die Wahrscheinlichkeit,

$$— P() —$$

dass der betragsmäßige Abstand zwischen Mittelwert und μ

$$— |\bar{X}_n - \mu| —$$

kleiner ist als ein beliebig kleiner positiver Wert (der natürlich ganz, ganz klein sein darf),

$$— < \epsilon —$$

dass diese Wahrscheinlichkeit mit wachsendem n gegen 1 strebt. Das **schwach** meint den Umstand, dass eben nicht mit Wahrscheinlichkeit 1 *jede* Folge auch ihr Ziel trifft. Die Wahrscheinlichkeit 1 ist ein theoretisches Ziel im Unendlichen. Für praktische Zwecke reicht aber diese Formulierung aus.
Der Vollständigkeit halber sei folgendes erwähnt:

1. Das Gesetz kann auch als Spezialfall für die Entwicklung von **relativen Häufigkeiten** formuliert werden. Es heißt dann Gesetz der großen Zahlen von Bernoulli.
2. Es gibt auch ein **starkes Gesetz der großen Zahlen** (von Borel und Cantelli). Dieses ist so formuliert, dass es sich nicht um eine stochastische Konvergenz handelt.

   Die Voraussetzungen, wann dieses gilt, sind etwas strenger. Im Normalfall sind diese aber erfüllt.

Exkurs zur Motivation: Roulette
Und ist das Gesetz alltagstauglich? Stellen Sie sich vor, Sie sitzen im Kasino am Roulettisch, und Sie beobachten, dass seit vier Runden kein **Rot** mehr erschienen ist. Sie erinnern sich an das Gesetz der großen Zahlen zurück, setzen alles auf **Rot**, und Sie verlieren.
Nun schimpfen Sie auf die Statistik und sehen die Unbrauchbarkeit der Disziplin dramatisch bestätigt.

Ist dem so? Das Gesetz der großen Zahlen sagt etwas über die Entwicklung von relativen Maßzahlen aus. Es verrät Ihnen nichts über die nächste folgende Realisation. Beim 5. Lauf der Roulettekugel gilt wieder 50:50 (lassen Sie die Null einmal weg).
Die Kugel hat kein Gedächtnis, sie weiß nicht, dass **Rot langsam dran wäre**. Während die Varianz der relativen Häufigkeit immer kleiner wird, steigt die der absoluten Häufigkeiten mit zunehmender Wiederholung. Beim konkreten Spielen interessieren aber die absoluten Häufigkeiten.
Im Kapitel zur **geometrischen Verteilung** finden Sie weitere Hinweise zu dieser Gedächtnislosigkeit. Lesen Sie doch auch einmal hier nach [Faller09].

Sowohl die Graphiken als auch die Formeln haben gezeigt, dass die **Größe des Stichprobenumfanges** entscheidend dafür ist, wie weit die Konvergenz bereits fortgeschritten ist. Würfeln Sie 20-mal, haben Sie eine ganz gute Vorstellung, würfeln Sie 100-mal, dann können Sie sich ein deutliches Stück weit sicherer sein, ob der Würfel fair ist oder nicht. Die Varianz des Schätzers für das wahre p sinkt mit zunehmendem Stichprobenumfang.

Stichproben kosten allerdings im wahren Leben viel Geld. Deswegen wird man bei der Mark-und Meinungsforschung immer einen Kompromiss eingehen müssen, zwischen **Genauigkeit der Aussage** und den **Kosten zur Verbesserung** dieser, also grundsätzlich der Erhöhung des Stichprobenumfanges n.

Die folgende Graphik zeigt einmal für den **ARD-Deutschlandtrend**, wie diese Fehlergrößen aussehen. Möchte man die Fehler verkleinern, müssen mehr Menschen per CATI (= Computer Assisted Telephone Interview) befragt werden.

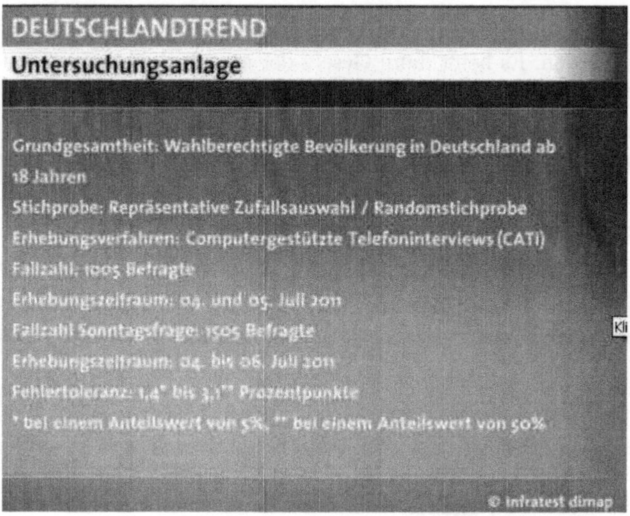

Abbildung 5.3: Hinweise zur Untersuchungsanlage beim *ARD Deutschlandtrend*

5.1.2 Der Hauptsatz der mathematischen Statistik

Dieses Unterkapitel könnte sehr technisch werden, soll es aber nicht. Sie sollen lieber mitnehmen, was dieser wichtige Satz inhaltlich bedeutet. Er ist wieder einmal eine wichtige Stütze für die Statistik. Der Satz gibt sozusagen der Idee der Modellierung erst den hoheitlichen Segen.

Zunächst muss festgehalten werden, dass in der **Verteilungsfunktion alle Informationen** bezüglich einer Verteilung eines Modells enthalten sind. Mehr kann man über eine Verteilung nicht wissen, nicht herausfinden. Alles lässt sich daraus ableiten.

Dieser Hauptsatz sagt, dass mit zunehmendem Stichprobenumfang die empirische Verteilungsfunktion gegen die zugrundeliegende Verteilungsfunktion der Grundgesamtheit strebt, und das mit Wahrscheinlichkeit Eins. Die exakte Formulierung ist etwas komplizierter, für unsere Zwecke reicht das aber.
Dieser Satz ist sehr wichtig, was ja auch schon durch den Namen zum Ausdruck gebracht wird, denn er bescheinigt der empirischen Verteilungsfunktion die hervorragende Eigenschaft, die Grundgesamtheit, welche vollständig durch die Verteilungsfunktion beschrieben ist, mit größer werdendem n immer besser abzubilden.

5.1.3 Der zentrale Grenzwertsatz

Sie haben diesen bereits im Kapitel zur Normalverteilung kennengelernt. Dort hieß es, Summen streben gegen die Normalverteilung. Eine etwas exaktere Formulierung ist die folgende.

Definition 5.3: Zentraler Grenzwertsatz

Die Summe identisch und unabhängig verteilter Zufallsvariablen strebt gegen die Normalverteilung und zwar unabhängig von der zugrundeliegenden und tatsächlichen Verteilung der Grundgesamtheit.

Dies ist ein sehr starkes Gesetz. Die Voraussetzungen sind zudem fast immer erfüllt. Es beschert der Normalverteilung seine prominente und allgegenwärtige Bedeutung.
Dazu soll ein Beispiel angeschaut werden. Nehmen Sie noch einmal ein Würfelexperiment. Und Sie sind interessiert an dem Ereignis 6 oder nicht. Die Wahrscheinlichkeit beträgt bekanntermaßen $p = 1/6$. Jeden Würfelwurf können Sie als Bernoulliverteilte ansehen, die Summe ist dann Binomialverteilt, das sind natürlich gerade die Anzahl der Erfolge.
Nun müsste ja gelten, dass die Summe, also allgemein die Binomialverteilung, gegen die Normalverteilung strebt. Das tut sie auch, wie sie der folgenden Abbildung entnehmen können. Es werden die Wahrscheinlichkeitsfunktionen zu $n = 4, 10, 20, 50$ dargestellt.

Durch die Wahl von $p = 1/6$ ergibt sich natürlich eine sehr schiefe Verteilung (links oben). Ein Erfolg hat eine geringe Wahrscheinlichkeit, daher fällt die Funktion stark ab.
Aber beobachten Sie, was passiert, wenn man den Stichprobenumfang, hier das n, die Zahl der Würfelwürfe (moderat) erhöht. Sehr schnell stellt sich Symmetrie ein. In der letzten Graphik, rechts unten, muss man wohl sagen, dass man hier die Dichte der Normalverteilung sehr gut drüber legen könnte. Sie haben den zentralen Grenzwertsatz soeben bei der Arbeit beobachtet.

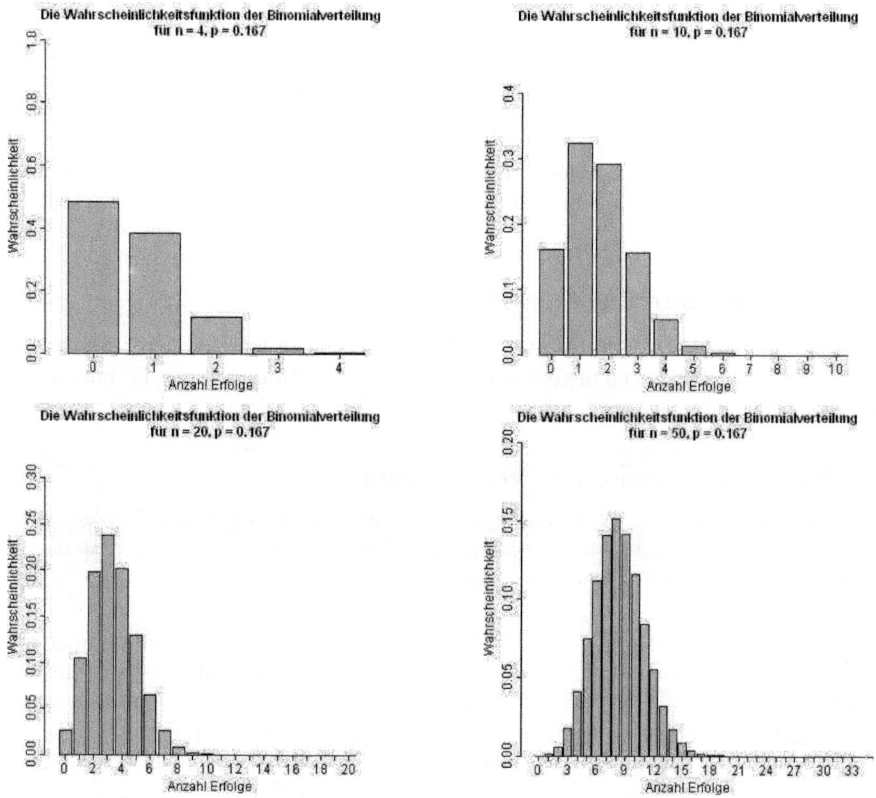

Abbildung 5.4: Die Binomialverteilung strebt gegen die Normalverteilung

Kurz gefasst!

- Grenzwertsätze für Folgen von Zufallsvariablen verbinden die **Empirie mit der Theorie**.
- Das **Gesetz der großen Zahlen** zeigt, dass Mittelwerte gegen Erwartungswerte und relative Häufigkeiten gegen Wahrscheinlichkeiten streben.
- Der **Hauptsatz** besagt, dass die empirische Verteilungsfunktion gegen die Verteilungsfunktion strebt.
- Der **zentrale Grenzwertsatz** manifestiert, dass Summen von Zufallsvariablen gegen die Normalverteilung streben.
- Die Sätze erlauben Simulationsexperimente bzw. allgemein **induktive Statistik**.

5.1.4 Aufgaben

1. Führen Sie das Argument mit den absoluten Häufigkeiten aus der Exkurs-Box auf der Seite 201 zu Ende. Wie oft erwarten Sie denn *Rot* nach 100 Kugeln? Und wie weit erwarten Sie, von diesem absoluten Ziel entfernt zu sein? Führen Sie das Argument einmal fort, wenn Sie bedenken, dass die Kugel bereits Tausende von Spielen hinter sich hat.

2. Lesen Sie einmal den Selbstversuch einer Journalistin im Kasino nach (vgl. [Faller09]).

   Warum erlauben Kasinos nur das Setzen bis zu einem bestimmten Betrag? Interpretieren Sie in diesem Zusammenhang auch einmal die Aussage *picking up pennies in front of a steamroller.*

3. Schauen Sie sich die Anzeige in der Abbildung 5.5 an, die einem Zeitungsredakteur zugeschickt wurde.

   (a) Was halten Sie davon?

   (b) Gehen Sie insbesondere auf die Bemerkung zum *Gesetz der großen Zahlen* ein.

   (c) Offensichtlich war die Prognose ja nicht so gut. Können Sie sich einen Weg vorstellen, wie dieses Angebot (für den Versender) denn erfolgreich und lukrativ sein könnte?

   Bedenken Sie dabei die Möglichkeit, durch das Medium Internet quasi umsonst massenhaft E-Mails zu verschicken.

4. Nehmen Sie sich ein Telefonbuch, schlagen Sie es an einer beliebigen Stelle auf, und notieren Sie sich 50 Telefonnumern.

   (a) Nehmen Sie jeweils die erste Ziffer von allen Telefonnumern (Sie haben also 50 einstellige Ziffern vor sich), und stellen Sie diese in einem Stabdiagramm dar.

   (b) Addieren Sie nun von jeder Telefonnummer die einzelnen Ziffern auf, so dass Sie 50 neue Zahlen generiert haben. Stellen Sie diese als Stabdiagramm bzw. Histogramm dar.

   (c) Beschreiben Sie, was Sie beobachten, und warum Sie dies beobachten.

   (d) Welche Gesetzmäßigkeit ist dafür verantwortlich?

5. Die MonteCarloMethode, also der Modellierung eines Zufallsexperimentes so, dass der sich einpendelnde Mittelwert gegen die interessierende Größe strebt, reicht zurück bis in Jahr 1777, als GeorgesLouis Leclerc Buffon in seinem *Essai* ein Experiment beschreibt, das als *Buffon's Needle Problem* bekannt werden sollte.

   Auf einem ausgebreiteten Tischtuch sind parallele Streifen im Abstand d eingezeichnet. Es wird eine Nadel der Länge $L \leq d$ auf dieses Tischtuch geworfen.

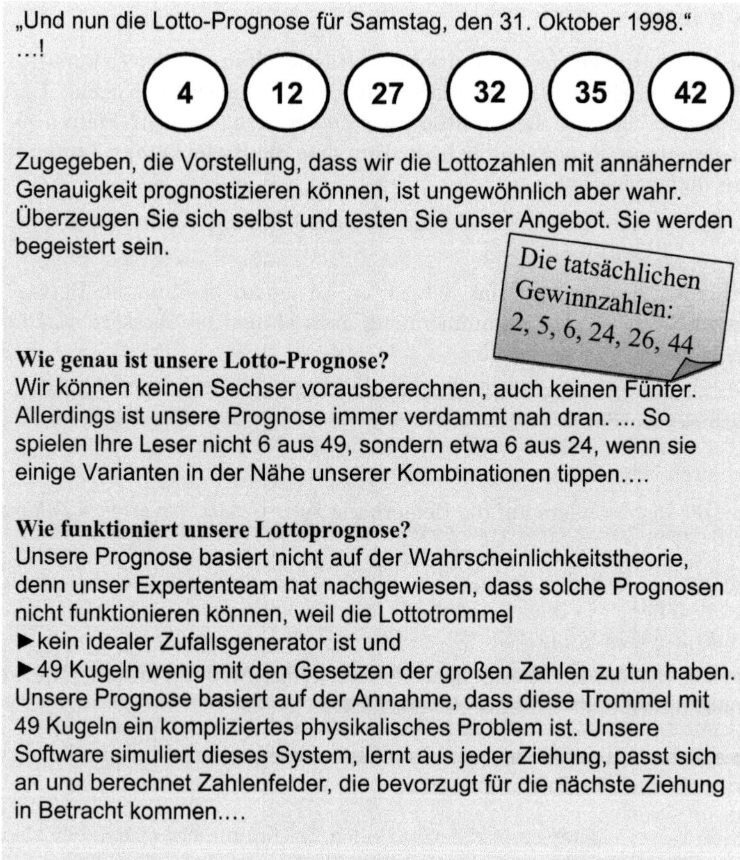

„Und nun die Lotto-Prognose für Samstag, den 31. Oktober 1998."
...!

4 12 27 32 35 42

Zugegeben, die Vorstellung, dass wir die Lottozahlen mit annähernder Genauigkeit prognostizieren können, ist ungewöhnlich aber wahr. Überzeugen Sie sich selbst und testen Sie unser Angebot. Sie werden begeistert sein.

Die tatsächlichen Gewinnzahlen: 2, 5, 6, 24, 26, 44

Wie genau ist unsere Lotto-Prognose?
Wir können keinen Sechser vorausberechnen, auch keinen Fünfer. Allerdings ist unsere Prognose immer verdammt nah dran. ... So spielen Ihre Leser nicht 6 aus 49, sondern etwa 6 aus 24, wenn sie einige Varianten in der Nähe unserer Kombinationen tippen....

Wie funktioniert unsere Lottoprognose?
Unsere Prognose basiert nicht auf der Wahrscheinlichkeitstheorie, denn unser Expertenteam hat nachgewiesen, dass solche Prognosen nicht funktionieren können, weil die Lottotrommel
►kein idealer Zufallsgenerator ist und
►49 Kugeln wenig mit den Gesetzen der großen Zahlen zu tun haben.
Unsere Prognose basiert auf der Annahme, dass diese Trommel mit 49 Kugeln ein kompliziertes physikalisches Problem ist. Unsere Software simuliert dieses System, lernt aus jeder Ziehung, passt sich an und berechnet Zahlenfelder, die bevorzugt für die nächste Ziehung in Betracht kommen....

Abbildung 5.5: Eine Lottoprognose

Sie sind daran interessiert, ob die Nadel einen der Streifen zerteilt – Sie könnten sich das Tischtuch als unendlich groß vorstellen, was aber nur garantieren soll, dass jeder Nadelwurf die Chance hat, einen Streifen zu treffen.

Was ist die Wahrscheinlichkeit, dass die Nadel einen der Streifen trifft? Ja, das ist nicht so einfach. Aber probieren Sie doch mal die folgende Formel aus beim Nadelwerfen — was wird hier aussimuliert, und was sagen Sie zur Konvergenzgeschwindigkeit?

$$\frac{2}{\text{relative Trefferhäufigkeit}} \to ?$$

6. Können Sie eine Monte-Carlo-Simulation modellieren, mit der Sie die Kreiszahl π erzeugen können?

5.2 Testtheorie

In diesem Kapitel lernen Sie

- die schließende Statistik kennen.
- den statistischen Test kennen.
- wie Sie grundsätzlich Vermutungen als statische Hypothesen formulieren können.

Schließende Statistik oder auch induktive Statistik ist in gewisser Weise das i-Tüpfelchen der Statistik. Es ist der Grund, warum es so etwas wie Statistik überhaupt gibt. Man möchte aufgrund der Eigenschaften einer Stichprobe, aus Daten, die erhoben, erzeugt oder beobachtet wurden, Allaussagen, das heißt allgemeingültige Aussagen generieren. Das ist ein starker Anspruch.
Sie werden im Folgenden allgemein das Konzept **statistischer Test** kennenlernen. Im Anschluss schauen Sie sich **zwei konkrete statistische Tests** an. Da es natürlich auch hier viele solcher Tests gibt, werden noch weitere Konzepte dazu erwähnt.

5.2.1 Der statistische Test

Wie **testet man eine Vermutung**, die sich vielleicht aus der Betrachtung eines Datensatzes oder aus inhaltlichen Überlegungen ergeben hat?
Darum geht es schließlich im Rahmen der Statistik: Durch induktive Argumentation versuchen, belastbare Erkenntnisse zu generieren. Dafür benötigen Sie (im jeweiligen Kontext) sinnvolle und zielführende Daten, also solche, die im Rahmen der jeweiligen Problemstellung auch weiterhelfen. Diese benutzen Sie, um auf eine Allgemeingültigkeit zu schließen, der sogenannte **induktive Schluss**. Hier hilft das Konzept **statistischer Test** weiter:

Definition 5.4: Der statistische Test

Ein statistischer Test ist eine **Entscheidungsregel**, mit der auf Grundlage einer **Stichprobe** über eine **Hypothese** H_0 gegenüber einer **Alternativhypothese** H_1 entschieden wird.

vulgo: Der statistische Test *sagt* mir, ob ich mich für oder gegen meine Hypothese entscheiden soll. Diese Entscheidung wird allein aufgrund der Datenlage getroffen. Der Test *trifft* die Entscheidung. der statistische Teste ist die objektive Entscheidungsregel.
In der Hypothese-/Gegenhypothese-Konstellation formulieren Sie Ihre *Vorstellung* einer möglichen allgemeingültigen Implikation auf Basis der erhobenen/beobachteten Daten. Mit Hilfe der WS-Rechnung wird die Entscheidung untermauert bzw. letztendlich auch getroffen.

Sie sollen dazu wieder ein Beispiel aus der Produktionstheorie, genaugenommen aus dem Total Quality Management betrachten.

Eine Firma produziert elektrische Widerstände mit 100 Ohm. Produktionsbedingt passiert es, dass nach einer gewissen Produktionszeit die Widerstände nicht mehr auf 100 Ohm eingestellt sind.

- Um hier zu viel Ausschuss zu vermeiden, wird die Produktion regelmäßig geprüft.
- Ist die gemessene Abweichung (nach oben oder nach unten) vom Ziel 100 Ohm zu groß, dann muss eingegriffen werden.
- Ein zu frühes Eingreifen kostet Produktionszeit.
- Aus langjähriger Erfahrung weiß man, dass hier eine Normalverteilung zur Modellierung der Ohm-Daten sehr geeignet ist.

Tabelle 5.1: Ein Beispiel zum statistischen Test

Sie sollen dieses Problem als statistischen Test formulieren. Die **Hypothese bzw. Alternativhypothese** lauten daher:

$$H_0 : \mu = \mu_0 = 100 \text{ vs. } H_1 : \mu \neq 100$$

Es wird angenommen, dass die Meßwerte aus einer Normalverteilung stammen, Sie müssen also auf 100 testen, das ist der Wert, der Sie interessiert. Wie Sie sehen, konnten wir die interessierende Frage mit Hilfe der beiden Hypothesen formulieren. Wichtig ist natürlich die **Verteilungsannahme** der Daten, die ggf. zu **überprüfen** ist. Hier verzichten Sie darauf, Sie nehmen an, die Normalverteilungsannahme ist gerechtfertigt.
Es gibt ganz grundsätzlich zwei Klassen von statistischen Tests:

- solche, die auf einer **bestimmten Verteilung der Daten** aufbauen, der sogenannten Verteilungsannahme, **parametrische Tests**;
- und solche, die **keine bestimmte Verteilung** der Daten voraussetzen, **nicht parametrische Tests**.

Im Rahmen dieser Einführung lernen Sie einen parametrischen und einen nichtparametrischen Test kennen.
Folgende Meßwerte in Ohm haben sich aus den letzten zehn produzierten Widerständen ergeben:

106.8	101.1	99.4	101.2	103.4	100.8	105.4	103.3	100.0	98.0

Tabelle 5.2: Beispieldaten zum statistischen Test – Ohm-Werte

Spricht das für oder gegen die Hypothese? Im Rahmen der eben formulierten Hypothese ist die Stelle 100 Ohm wichtig. Entsprechend ist zu überprüfen, ob die 100 als Zentrum der Beobachtungen in Frage kommt oder eben nicht. muss die Hypothese abgelehnt werden oder nicht?
Für die Produktion heißt das: Muss eingegriffen werden oder nicht? Sollten Sie der Meinung sein, dass die Daten durchaus aus einer Normalverteilung mit Zentrum 100 kommen, dann spricht das für Ihre Hypothese.
Sind Sie aber der Meinung, dass das Zentrum (Mittelwert) der Daten wohl eher nicht 100 ist, dann spricht das gegen Ihre Hypothese. Die Frage ist: Was heißt **die Daten haben als Zentrum 100?**
Sie brauchen eine objektive **Entscheidungsregel in Abhängigkeit von den Daten**. Sprechen die Daten für die 100 Ohm als **wahren** Parameter? Oder anders formuliert: Hat sich der Produktionsprozess verschoben, weil eine Schraube locker geworden ist oder Öl fehlt, und der **wahre** Parameter ist gar nicht mehr 100 Ohm, und es muss dringend in den Produktionsprozess eingegriffen werden?
Ein wenig Datenanalyse kann an dieser Stelle nicht schaden. Schauen Sie sich die Daten einmal an – in der Graphik sehen Sie die zehn Punkte, den Boxplot, den Mittelwert und das 1. Schwankungsintervall der Daten (einmal die Standardabweichung nach links vom Mittelwert und einmal nach rechts). Die Stelle 100 ist mit einem Pfeil markiert:

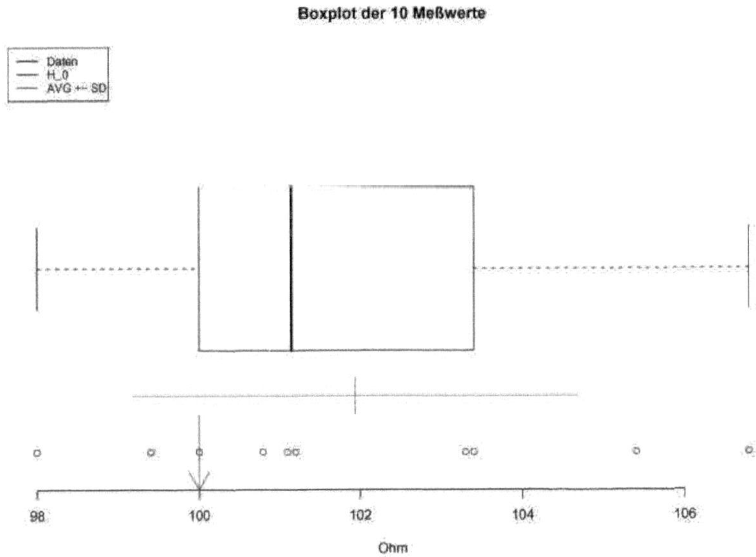

Abbildung 5.6: Boxplot der Ohm-Daten (Test Beispiel)

Und? Schwer zu sagen. Die Daten streuen nicht wirklich zufällig um 100, sind aber auch nicht zu weit entfernt. Die meisten scheinen jedoch größer zu sein. Was ist zu tun? Dies ist eine **Entscheidung unter Unsicherheit**: **Entweder H_0 annehmen oder H_0 ablehnen.**
Diese Entscheidung soll nicht nach dem Bauch sondern über eine **allgemein gültige Entscheidungsregel** getroffen werden. Diese Regel muss ausschließlich auf Basis der Daten und der Verteilungsannahme getroffen werden. Die Entscheidungsregel muss sich dann auch immer *gleich* verhalten. Es darf keine Beliebigkeit enthalten sein.
Dabei kann offensichtlich nur folgendes passieren:
E = *Entscheidung*, R = *Realität*, letztere kennen Sie nicht:

E↓ / R→	H_0	H_1
H_0	richtig	Fehler 2. Art
H_1	Fehler 1. Art	richtig

Tabelle 5.3: Die Entscheidungsmatrix beim statistischen Test

Mit der Wahl der Zeile formulieren Sie Ihre Entscheidung, diese kann sich ex post als richtig oder als falsch herausstellen. Ob Ihre Entscheidung richtig oder falsch war, erfahren Sie immer erst nach der Entscheidung. Das können Sekunden oder Jahre sein, aber es ist immer zeitlich danach angesiedelt.
Der statistische Test sagt Ihnen nicht, ob Ihre Entscheidung richtig oder falsch ist. Er kann Ihnen nicht die Frage beantworten, ob H_0 mit Sicherheit anzunehmen oder abzulehnen ist. Er hilft Ihnen *nur*, Ihre Entscheidung zu quantifizieren.
Folgende **Wahrscheinlichkeiten** ergeben sich:

E↓ / R→	H_0	H_1
H_0	$(1-\alpha)$	β
H_1	α	$(1-\beta)$

Tabelle 5.4: Die Entscheidungsmatrix mit Fehlerwahrscheinlichkeiten

Da **α und β gegenläufig** (sprich „alpha und beta") sind, können nicht beide Fehlerwahrscheinlichkeiten gleichzeitig minimiert werden. Gegenläufig heißt, wenn ich α, also die Wahrscheinlichkeit für den Fehler 1. Art, kleiner setze, dann wird β steigen, da die Entscheidungsregel seltener die Hypothese ablehnt, man wird sich öfter für H_0 entscheiden. Im Extremfall könnten Sie $\alpha = 0$ setzen, das heißt die Hypothese wird niemals abgelehnt, egal wie sehr die Daten gegen H_0 sprechen. Dies wird aber zwangsläufig dazu führen, dass diese Entscheidung falsch ist. Offensichtlich wird β einen größeren Wert annehmen müssen. Sie müssen sich entscheiden, welchen Fehler Sie in Kauf nehmen. Das ist sehr stark kontextabhängig.

Es wird so ein, dass Sie α festlegen können, während β in der Regel unbekannt ist. Sie kennen nur diesen Zusammenhang. Dazu gleich mehr. Noch mal zusammengefasst:

- Versucht man, α möglichst klein zu halten, also die falsche Entscheidung zu reduzieren gegen H_0, obwohl H_0 richtig ist (was Sie nicht wissen!!),
- dann muss die Entscheidungsregel so beschaffen sein, dass Sie sich öfter für H_0 entscheiden.
- Dann erhöht sich (logischer und konsequenterweise) die Fehlerwahrscheinlichkeit β,
- denn Sie begehen häufiger den Fehler 2. Art.
- Die umgekehrte Argumentation läuft genauso.

Tabelle 5.5: Die beiden Fehlerwahrscheinlichkeiten α und β

In der Praxis ist es so, dass α **vor der Durchführung festgelegt** wird.
Oft verwendet man $\alpha = 0.05$.

1. Wenn unsere Vermutung stimmt, dann wird sie nur mit einer Wahrscheinlichkeit von maximal 5 % abgelehnt.

   Unsere Entscheidungsregel trifft nur in 5 % dieser Fälle eine falsche Entscheidung.

   Dies ist auch die sogenannte **Irrtumswahrscheinlichkeit**.

   → Wie oft irrt der Test, wenn H_0 ex-post stimmt (das wissen Sie erst hinterher!)
2. Das **Signifikanzniveau** beträgt dann 95 %.

   Das bedeutet, dass in 95 von 100 Fällen, wenn unsere Vermutung denn stimmt (was Sie nicht wissen), sich der Test richtig entscheidet.

   Wenn H_0 sich als richtig erweist, macht der Test (= die Entscheidungsregel) in 95 % der Fälle eine zutreffende Entscheidung

Tabelle 5.6: Die Bedeutung des Fehlers 1. Art für $\alpha = 0.05$

Wenn es wichtig ist, dass Sie sich in den Fällen, wenn die Vermutung stimmt, zumindest dann richtig entscheiden, dann muss α möglichst klein gewählt werden. Was heißt das noch mal für β?!
Wir haben es hier mit **bedingten Wahrscheinlichkeiten** zu tun, und die machen leider wieder das Verständnis etwas schwieriger – denn in diesem Fall wissen Sie (noch) nicht, ob eine Bedingung eingetreten ist oder nicht:

Definition 5.5: Fehler 1. Art als bedingte Wahrscheinlichkeit

$$\alpha = P\,(\text{Gegen } H_0 \mid H_0 \text{ stimmt})$$

$$1 - \alpha = P\,(\text{Für } H_0 \mid H_0 \text{ stimmt})$$

Natürlich können Sie $\alpha = 0.01$ und damit $(1-\alpha) = 0.99$ setzen. ABER: Das heißt, Sie gestalten Ihre Regel weniger streng, da Sie sich in der jeweiligen Datensituation immer häufiger für H_0 entscheiden. ABER: Nur wenn H_0 auch wirklich stimmt, erreichen Sie dann auch die 99 %.
ABER: Sie wissen nicht, wie wahrscheinlich es ist, dass Ihre Hypothese stimmt. Sie kennen $P(H_0)$ selbstverständlich nicht. Hier müssen Sie sich entscheiden, welcher Fehler in der jeweiligen Situation schwer wiegender ist.
Dazu ein Beispiel: *Feueralarm*

E↓ / R→	H_0: Alarm echt	H_1: blinder Alarm
H_0 stimmt: Ausrücken	$(1-\alpha)$	β
H_1 stimmt: Nicht ausrücken	α	$(1-\beta)$

Tabelle 5.7: Beispiel Entscheidungsmatrix: Feueralarm

Hier ist es sicherlich so, dass die Irrtumswahrscheinlichkeit α ganz klar zu minimieren ist, da die Konsequenzen des Fehlers 1. Art weit größer sind als die des Fehlers 2. Art. Zu einem Fehlalarm auszurücken kostet *nur* Geld, einen echten Alarm zu ignorieren, kann offensichtlich wesentlich gravierendere Konsequenzen nach sich ziehen.
Das Beispiel zeigt auch noch einmal, was Signifikanz von zum Beispiel 99 % bedeutet:

Wenn es wirklich brennt (H_0 stimmt), dann führt unsere Entscheidungsregel dazu, dass die Feuerwehr in 99 von 100 solcher Fälle auch tatsächlich ausrückt. Nur in 1 % der echten Alarme rückt sie nicht aus.
Wie die Verteilung echter Alarm vs. blinder Alarm aussieht, wissen Sie zunächst aber nicht. Das macht die Sache schwieriger.

Sie haben das Konzept **statistischer Test** kennegelernt und verstanden. Der statistische Test ist eine objektive Entscheidungsregel auf Basis der Daten. Im Prinzip läuft jeder statistische Test strukturgleich ab. Sie werden jetzt zwei Tests im Rahmen dieser Einführung kennenlernen. Sie sollten keine Probleme haben, die Vorgehensweise bei anderen Tests nachvollziehen zu können.

Kurz gefasst!

- Der statistische Test ist eine objektive Entscheidungsregel, die sich ausschließlich an der Datenlage orientiert.
- Der Fehler 1. Art α wird festgelegt.
- Das Signifikanzniveau des Tests liegt dann bei $1-\alpha$ und sagt in wie viel % der Entscheidungen, wenn H_0 stimmt, entscheidet der Test richtig.
- In einer Hypothesenkonstellation H_0 vs. H_1 wird die Vermutung formuliert.
- In der Regel versuchen Sie, Ihre **Vermutung in die Gegenhypothese** zu platzieren und die Hypothese abzulehnen. Denn dann wissen Sie, wie groß der Fehler ist, nämlich α.

5.2.2 Der t-test

In diesem Kapitel lernen Sie

- den t-Test zur Überprüfung von Hypothesen bezüglich der Lage kennen.
- dass Sie den Test in verschiedenen Situationen anwenden können.

Sie möchten überprüfen, ob Ihre Stichprobe auf der Seite 208 aus einer **Normalverteilung mit $\mu_0 = 100$ stammt**. Der folgende Ablaufplan für den **zweiseitigen t-Test** hilft dabei weiter. Zweiseitig bedeutet: Es geht grundsätzlich darum, ob die Stichprobe (Mittelwert) dicht am Ziel 100 liegt. Dabei ist es egal, ob die Werte eher kleiner oder größer als die 100 sind. Allein die grundsätzliche Nähe bzw. Entfernung ist entscheidend. Diese *Nähe* wird über die Quantile bestimmt. Der Test heißt t-Test, da die Prüfgröße, welche eine Zufallsvariable ist, im Falle der Gültigkeit der Hypothese einer bestimmten Verteilung folgt. Die Prüfgröße ist dann t-verteilt. Diese Verteilung haben Sie bereits kurz auf der Seite186 kennengelernt. Die Dichte der t-Verteilung sieht der der Normalverteilung sehr ähnlich. Mit immer größer werdendem Parameter (hier steigendem Stichprobenumfang) strebt die t-Verteilung gegen die Standardnormalverteilung.

1. Die **Hypothesen**:

$$H_0 : \mu = \mu_0 = 100 \quad \text{vs.} \quad H_1 : \mu \neq \mu_0 = 100$$

2. Sie brauchen eine **Prüfgröße**:

$$PG_t = \frac{\sqrt{n} \cdot (\bar{x} - \mu_0)}{s}$$

→ Im Beispiel:

$$PG_t = \frac{\sqrt{10} \cdot (101.94 - 100)}{2.75} = 2.23$$

3. Die **Irrtumswahrscheinlichkeit** α festlegen:

$$\alpha = 0.05$$

4. Die **Entscheidungsregel**, lehne die Hypothese genau dann ab, wenn gilt:

$$|PG_t| > t_{(n-1);1-\frac{\alpha}{2}}$$

mit $t_{(n-1);1-\frac{\alpha}{2}}$ als dem $(1-\frac{\alpha}{2})\cdot 100$ %-Quantil der t-Verteilung mit Parameter (n-1).

Tabelle 5.8: Ablaufplan zweiseitiger t-Test

Wenn die Hypothese stimmt, dann ist PG_t gerade t-verteilt. Darauf baut die Logik dieses aber auch jedes anderen Tests auf! Der konkrete Wert der Prüfgröße, hier 2.23, der sich aufgrund der Daten ergibt, wird mit der passenden t-Verteilung in Verbindung gebracht. Ist diese Realisation, 2.23, eine typische Realisation der t-Verteilung? Wenn ja, dann können Sie H_0 nicht ablehnen.
Liegt die 2.23 aber am Rand der Dichtefunktion, dann argumentieren wir, dass die 2.23 eher nicht aus der spezifizierten t-Verteilung stammt und damit wird die Hypothese abgelehnt. Dieser Vergleich wird über die Quantile gemacht. Liegt der Wert der Prüfgröße im 95 % Bereich um das Zentrum Null oder nicht!

→ Im Beispiel: Gesucht ist das 97.5 %-Quantil der t-Verteilung mit Parameter $(10-1)=9$ (sog. Freiheitsgrade).

→ Dafür gibt es eine Tabelle (vgl. S.186):

$$t_{9;0.975} = 2.26$$

5. Entscheide dich:

$$|PG_t| = 2.23 \leq t_{9;0,975} = 2.26$$

→ **H_0 kann zum Niveau 95 % nicht abgelehnt werden.**

Tabelle 5.9: Ablaufplan zweiseitiger t-Test, fortgesetzt

Den Fehler 2. Art β können Sie nicht ausrechnen, da unter H_1 keine bestimmte Normalverteilung angenommen werden kann, natürlich wie soll die auch Aussehen, wenn der Mittelwert lediglich als ungleich 100 angegeben ist.
Schauen Sie sich einmal graphisch an, wie die Entscheidung zustande gekommen ist. Der zweiseitige Test soll zum Niveau $(1-\alpha)=0.95$ durchgeführt werden.
Die folgende Graphik 5.7 zeigt die Position der Prüfgröße, welche, falls H_0 stimmt, t-verteilt ist, gerade in dieser t-Verteilung an.

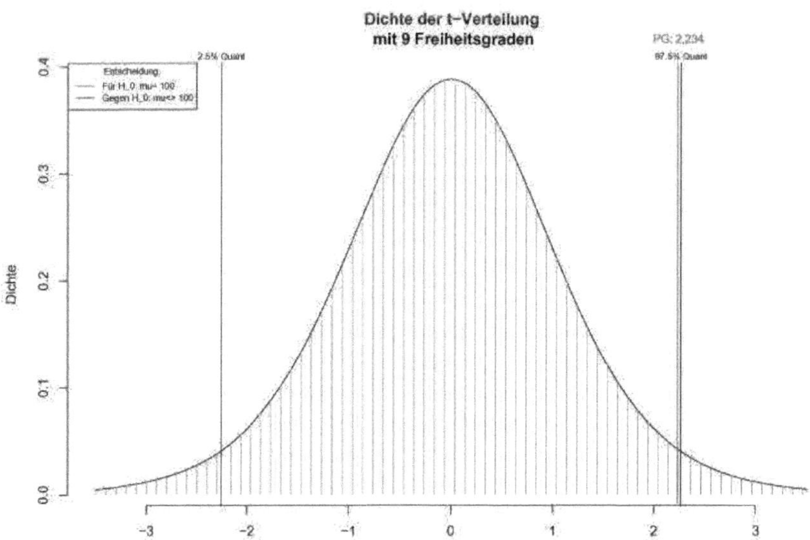

Abbildung 5.7: Entscheidung zweiseitiger t-Test am Beispiel

Zusätzlich sind jene zwei Quantile eingezeichnet, so dass sich zwischen ihnen gerade 95 % der Werte der t-Verteilung realisieren. Wie Sie sehen, kann die Hypothese zu diesem Niveau so gerade nicht abgelehnt werden, sie liegt zwischen den Quantilen, ist aber sehr dicht am rechten Rand.
Zur Durchführung des zweiseitigen Testes wird das 97,5 % Quantil der t-Verteilung mit Parameter 9 gesucht (Anzahl Beobachtungen minus 1) Die entsprechende Tabelle finden Sie auf der Seite 231. Die Zeilen unterscheiden sich durch unterschiedliche Werte für den Parameter, die sogenannten Freiheitsgrade. Die Spalten bieten 6 verschiedene Testniveaus:

k	$t_{k;0.9}$	$t_{k;0.925}$	$\mathbf{t_{k;0.95}}$	$t_{k;0.975}$	$t_{k;0.99}$	$t_{k;0.995}$
...	...	...	...	...	...	...
8	1.40	1.59	1.86	2.31	2.90	3.36
9	1.38	1.57	1.83	**2.26**	2.82	3.25
10	1.37	1.56	1.81	2.23	2.76	3.17
...	...	...	...	...	...	...

Tabelle 5.10: Ausschnitt aus der Tabelle der Quantile der t-Verteilung

Aufgrund der Symmetrie gilt natürlich: $t_{9;\,0.975} = -t_{9;\,0.025}$
Es gibt noch **zwei weitere Testszenarien**:
Es könnte zum Beispiel von Bedeutung sein, ob der Zielwert 100 Ohm in der Produktion signifikant **unter- oder überschritten** wird. Es wäre möglich, dass ein unterschreiten schlimmer ist, weil dann die Produktion komplett gestoppt werden müsste und die Produkte nicht auf den Markt dürfen. Ein überschreiten könnte vielleicht bedeuten, dass die Produkte immerhin weiter benutzbar wären.
Der sogenannte **einseitige t-Test** ist dann das geeignete Mittel. Hier wird je nach Hypothesenformulierung geprüft, ob die Werte eher größer oder kleiner sind als das Ziel, welches in H_0 formuliert ist.

1. Die **Hypothesen**:

$$H_0 : \mu = \mu_0 = 100 \text{ vs. } H_1 : \mu > \mu_0 = 100$$

2. Sie brauchen eine **Prüfgröße**:

$$PG_t = \frac{\sqrt{n} \cdot (\bar{x} - \mu_0)}{s}$$

→ Im Beispiel:

$$PG_t = \frac{\sqrt{10} \cdot (101.94 - 100)}{2,75} = 2,23$$

3. Die **Irrtumswahrscheinlichkeit** α festlegen:

$$\alpha = 0.05$$

4. Die **Entscheidungsregel**, lehne die Hypothese genau dann ab, wenn gilt:

$$PG_t > t_{(n-1);1-\alpha}$$

→ Im Beispiel: Gesucht ist das 95 %-Quantil der t-Verteilung mit $(10 - 1) = 9$ Freiheitsgraden.
Dafür gibt es eine Tabelle (vgl. S.186):

$$t_{9;0,95} = 1.833$$

5. Entscheide dich:

$$PG_t = 2.23 > t_{9;0.95} = 1.833$$

→ **H_0 muss zum Niveau 95 % abgelehnt werden.**

Tabelle 5.11: Ablaufplan einseitiger t-Test, Situation $H1 > \mu_0$

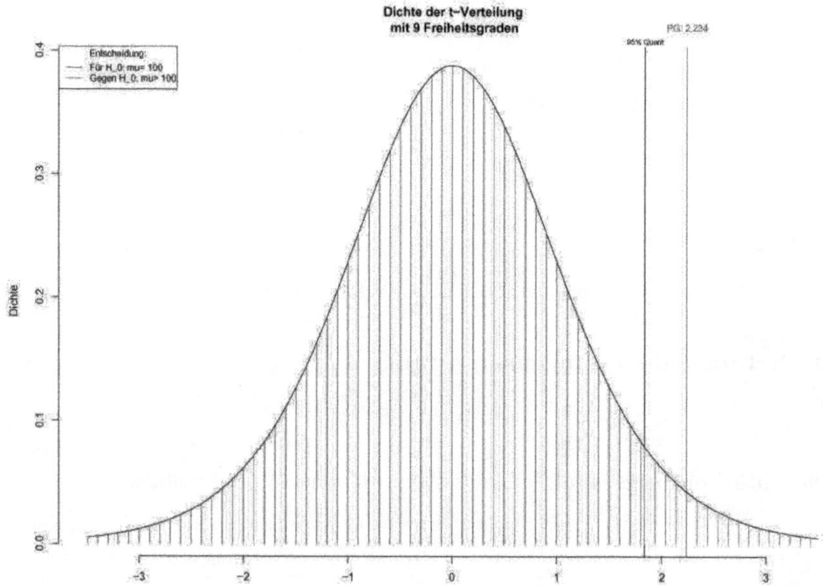

Abbildung 5.8: Entscheidung einseitiger t-Test am Beispiel

Beim einseitigen Test muss die Hypothese abgelehnt werden. α muss nicht an beide Ränder verteilt werden wie beim zweiseitigen Test. Abbildung 5.8 zeigt die Situation anhand der Dichte der t-Verteilung. Dadurch dass die gesamte Irrtumswahrscheinlichkeit an den passenden Rand geschoben werden kann, bekommen Sie eine schärfere Aussage. Ihre Vermutung war ja, dass die Daten eher größer sind als die 100. Daher macht der einseitige Test hier mehr Sinn.

Oder – die komplementäre Formulierung:

1. Die **Hypothesen**:

$$H_0 : \mu = \mu_0 = 100 \text{ vs. } H_1 : \mu < \mu_0 = 100$$

2. Sie brauchen eine **Prüfgröße**:

$$PG_t = \frac{\sqrt{n} \cdot (\bar{x} - \mu_0)}{s}$$

→ Im Beispiel:

$$PG_t = \frac{\sqrt{10} \cdot (101.94 - 100)}{2,75} = 2,23$$

3. Die **Irrtumswahrscheinlichkeit** α festlegen:

$$\alpha = 0.05$$

4. Die **Entscheidungsregel**, lehne die Hypothese genau dann ab, wenn gilt:

$$PG_t < t_{(n-1);\,\alpha} = -t_{(n-1);1-\alpha}$$

→ Im Beispiel: Gesucht ist das 5 %-Quantil der t-Verteilung mit $(10 - 1) = 9$ Freiheitsgraden.
Das ist gleich $-1 \cdot t_{(n-1);1-\alpha}$
→ Dafür gibt es eine Tabelle – vgl. S.231:

$$t_{9;\,0,05} = -t_{9;\,0,95} = -1.833$$

5. Entscheide dich:

$$PG_t = 2.23 > -t_{9;\,0.95} = -1.833$$

H_0 kann zum Niveau 95 % nicht abgelehnt werden.

Tabelle 5.12: Ablaufplan einseitiger t-Test, Situation $H1 < \mu_0$

Wie Sie auch an der folgenden Graphik sehen, macht diese Formulierung in der gegebenen Datensituation wenig Sinn. Natürlich kann die Hypothese nicht abgelehnt werden.

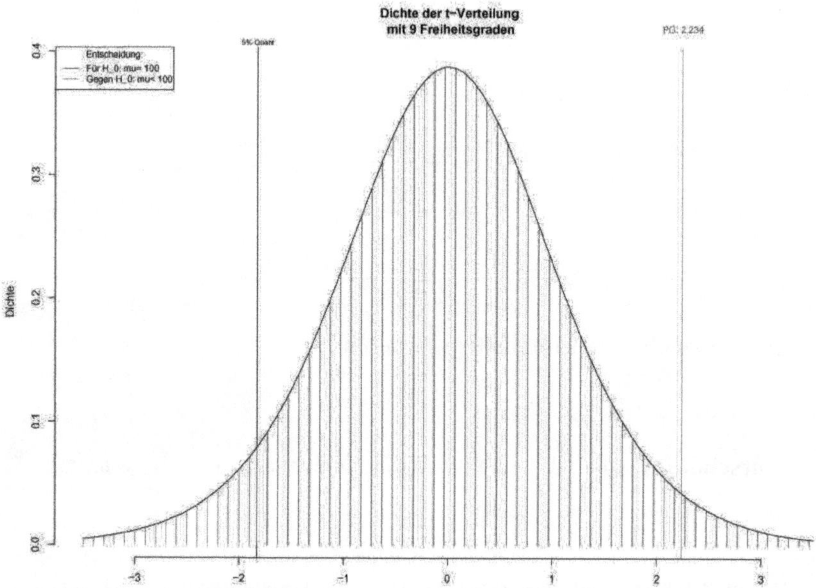

Abbildung 5.9: Entscheidung einseitiger t-Test am Beispiel, komplementäre Formulierung

Die gerade vorgestellte Version des t-Tests kann auch sehr gut im Rahmen des **verbundenen Zweistichprobenproblems** eingesetzt werden. Dort interessierte ja unter anderem der **Lageunterschied** zwischen zwei verbundenen Merkmalen. Als Beispiel wurde die Wirksamkeit eines Schlafmittels genannt (vgl. Seite 70).
Das Vorgehen dazu ist, dass zunächst alle Differenzen $d_i = x_i - y_i$ gebildet werden. Gibt es keinen Lageunterschied, ist die Wirkung des Schlafmittels also nicht erkennbar, dass heißt, schlafen die Probanden mit oder ohne Schlafmittel ungefähr gleich lang, dann sollten die Differenzen um Null streuen.
Die Hypothesenformulierung im verbunden Zweistichprobenfall lautet daher für die Anwendung des t-Test immer:

Definition 5.6: Hypothesen im verbundenen Zweistichprobenproblem

$$H_0 : \mu = \mu_0 = 0 \text{ vs. } H_1 : \mu \neq \mu_0 = 0 \text{ (zweiseitig)}$$

$$H_0 : \mu = \mu_0 = 0 \text{ vs. } H_1 : \mu < \mu_0 = 0 \text{ (einseitig)}$$

$$H_0 : \mu = \mu_0 = 0 \text{ vs. } H_1 : \mu > \mu_0 = 0 \text{ (einseitig)}$$

Im Aufgabenteil finden Sie dazu die entsprechenden Anwendungsmöglichkeiten.

5.2.3 Der χ^2-Test

In diesem Kapitel lernen Sie

- einen Test zur Überprüfung der Unabhängigkeit von zwei nominalskalierten Merkmalen kennen.
- wie Ihnen die Überlegungen aus einem früheren Kapitel hier weiterhelfen.

Für diesen gibt es zwei Formulierungs- bzw. Auslegungsmöglichkeiten, einmal als χ^2 **Unabhängigkeitstest** oder χ^2 **Homogenitätstest**.
Greifen Sie noch einmal das Beispiel Titanic auf auf der Seite 72 auf. Dort wurde das gemeinsame Auftreten der beiden Merkmale *Geschlecht* und *Titanic-Bewertung* betrachtet. Sie sind der grundsätzlichen Frage nachgegangen, ob die beiden Merkmale **unabhängig** sind oder nicht. Sind sie es nicht, dann beeinflusst sich das gemeinsame Auftreten, es gibt Interdependenzen. In diesem Fall bewerten Frauen den Film besser als Männer. Diese Beschreibung der Situation wird dem Aspekt des **Unabhängigkeitstest** gerecht.
Man könnte die Geschichte auch leicht variiert darlegen. Es gibt zwei verschiedene Gruppen von Untersuchungseinheiten, Männer und Frauen. Die Variable X kann in diesem Fall auch als **Gruppierungsvariable** bezeichnet werden. In beiden Gruppen wurde dasselbe Merkmal erhoben, die Bewertung des Films Titanic. Verhalten sich beide Gruppen gleich in Bezug auf das Merkmal. Der Test prüft, ob das Merkmal Y in allen Gruppen von X identisch verteilt ist. Bewerten Männer und Frauen den Film gleich, herrscht **Homogenität**?
Für unsere Zwecke sollen die beiden Fragestellungen als synonym betrachtet werden. Die folgende Tabelle zeigt noch einmal die **Kontingenztabelle** zu dem Beispiel, das wir bereits kennen.

```
      y
x   | 1  2  3  4  5
  -+--------------+---
  m| 1  4  9  6  3| 23
  w| 5 12  7  1  1| 26
  -+--------------+---
   | 6 16 16  7  4| 49
```

Tabelle 5.13: Das Geschlecht-Titanic-Beispiel beim χ^2-Test

Sie hatten hier bereits den **Kontingenzkoeffizienten** bzw. den korrigierten ausgerechnet. Das Ergebnis sprach gegen Unabhängigkeit. Dazu haben Sie die Zwischengröße χ^2 verwandt.
Sie können einen **Test auf Unabhängigkeit** durchführen: **Sind zwei Merkmale** X **und** Y **voneinander unabhängig**, in dem Sinne wie Sie es kennengelernt haben, nämlich als Sie die Unabhängigkeit kennengelernt haben. Das Auftreten des einen Merkmales hat keinen Einfluss auf das Eintreten des anderen Merkmales, d.h. es gilt:

Definition 5.7: Unabhängigkeit bei zwei Merkmalen

Zwei Zufallsvariablen X und Y sind unabhängig, wenn für die **gemeinsame Wahrscheinlichkeitsfunktion** gilt:

$$P(X = x, Y = y) = P(X = x) \cdot P(Y = y)$$

Diese Definition kann direkt aus dem Multiplikationssatz von der Seite 145 hergeleitet werden. Nehmen Sie einfach an, das Ereignis A sei der Umstand, dass X einen bestimmten Wert x annimmt und B sei das Ereignis, dass Y einen Wert y annimmt. Mit gemeinsamer Wahrscheinlichkeitsfunktion ist die lediglich die Wahrscheinlichkeit für die gemeinsame Realisation von zwei Zufallsvariablen gemeint.
Nun der Test. Ausgangspunkt ist eine $(k \times l)$ Kontingenztabelle mit den gemeinsamen Häufigkeiten n_{ij} und den Häufigkeiten unter Unabhängigkeit $\tilde{n}_{ij}$. Es sollte möglichst gelten, dass alle $\tilde{n}_{ij} \geq 5$, da es sonst Probleme mit der Aussagekraft des Tests geben kann. Auch hier kann wieder ein Ablaufplan angegeben werden, der das Vorgehen manifestiert.

1. Die **Hypothesen**:

   H_0: Die beiden Merkmale X und Y sind unabhängig
   H_1: Die beiden Merkmale X und Y sind nicht unabhängig

2. Sie brauchen eine **Prüfgröße**:

$$PG_{\chi^2} = \sum_{i=1}^{k}\sum_{j=1}^{l} \frac{(n_{ij} - \tilde{n}_{ij})^2}{\tilde{n}_{ij}}, \quad \text{mit} \quad \tilde{n}_{ij} = \frac{n_{i\bullet} \cdot n_{\bullet j}}{n}$$

→ Im Beispiel:

$$PG_{\chi^2} = 11.34$$

3. Die **Irrtumswahrscheinlichkeit** α festlegen:

$$\alpha = 0,05$$

4. Die **Entscheidungsregel**, lehne die Hypothese genau dann ab, wenn gilt:

$$PG_{\chi^2} \geq \chi^2_{(k-1)\cdot(l-1);\,(1-\alpha)}$$

mit $\chi^2_{(k-1)\cdot(l-1);\,(1-\alpha)}$ als dem $(1-\alpha)\cdot 100$ %-Quantil der χ^2-Verteilung mit Parameter $(k-1)\cdot(l-1)$.

→ Im Beispiel:
Gesucht ist das 95 %-Quantil der χ^2-Verteilung mit Parameter $(2-1)\cdot(5-1) = 4$ (sog. Freiheitsgrade).

→ Dafür gibt es eine Tabelle (vgl. S.232):

$$\chi^2_{4;\,0,95} = 9,488$$

5. Entscheide dich:

$$PG_{\chi^2} = 11.34 \geq \chi^2_{4;\,0.95} = 9.488$$

→ H_0 **wird zum Niveau 95 % abgelehnt.**

In der folgenden Abbildung ist die Situation einmal graphisch dargestellt. Die Dichtefunktion der χ^2-Verteilung mit vier Freiheitsgraden ist aufgezeichnet. Die Stelle 11.34, also der konkrete Wert der Prüfgröße, ist durch die grüne Senkrechte markiert. Die gestrichelten Linien markieren verschiedene Quantile, also Niveaus des Tests.

In unserem Fall liegt das Signifikanzniveau bei 95 %. Die Prüfgröße liegt außerhalb des 95 % Bereiches, H_0 ist abzulehnen. Wie Sie der Graphik entnehmen können, gilt erst ab einem Signifikanzniveau von 98 %, dass die Hypothese nicht abgelehnt werden kann. Dazu müssten Sie den Fehler 1. Art arg verkleinern ($\alpha = 0.02$), offensichtlich würde im Gegenzug der Fehler 2. Art ansteigen, wohin können Sie nicht sagen.

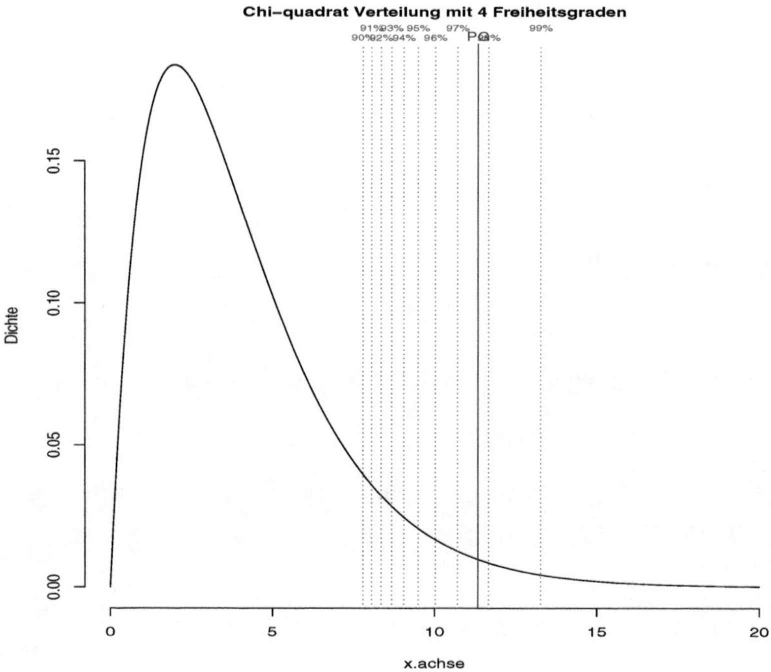

Abbildung 5.10: Entscheidungssituation beim χ^2-Test

Wie Sie sehen, lässt sich eine **schärfere Aussage** zur Unabhängigkeit formulieren. Aufgrund des Aussehens der Dichte Funktion der χ^2-Verteilung und der Hypothesenformulierung gibt es übrigens keinen zweiseitigen Test. Nur die vorgestellte Version macht Sinn.

5.2.4 Weitere statistische Tests

Der Rahmen dieser Einführung lässt nur noch einen kurzen Blick auf die weiteren Möglichkeiten zu. Es gibt unzählige weitere statistische Tests, da es natürlich entsprechend viele weitere Fragestellungen gibt, die man hofft, mit den entsprechenden Daten beantworten zu können.
Es können Fragen zur **Zufälligkeit** sein, Fragen nach der Gültigkeit **Verteilung** einer Grundgesamtheit, Fragen zur **Lage**, zur **Streuung**, zu **Symmetrie**, zu **Anteilswerten** und vieles mehr.
Grundsätzlich gilt aber, dass Sie alles, was Sie benötigen, um einen weiteren Test zu verstehen, kennengelernt haben. Sie benötigen immer:

- eine Hypothese,

- eine Prüfgröße,
- die Verteilung der Prüfgröße unter H_0,
- und die Entscheidungsregel.

Diese Punkte variieren natürlich je nach Kontext. Aber prinzipiell ist es immer das gleiche.

t-Test im unverbundenen Fall: Einen weiteren konkreten Test sollen Sie noch kurz anschauen. Es kann sein, dass die Merkmale X und Y nur als unverbundenes Zweistichprobenproblem vorliegen. Auch in diesem Fall kann es natürlich sein, dass Sie an einem Lageunterschied interessiert sind. Auch dafür können Sie den t-Test einsetzen, allerdings in einer leicht abgewandelten Form.
Es liegen zwei unabhängige Stichproben X und Y vom Umfang n bzw. m vor. Die Daten stammen aus einer Normalverteilung mit (μ_X, σ_X^2) bzw. (μ_Y, σ_Y^2). Die Frage ist, kann man aufgrund der Daten annehmen, dass $\mu_X = \mu_Y$ gilt? Herrscht also Lagegleichheit?
Folgende Annahme wird getroffen (diese kann selbstverständlich auch mit einem Test überprüft werden, aber nicht in diesem Rahmen):

$$\sigma_X^2 = \sigma_Y^2 = \sigma^2$$

Wie im verbundenen bzw. univariaten Fall nehmen Sie an, dass σ^2 unbekannt ist, es muss also abgeschätzt werden.
Die Prüfgröße für den unverbundenen t-Test ist dann die folgende:

Definition 5.8: Prüfgröße t-Test unverbundener Fall

$$T = \frac{\bar{X} - \bar{Y}}{S} \cdot \sqrt{\frac{n \cdot m}{n + m}}$$

wobei die gemeinsame Streuung S folgendermaßen berechnet wird — s_x^2 bzw. s_y^2 sind die bekannten Stichprobenvarianzen, es wird also so eine Art Mittelwert aus den beiden gebildet:

$$S = \sqrt{\frac{(n-1) \cdot s_x^2 + (m-1) \cdot s_y^2}{n + m - 2}}$$

Diese Prüfgröße ist, wenn H_0, also die Gleichheit der beiden Erwartungswerte gilt, t-verteilt mit dem Parameter $(n + m - 2)$.
Damit sind Sie in der Lage, auch einen solchen Test durchzuführen. Welches Quantil zu wählen ist, hängt natürlich von α ab. Welche t-Verteilung es ist, wissen Sie und die Entscheidungsregel kennen Sie auch, je nachdem ob Sie zweiseitig oder einseitig vorgehen. Sie finden alles auf den Seiten 213ff.

Kurz gefasst!

- Der t-Test wird zur Lageüberprüfung im Einstichproben- bzw. im verbundenen Zweistichprobenfall eingesetzt.
- Der t-Test kann etwas umformuliert auch im unverbundenen Zweichstichprobenfall verwandt werden.
- Der χ^2-Test dient zur Überprüfung der Unabhängigkeit bzw. Homogenität in Kontingenztabellen.

5.2.5 Aufgaben

1. Der französische Mathematiker, Physiker und (religiös inspirierter) Philosoph Blaise Pascal (1623-1662) war der Meinung, dass (ganz allgemein) der Glaube an Gott nicht nur richtig, sondern auch *vernünftig* sei.

   Die sogenannte *Pascalsche Wette* ist Blaise Pascals berühmtes Argument für den Glauben an Gott.

   Seine Wette hat er folgendermaßen dargelegt:[2]

   > „Angenommen es sei sicher, dass es Gott gibt oder ihn nicht gibt, und dass es keinen Mittelweg gibt. Für welche Seite werden wir uns entscheiden?
   >
   > Lassen Sie uns ein Spiel spielen, bei dem es zu einer Entscheidung für *Kopf oder Zahl* kommt. Mit Vernunft können wir weder das eine noch das andere versichern; mit Vernunft können wir weder das eine noch das andere ausschließen. Verfallen Sie also nicht dem Irrtum, dass hierbei eine richtige Wahl getroffen werden könnte, denn Sie wissen nicht, ob Sie falsch liegen oder schlecht gewählt haben.
   >
   > Sowohl wer sich für *Kopf* entscheidet, als auch wer sich für *Zahl* entscheidet, beide liegen falsch: Die Wahrheit kann nicht durch eine Wette entschieden werden, aber es muss gewettet werden. Es gibt keine Freiwilligkeit, Sie müssen sich darauf einlassen. Wenn Sie nicht wetten, dass es Gott gibt, müssen Sie wetten, dass es ihn nicht gibt.
   >
   > Wofür entscheiden Sie sich? Wägen wir den Verlust dafür ab, dass Sie sich dafür entschieden haben, dass es Gott gibt: Wenn Sie gewinnen, gewinnen Sie alles, wenn Sie verlieren, verlieren Sie nichts. Setzen Sie also ohne zu zögern darauf, dass es ihn gibt.“

   Pascal argumentiert also folgendermaßen:

   > Es sei stets eine bessere *Wette*, an Gott zu glauben, weil der Erwartungswert des Gewinns, der durch den Glauben an Gott erreicht

[2] B. Pascal, Penseés, Nr. 233, Übers., `http://www.zeno.org/Philosophie/M/Pascal,+Blaise`

werden könnte, stets größer sei als der Erwartungswert im Falle des Unglaubens.[3]

Versuchen Sie einmal, diese Entscheidungssituation in der bekannten Matrixform darzustellen.
Formulieren Sie also eine Hypothesenkonstellation und überlegen Sie sich, welches *pay-off* Sie in die Zellen der Matrix schreiben – ganz analog also zum Fehler 1. bzw. 2. Art.

2. In einem Gerichtssaal wartet ein Angeklagter auf sein Urteil. Das Gericht hat sich zur Beratung zurückgezogen und muss über schuldig und nicht schuldig entscheiden.

    (a) Welche beiden Fehler können die Richter bei ihrer Entscheidung begehen?
    (b) In der Justiz gilt der Grundsatz: „Im Zweifel für den Angeklagten".
    Wie müssten die Wahrscheinlichkeiten für die möglichen Fehler des Gerichts aussehen, wenn der obige Grundsatz gültig wäre?
    (c) Vergleichen Sie die Situation mit einem statistischen Test.
    (d) Lesen Sie dazu einmal die Gerichtsgeschichte nach ([Krämer2011], Seite 17f.)

3. An der Steuerberater-Prüfung 2008/2009 nahmen 5118 Personen teil.

    Von den 2636 Personen, die ein Universitätsstudium absolviert haben, bestanden 1502 die Prüfung, von den 1240, Personen, die ein Fachhochschulstudium absolviert haben, bestanden 655 die Prüfung und von den 1242, Personen, die eine Lehrzeit mit Gesellenprüfung absolviert haben, bestanden 593 die Prüfung.

    (a) Erstellen Sie die Kontingenztabelle.
    (b) Zeichnen Sie ein geeignetes Profil, und vergleichen Sie dieses mit dem entsprechenden mittleren Profil.
    (c) Testen Sie zum Niveau $\alpha = 0.05$, ob die beiden Merkmale unabhängig sind. Stellen Sie dabei Ihr Vorgehen ausführlich, d.h. nachvollziehbar dar.

4. Von den 250 Teilnehmern einer akademischen Fortbildung sind 69 weiblich. 111 Teilnehmer hatten in der Schule einen Mathematik-Leistungskurs belegt. Von den Frauen hatten 23 einen Mathematik-Leistungskurs gewählt.

    (a) Ist der Besuch des Leistungskurses unabhängig vom Geschlecht ($\alpha = 0.05$).
    (b) Beschreiben Sie Ihr Vorgehen nachvollziehbar!

5. Das Fremdenverkehrsamt eines bekannten Urlaubsortes behauptet, dass im Ort pro Jahr durchschnittlich 30 cm Niederschlag fällt. Die Niederschlagsmenge X sei normalverteilt.

[3]Dies ist übrigens kein Argument für die Existenz Gottes, sondern eines für den Glauben an Gott.

An einer Meßstation wurden in den letzten neun Jahren folgende Jahresdurchschnittswerte in cm ermittelt:

```
31.5 33.7 29.6 30.6 34.3 29.5 31.1 29.9 30.5
```

(a) Erstellen Sie geeignete Graphiken und/oder Maßzahlen zur Beurteilung der Lage.

(b) Testen Sie die Behauptung des Fremdenverkehrsamtes zum Signifikanzniveau $\alpha = 0.05$.

(c) Welchen statistischen Fehler können Sie bei der Entscheidung unter 5b gemacht haben?

(d) Wie lautet Ihre Entscheidung zum Niveau $\alpha = 0.01$ bzw. $\alpha = 0.1$? Begründen Sie Ihre Ergebnisse inhaltlich.

(e) Führen Sie einen GEEIGNETEN einseitigen Test zum Niveau $\alpha = 0.05$ durch. Falls Sie zu einer anderen Entscheidung als unter 5b kommen, argumentieren Sie diese.

6. Zehn Personen wurden zufällig ausgewählt, um zu untersuchen, ob Alkohol die Reaktionszeit beeinflusst. Die Reaktionszeit jeder Person wurde vor und nach dem Genuss einer bestimmten Menge Alkohol bestimmt.

   Es ergaben sich folgende Werte (in sec.):

Person	Vorher(X)	Nachher (Y)
1	0.68	0.73
2	0.64	0.62
3	0.68	0.66
4	0.82	0.92
5	0.58	0.68
6	0.80	0.87
7	0.72	0.77
8	0.65	0.70
9	0.84	0.88
10	0.73	0.79

   Da es sich um ein verbundenes Problem handelt, können Sie die Differenzen $d_i = y_i - x_i$ bilden.

   Es soll der Frage nachgegangen werden, ob die Reaktionszeit zugenommen hat.

   (a) Erstellen Sie die Differenzen.

   (b) Bestimmen Sie Mittelwert und Stichprobenvarianz der d_i.

   (c) Zeichnen Sie den Boxplot.

(d) Was ist Ihre Meinung bis hierher?

(e) Nehmen Sie einmal an, die Differenzen seien normalverteilt.

Verwenden Sie den t-Test, um zum Niveau $\alpha = 0,05$ mit einer geeigneten Wahl von H_0 bzw. H_1 zu testen, ob die Reaktionszeit zugenommen hat – verwenden Sie dazu aber nur die d_i.

Kapitel 6

Anhänge

6.1 Tabelle zur t-Verteilung

k	$t_{k;\,0.9}$	$t_{k;\,0.925}$	$t_{k;\,0.95}$	$t_{k;\,0.975}$	$t_{k;\,0.99}$	$t_{k;\,0.995}$
1	3.08	4.17	6.31	12.71	31.82	63.66
2	1.89	2.28	2.92	4.30	6.96	9.92
3	1.64	1.92	2.35	3.18	4.54	5.84
4	1.53	1.78	2.13	2.78	3.75	4.60
5	1.48	1.70	2.02	2.57	3.36	4.03
6	1.44	1.65	1.94	2.45	3.14	3.71
7	1.41	1.62	1.89	2.36	3.00	3.50
8	1.40	1.59	1.86	2.31	2.90	3.36
9	1.38	1.57	1.83	2.26	2.82	3.25
10	1.37	1.56	1.81	2.23	2.76	3.17
11	1.36	1.55	1.80	2.20	2.72	3.11
12	1.36	1.54	1.78	2.18	2.68	3.05
13	1.35	1.53	1.77	2.16	2.65	3.01
14	1.35	1.52	1.76	2.14	2.62	2.98
15	1.34	1.52	1.75	2.13	2.60	2.95
16	1.34	1.51	1.75	2.12	2.58	2.92
17	1.33	1.51	1.74	2.11	2.57	2.90
18	1.33	1.50	1.73	2.10	2.55	2.88
19	1.33	1.50	1.73	2.09	2.54	2.86
20	1.33	1.50	1.72	2.09	2.53	2.85
21	1.32	1.49	1.72	2.08	2.52	2.83
22	1.32	1.49	1.72	2.07	2.51	2.82
23	1.32	1.49	1.71	2.07	2.50	2.81
24	1.32	1.49	1.71	2.06	2.49	2.80
25	1.32	1.49	1.71	2.06	2.49	2.79

Tabelle 6.1: Quantile der t-Verteilung mit k-Freiheitsgraden

6.2 Tabelle zur χ^2-Verteilung

k	$\chi^2_{k;\,0.9}$	$\chi^2_{k;\,0.925}$	$\chi^2_{k;\,0.95}$	$\chi^2_{k;\,0.975}$	$\chi^2_{k;\,0.99}$
1	2.71	3.17	3.84	5.02	6.63
2	4.61	5.18	5.99	7.38	9.21
3	6.25	6.90	7.81	9.35	11.34
4	7.78	8.50	9.49	11.14	13.28
5	9.24	10.01	11.07	12.83	15.09
6	10.64	11.47	12.59	14.45	16.81
7	12.02	12.88	14.07	16.01	18.48
8	13.36	14.27	15.51	17.53	20.09
9	14.68	15.63	16.92	19.02	21.67
10	15.99	16.97	18.31	20.48	23.21
11	17.28	18.29	19.68	21.92	24.72
12	18.55	19.60	21.03	23.34	26.22
13	19.81	20.90	22.36	24.74	27.69
14	21.06	22.18	23.68	26.12	29.14
15	22.31	23.45	25.00	27.49	30.58
16	23.54	24.72	26.30	28.85	32.00
17	24.77	25.97	27.59	30.19	33.41
18	25.99	27.22	28.87	31.53	34.81
19	27.20	28.46	30.14	32.85	36.19
20	28.41	29.69	31.41	34.17	37.57
21	29.62	30.92	32.67	35.48	38.93
22	30.81	32.14	33.92	36.78	40.29
23	32.01	33.36	35.17	38.08	41.64
24	33.20	34.57	36.42	39.36	42.98
25	34.38	35.78	37.65	40.65	44.31

Tabelle 6.2: Quantile der χ^2-Verteilung mit k-Freiheitsgraden

6.3 Tabelle zur Normalverteilung

z	0	0.01	0.02	0.03	0.04	0.05	0.06	0.07	0.08	0.09
0.0	0.500	0.504	0.508	0.512	0.516	0.520	0.524	0.528	0.532	0.536
0.1	0.540	0.544	0.548	0.552	0.556	0.560	0.564	0.567	0.571	0.575
0.2	0.579	0.583	0.587	0.591	0.595	0.599	0.603	0.606	0.610	0.614
0.3	0.618	0.622	0.626	0.629	0.633	0.637	0.641	0.644	0.648	0.652
0.4	0.655	0.659	0.663	0.666	0.670	0.674	0.677	0.681	0.684	0.688
0.5	0.691	0.695	0.698	0.702	0.705	0.709	0.712	0.716	0.719	0.722
0.6	0.726	0.729	0.732	0.736	0.739	0.742	0.745	0.749	0.752	0.755
0.7	0.758	0.761	0.764	0.767	0.770	0.773	0.776	0.779	0.782	0.785
0.8	0.788	0.791	0.794	0.797	0.800	0.802	0.805	0.808	0.811	0.813
0.9	0.816	0.819	0.821	0.824	0.826	0.829	0.831	0.834	0.836	0.839
1.0	0.841	0.844	0.846	0.848	0.851	0.853	0.855	0.858	0.860	0.862
1.1	0.864	0.867	0.869	0.871	0.873	0.875	0.877	0.879	0.881	0.883
1.2	0.885	0.887	0.889	0.891	0.893	0.894	0.896	0.898	0.900	0.901
1.3	0.903	0.905	0.907	0.908	0.910	0.911	0.913	0.915	0.916	0.918
1.4	0.919	0.921	0.922	0.924	0.925	0.926	0.928	0.929	0.931	0.932
1.5	0.933	0.934	0.936	0.937	0.938	0.939	0.941	0.942	0.943	0.944
1.6	0.945	0.946	0.947	0.948	0.949	0.951	0.952	0.953	0.954	0.954
1.7	0.955	0.956	0.957	0.958	0.959	0.960	0.961	0.962	0.962	0.963
1.8	0.964	0.965	0.966	0.966	0.967	0.968	0.969	0.969	0.970	0.971
1.9	0.971	0.972	0.973	0.973	0.974	0.974	0.975	0.976	0.976	0.977
2.0	0.977	0.978	0.978	0.979	0.979	0.980	0.980	0.981	0.981	0.982
2.1	0.982	0.983	0.983	0.983	0.984	0.984	0.985	0.985	0.985	0.986
2.2	0.986	0.986	0.987	0.987	0.987	0.988	0.988	0.988	0.989	0.989
2.3	0.989	0.990	0.990	0.990	0.990	0.991	0.991	0.991	0.991	0.992
2.4	0.992	0.992	0.992	0.992	0.993	0.993	0.993	0.993	0.993	0.994
2.5	0.994	0.994	0.994	0.994	0.994	0.995	0.995	0.995	0.995	0.995
2.6	0.995	0.995	0.996	0.996	0.996	0.996	0.996	0.996	0.996	0.996
2.7	0.997	0.997	0.997	0.997	0.997	0.997	0.997	0.997	0.997	0.997
2.8	0.997	0.998	0.998	0.998	0.998	0.998	0.998	0.998	0.998	0.998
2.9	0.998	0.998	0.998	0.998	0.998	0.998	0.998	0.999	0.999	0.999
3.0	0.999	0.999	0.999	0.999	0.999	0.999	0.999	0.999	0.999	0.999

Tabelle 6.3: Verteilungsfunktion $\Phi(z)$ der Standardnormalverteilung

6.4 Zwei Fragebögen

6.4.1 Daten

An dieser Stelle sei einmal der Fragebogen abgedruckt, mit dem zu Beginn der Vorlesung empirisches Datenmaterial erhoben werden kann. Viele der hier abgefragten Merkmale finden sich im Laufe des Buches wieder.

Für die Studierenden – so die Erfahrung – entsteht somit ein echter Bezug zu den Daten. Das macht die Sache interessanter und das kann nicht schaden.

1. Geschlecht:
2. Alter:
3. Größe:
4. Gewicht:
5. Schuhgröße:
6. Was war Ihre letzte Schulnote in Mathematik:
7. Wie hat Ihnen der Film TITANIC (mit Kate Winslet und Leonardo Di Caprio) gefallen?
   Bitte fällen Sie Ihr Urteil auf einer Skala von 1 (sehr gut) bis 5 (sehr schlecht):
8. Wie viele Bücher besitzen Sie ungefähr:
9. Halten Sie Statistik für ein interessantes Fach?
   Bitte fällen Sie Ihr Urteil auf einer Skala von 1 (sehr interessant) bis 5 (sehr langweilig):
10. Welche Partei würden Sie wählen, wenn morgen Bundestagswahl wäre (1=SPD/2=CDU/3=FDP/4=GRÜNE/5=Die Linke/6=SONSTIGE):
11. Wie sind Sie heute hierhergekommen (1=Auto/2=Fahrrad/3=öffentliche Verkehrsmittel/4= zu Fuß):
12. Sind Sie für weitere Steuersenkungen (Ja/Nein):

6.4.2 Merkwürdiges

Variante 1

Hier finde Sie einige der Fragen, die Kahneman und Tversky im Rahmen ihrer langjährigen Untersuchungen verwandt haben, um herauszubekommen, wie sich Menschen tatsächlich in Entscheidungssituationen verhalten bzw. wie sie entscheiden.
Das Modell, welches das menschliche Handeln besser beschrieben kann, ist die **Prospect Theory**, von der wir bereits ganz am Anfang gehört haben. Sie finden hier zwei Varianten der Fragen. Durch die leichten Umformulierungen kommen Sie den Heuristiken auf die Schliche.

1. Was glauben Sie: Ist der Anteil der afrikanischen Länder in der UNO größer oder kleiner als 65 %?
   Ihre Einschätzung, kleiner oder größer:

2. Was schätzen Sie, wie groß der tatsächliche Anteil der afrikanischen Länder in der UNO ist? Ihre Schätzung in %:

3. Bitte SCHÄTZEN Sie die folgende Berechnung ab:

$$9 \times 8 \times 7 \times 6 \times 5 \times 4 \times 3 \times 2 \times 1 =$$

4. Aus zehn Personen — A,B,C,..., J — soll ein Ausschuss gebildet werden, dem genau zwei Personen angehören. Stellen Sie sich vor, die beiden Personen würden zufällig gezogen, dann könnten also zum Beispiel die unterschiedlichen Ausschüsse (A,B) oder (A,C) oder (A,D) usw. gebildet werden.

   Was glauben Sie, wie viele unterschiedliche Ausschüsse auf diese Art entstehen könnten?
   Ihre Schätzung:

5. Was glauben Sie, wie viele Leute müssen mindestens in einem Raum sein, damit die Wahrscheinlichkeit, dass wenigstens zwei am selben Tag Geburtstag haben, größer ist als 50 %?
   Ihre Schätzung, wie viele Personen:

6. Schauen Sie sich das folgende Muster einmal an. Schätzen Sie die Anzahl der verschiedenen Pfade, um von der ersten bis zur letzten Zeile zu kommen – man startet auf einem beliebigen X der ersten Zeile und in jeder der darunterliegenden Zeilen geht man auf genau ein Symbol.
   Ihre Schätzung:

```
X X
X X
X X
X X
X X
X X
X X
X X
X X
```

7. Angenommen, Sie spielen jede Woche am Samstag eine Reihe Lotto **6 aus 49**. Was meinen Sie, wie viele Wochen müssen Sie spielen, damit Sie aller Wahrscheinlichkeit nach wenigstens einmal drei Richtige haben?

Variante 2

1. Was glauben Sie: Ist der Anteil der afrikanischen Länder in der UNO größer oder kleiner als 10 %?
   Ihre Einschätzung, kleiner oder größer:

2. Was schätzen Sie, wie groß der tatsächliche Anteil der afrikanischen Länder in der UNO ist?
   Ihre Schätzung in %:

3. Bitte SCHÄTZEN Sie die folgende Berechnung ab:

$$1 \times 2 \times 3 \times 4 \times 5 \times 6 \times 7 \times 8 \times 9 =$$

4. Aus zehn Personen — A,B,C,..., J — soll ein Ausschuss gebildet werden, dem genau acht Personen angehören. Stellen Sie sich vor, die acht Personen würden zufällig gezogen, dann könnten also zum Beispiel die unterschiedlichen Ausschüsse (A,B,C,D,E,F,G,H) oder (A,B,C,D,E,F,G,I) oder (A,B,C,D,E,F,G,J) usw. gebildet werden.

   Was glauben Sie, wie viele unterschiedliche Ausschüsse auf diese Art entstehen könnten?
   Ihre Schätzung:

5. Was glauben Sie, wie viele Leute müssen mindestens in einem Raum sein, damit die Wahrscheinlichkeit, dass wenigstens noch eine Person auch an Ihrem persönlichen Geburtstag Geburtstag hat, größer ist als 50 %?
   Ihre Schätzung, wie viele Personen:

6. Schauen Sie sich das folgende Muster an. Schätzen Sie die Anzahl der verschiedenen Pfade, um von der ersten bis zur letzten Zeile zu kommen – man startet auf einem beliebigen X der ersten Zeile und in jeder der darunterliegenden Zeilen geht man auf genau ein Symbol.
   Ihre Schätzung:

```
X X X X X X X X
X X X X X X X X
X X X X X X X X
```

7. Angenommen, Sie spielen jede Woche am Samstag eine Reihe Lotto **6 aus 49**. Was meinen Sie, wie viele Wochen müssen Sie spielen, damit Sie aller Wahrscheinlichkeit nach wenigstens einmal vier Richtige haben?

Hinweise/Aufklärung

Mit Entscheidungen unter Unsicherheit tun sich Menschen allgemein schwer. Natürlich können manche das besser, andere schlechter, und man kann sein Verhalten sicher durch Lernen und Üben verbessern. Aber grundsätzlich hat uns die Evolution nicht mit solchen Entscheidungen gesegnet oder auch mit strategischem Verhalten ausgestattet.

Kahneman und Tversky haben das systematisiert und in ein Modell gegossen. Hier ist eine kleine Auswahl der von den beiden eruierten Prinzipien aufgelistet – ihre Heuristiken:

- **Gewinn und Verlust** — Aufgaben 3 und 4 auf der Seite 188.
  Menschen fürchten den Verlust mehr, als sie den Gewinn begrüßen. Das geht so weit, dass greifbare Vorteile nicht wahrgenommen werden, um die entferntere Chance des Versagens zu vermeiden.
  Dies manifestiert sich sehr schön in Ihren Antworten zu den Fragen.
  - Bei Gewinn sind Sie risikoavers: „Lieber den Spatz in der Hand als die Taube auf dem Dach."
  - Bei Verlusten ist das Risiko (= die Varianz) plötzlich unser bester Freund. Überprüfen Sie einmal Ihr Verhalten, wenn es am Aktienmarkt bergab geht.
- **Ankerheuristik** — Fragen 1, 2 und 3
  Diese Problematik könnten Sie auch als den berühmten Strohhalm bezeichnen. Eine einmal gemachte Aussage (Meinung) wird zur selbst erfüllenden Prophezeiung. Dies gilt sogar dann, wenn eine Aussage von einer Quelle stammt, die nicht besser informiert ist als Sie selbst.
  Wie bei den Fragen zur UNO. Irgendeinen Anker brauchen Sie, an dem Sie die Entscheidung festmachen können.
- **Availability** — Fragen 4 und 6
  Sie beurteilen eine Situation vor dem Hintergrund, wie leicht Sie sich diese vorstellen können. Geht es leicht, dann passen Sie eine Eintrittswahrscheinlichkeit oder wie bei den Fragen eine Häufigkeit nach oben an.
  Können Sie sich etwas nur schwer vorstellen, dann kann es davon nicht so viel geben bzw. es ist wohl nicht so wahrscheinlich.
- **Representativeness** — Fragen 5 und 7
  Hier geht es im Wesentlichen um Wahrscheinlichkeiten – a priori und a posteriori Wahrscheinlichkeiten. Mit denen tun Sie sich grundsätzlich schwer. Die a priori Information bezüglich der Dame in Aufgabe 2 (vgl. S. 156) bewerten Sie höher als die Tatsache, dass Alternative A einfach wahrscheinlicher ist.

Natürlich ist dies in keinster Weise eine auch nur annähernd umfassende Darstellung der Prospect Theory. Es sollte lediglich ein Eindruck vermittelt werden, aber einer, der Ihnen in gewisser Weise die Augen öffnen sollte. Ziel war es auch, Ihnen einmal den Spiegel vorzuhalten, denn es scheint nichts daran merkwürdig zu sein, wie Sie sich verhalten. Diese Algorithmen sind aber Ihr natürliches Verhalten!
Es gibt zahlreiche Literatur dazu, versuchen Sie es doch einmal hier: [KaSlTv82], [Plous93], [KahnemannTversky74], [KahnemannTversky91].

Literaturverzeichnis

I Bücher

[GonWool2008] Larry Gonick, Woollcott Smith: *The Cartoon Guide to Statistics*, Collins Reference, 2008.

[HipKüstMey2001] Hajo Hippner, Ulrich L. Küsters, Matthias Meyer: *Handbuch Data Mining im Marketing. Knowledge Discovery in Marketing Databases (Business Computing)*, Vieweg Verlagsgesellschaft, 2001.

[KaSlTv82] D. Kahneman, P. Slovic, A. Tversky: *Judgement under Uncertainty: Heuristics and Biases*, New York: Cambridge University Press, 1982.

[Krämer2011] Walter Krämer: *Denkste!: Trugschlüsse aus der Welt der Zahlen und des Zufalls*, Piper, 2011.

[Krämer2011] Walter Krämer: *So lügt man mit Statistik*, Piper, 2011.

[Naisbitt84] John Naisbitt: *Megatrends*, Warner, 1984.

[Plous93] Scott Plous: *The Psychology of Judgement and Decision Making*, McGraw-Hill, 1993.

[Polya90] George Pólya: *How to solve it*, Penguin Books, 1990.

[Popper96] Karl Popper: *Alles Leben ist Problemlösen*, Piper, 1996.

[RönzStrohe94] B. Rönz, H. Strohe: *Lexikon Statistik*, Gabler, 1994.

[Rinne2008] Horst Rinne: *Taschenbuch der Statistik*, Harri Deutsch, 2008.

[Satorius1856] Wolfgang Sartorius von Waltershausen: Gauß zum Gedächtniss, S. Hirzel, Leipzig 1856. → Google Books

[Seiffert73] Helmut Seiffert: *Einführung in die Wissenschaftstheorie*, Band 1, Verlag C.H. Beck, 1973

[Seiffert96] Helmut Seiffert: *Einführung in die Wissenschaftstheorie*, Band 2, Verlag C.H. Beck, 1996

[Swoboda82] Helmut Swoboda: *Knaurs Buch der modernen Statistik*, Droemer Knaur, 1982.

[Tarassow98] Lew Tarassow: *Wie der Zufall will? – Vom Wesen der Wahrscheinlichkeit*, Spektrum Akademischer Verlag, 1998 (Russische Erstausgabe: 1984)

[Tiemann2003] Veith Tiemann: *Einführung Statistik*, Gabler, 2003.

[Tukey1977] John W. Tukey: *Exploratory Data Analysis*, Addison Wesley Pub Co Inc, 1977.

[vonRandow04] Gero von Randow: *Das Ziegenproblem*, Rowohlt, 2004.

[WolNaeTie2006] Wolf, Naeve, Tiemann: *Statistik aktiv mit R*, UTB, 2006.

II Zeitschriftenartikel/Aufsätze

[Benford38] F. Benford: *The Law of Anomalous Numbers*, Proc. Amer. Phil. Soc. 78, S. 551–572, 1938.

[Faller09] Heike Faller: *Die Spielerin*, ZEIT MAGAZIN, Nr. 26, 2009.

[KahnemannTversky74] D. Kahnemann, A. Tversky: *Judgment under Uncertainty: Heuristics and Biases*, Science, New Series, Vol. 185, No. 4157, S. 1124–1131, 1974.

[KahnemannTversky91] D. Kahnemann, A. Tversky: *Loss Aversion in Riskless Choice: A Reference-Dependent Model*, Quarterly Journal of Economics, Volume 106, Issue 4, S. 1039–1061, 1991.

[Newcomb1881] S. Newcomb: *Note on the Frequency of the Use of Digits in Natural Numbers*, Amer. J. Math. 4, S. 39–40, 1881.

[Tiemann2010] Veith Tiemann: *Mit Statistik zur Wahrheit*, WISU, Nr. 10, 2010.

[Tiemann2011] Veith Tiemann: *Siméon Denis Poisson und das Warten auf seltene Ereignisse*, WISU, Nr. 7, 2011.

III Internetquellen

[CRISP] `www-01.ibm.com/software/analytics/spss`

[OpenOffice] `de.openoffice.org`

[PSPP] `www.gnu.org/software/pspp`

[R] `cran.r-project.org/www.statsoft.de`

[SAS] `www.sas.com/offices/europe/germany/index.html`

[SEMMA] `www.sas.com/offices/europe/uk/technologies/analytics/datamining/miner/semma.html`

[SPLUS] `spotfire.tibco.com/products/s-plus/statistical-analysis-software.aspx`

[SPSS] `www-01.ibm.com/software/de/analytics/spss`

[Statsoft] `www.statsoft.de`

Tabellenverzeichnis

Abbildungsverzeichnis

Stichwortverzeichnis